温情社会　共富实践

杭州临平有机更新的探索之路

汪　洋　刘尊景　沈灵之　李　哲　主编

中国建筑工业出版社

图书在版编目（CIP）数据

温情社会　共富实践：杭州临平有机更新的探索之路 / 汪洋等主编. -- 北京：中国建筑工业出版社, 2024. 9. -- ISBN 978-7-112-30315-1

Ⅰ. TU984.255.1

中国国家版本馆CIP数据核字第2024QN4115号

责任编辑：黄习习
书籍设计：锋尚设计
责任校对：王　烨

温情社会　共富实践
杭州临平有机更新的探索之路
汪　洋　刘尊景　沈灵之　李　哲　主编

*

中国建筑工业出版社出版、发行（北京海淀三里河路9号）
各地新华书店、建筑书店经销
北京锋尚制版有限公司制版
北京富诚彩色印刷有限公司印刷

*

开本：787毫米×1092毫米　1/16　印张：20　字数：391千字
2024年8月第一版　2024年8月第一次印刷
定价：**168.00**元
ISBN 978-7-112-30315-1
（43544）

电话：（010）58337283　QQ：2885381756
（地址：北京海淀三里河路9号中国建筑工业出版社604室　邮政编码：100037）

编委会

编制单位：中国电建集团华东勘测设计研究院有限公司

杭州市临平区住房和城乡建设局

东南大学

浙江华东工程科技发展有限公司

主　　编：汪　洋、刘尊景、沈灵之、李　哲

副 主 编：张　毅、邱　璐、潘　舟、张爱华

编　　委：林超众、沈　栋、林殿男、陈　灿、郭　伟、高彬景、陈晓宁、沈　杰、

叶晓敏、汤跃芳、许　旭、张　盼、楼佳宁、吴　程、游书航、俞　芸、

周立鹤、冯　彬、侯冰钰、贾　涛、叶昊阳、余　讯、方　昱、傅生杰、

沈　清、王立亚、朱　焰、曹　昊、冉朋举、王定邦、韩　笑、费　奕、

牟宗莉、高　洋、王嘉伟、俞　莹、冯泽辉、徐鲁阳、谢林峰

顾　　问：徐美福、郑志锋、陈志文

前言

临平很古老，东汉时已见诸史册。临平偏安杭州北一隅，是坐落于杭嘉湖平原的千年古镇。“湖开天下平”，汉代时泥沙堆积在这片曾经的海湾，偶然间形成的海迹湖被临平的先民们赋予美好的祝愿，临平镇便也因此得名。“五月临平山下路，藕花无数满汀洲”，道潜的名句赋予了临平另一个美丽的名字——“藕花洲”。

临平很年轻，2021年才正式成为行政区，是出入杭州的东大门，是杭州深度融入长三角、接轨大上海的桥头堡。沪杭高铁、沪杭高速、杭浦高速等多条交通干线在此汇合又从此出发。杭州地铁3号线、9号线、15号线、18号线，以及杭海城际等多条城市轨道交通线路将此地通达连接四方。临平经济技术开发区、临平新城、大运河科创城等多个经济体在此集聚并日益繁荣。“身临其境，平栏而跃”，临平正以其独特的魅力和优势，大踏步走在高质量发展的道路上。

2012年，城镇化率达到62%，有着1700多年城镇历史的临平，进入了由大规模增量建设转为存量提质改造和增量结构调整并重的新发展阶段。从“有没有”向“好不好”的转变中，临平明确了城市更新底线的要求，坚持“留改拆”并举，以保留、利用、提升为主，倡导小规模、渐进式的有机更新和微改造，避免大拆大建。

恰逢其时，习近平总书记在2019年11月考察上海时，首次提出“人民城市人民建，人民城市为人民”重要理念，为临平打造温情社会指明了发展方向。“人民城市人民建，人民城市为人民”引领着临平坚持中国特色社会主义城市发展道路，不断开创城市建设与更新的新局面。

2021年，《中共中央 国务院关于支持浙江高质量发展建设共同富裕示范区的意见》的发布，为处于新发展阶段的临平共富实践指明了前进道路。“人民城市”“共同富裕”，成为贯穿临平城市建设全面转型升级的发展主线，“温情社会”与“共富实践”则成为近年来临平进一步建设发展的关键词。经过多年的发展，临平的城乡风貌发生了全方位、深层次、系统性的精彩蝶变，临平百姓在住、行上的获得感、幸福感和安全感与日俱增，充分展现了习近平新时代中国特色社会主义思想在临平的生动实践。

党的十八大以来，临平城市更新的轨迹，呈现出理论研究、政策引领和实践转型相互交织的特点。在“人民城市”和“共同富裕”的价值理念指引下，临平城市的设计者、建设者、管理者持续学习国内外先进的城市更新经验，尊重传统的历史文脉，延续山水融通的格局，通过科学有序的城市更新机制，营造温情社会，推进共同富裕建设。

本书以临平的城市更新实践为例，重点从理论、政策和实践三个维度，梳理和总结出临平的六组美好场景。

临平的生活是“温情”的。

自古以来，临平便是繁华之地。昔日的临平山下，香蒲摇曳、鲜荷盛放、街巷宜人。北大街、东大街和西大街一带以及小斗门、干河罕、木桥浜等地曾是当时方圆数十里内的商业中心。往事越千年，临平久经岁月洗礼。随着城市融合加速推进，城市发展日新月异，城区的布局和设施已渐显陈旧，提档升级迫在眉睫。

临平老城的城市更新并未大拆大建。因循传统的街巷肌理，浸润无痕的点状更新，补充优质的城市公共配套，重新聚集人气，重新变得热闹。这，便是临平城市更新塑造“温情”的核心路径。2021年，通过拆除部分C、D级危房及老旧住房，利用边角低效空地等途径，完成老城区内的“一廊七园”建设。“一廊”即文化艺术长廊，“七园”即七个各具特色的口袋公园，为周边的居民提供了优质便利的公共服务。2022年，完成临平山西侧体育公园建设，将闲置的汽修厂升级为体育公园，做热场子，做旺人气，激发了城市的活力。

临平的格局是“山水”的。

临平，集山水毓秀之美，兼古今相融之韵。临平的锦绣，从来不止电视剧《宫锁连城》里的浪漫香雪海。探访临平，你会发现那些古人留存在岁月里的匠心和太多精彩。一千年前，杭州通判苏轼站在临平山上，极目远望，一首《南乡子・送述古》抒写了对往事无限美好的回忆和对友人的依恋之情。临平山自古多柔情，沿山之古迹名胜，纪述颇多。两千多年前，秦始皇开凿秦河（现上塘河），这成为杭州历史上第一条人工河。“别酒未阑山鸟唱，短篷撑梦过临平”，描写的正是上塘河上一路的景致与兴意。上塘河是临平的母亲河，承载着临平的历史记忆。

临平的城市更新，摒弃了单打独斗的局面，通过联动超山与丁山湖、大运河国家文化公园和美丽乡村，打造了山湖合璧的典范，形成超山赏“景”、丁山湖戏“水”、塘栖游“古镇”的发展格局，全面提升了临平区的城市形象和城市综合能级，给临平品质之城注入活力。2024年2月超山全面推进区域景区化，构建临平区域各地的“蓝绿相织、山水相连”格局。

临平的文化是“传承”的。

“在这座城市历史上，每一个发生过的历史时期，都有权利在城市中留下属于自己的记忆。”诚如智者所言，临平，人文渊薮，文教兴盛，千年文脉在此流淌，在上塘河流淌，在临平的母亲河流淌。上塘蜿蜒，流淌着临平千年的古老记忆。宋时，临平作为北出杭州最大的运河码头，商旅游客络绎不绝，衍生出一派繁荣景象。同时，经济的发展也为文化的繁荣提供了丰沃的“土壤”。

城市更新中，这样的记忆得以完整地“传承”下来。在过往的历史文化与生活片段中找寻合适的景观文化载体，充分研究老城生活圈与新城生活圈的区别，分析不同人群的个性化需求，2021年，上塘河两岸滨水公共空间提升得以完成。2024年2月，安隐寺（安平泉）遗址公园建设工程，打造了一个以安隐寺（安平泉）历史遗迹为载体，集临平山文化、运河文化、上塘河宋韵文化、新时代文化于一体的临平记忆公园。

临平的交通是“畅达”的。

正如《易经》所言，“天地交而万物通也。”斟酌一个地区的未来，交通对其的联动和发展举足轻重。交通不仅是运输，更是信息、资源和技术的传递。通过临平道路的有机更新，打破了与杭州主城区距离的隔阂，让临平既能享受到杭州主城人气的外溢，又能拉开城市发展的骨架。

2022年10月，临平“三路一环”的最后一块拼图完成，逐步构成“一环六射”的新格局，成为浙江省首个快速路环线贯通的区县，与上海及其他长三角主要城市的时空距离大幅缩短。2023年7月，“黄金水道”京杭运河杭州段二通道正式通航，自临平博陆穿杭州至钱塘江，为临平增添了一条“水上高速公路”。

临平凭借由高速、高铁和内河组成的畅达交通网络，对外联动了长三角城市群，对内覆盖了杭州全城，成为杭州融沪的桥头堡、沪杭未来智造协同发展的前沿样板，形成规模性的“虹吸效应”，吸引了四面八方的精英“有梦来临”。

临平的产业是“时尚”的。

2015年，浙江创新提出特色小镇，是针对资源不足、发展空间稀缺这一省情背景，聚焦产业投资低、散、乱现象，主动采取经济转型升级的新方法、新手段。首批入选的艺尚小镇以服装、时尚产业为主导，已累计集聚企业2500余家，2023年全年实现营收329.9亿元，成功举办了中国服装科技大会、氧气艺尚音乐节等重大活动。2021年落户临平的中国（杭州）算力小镇，以数字算力赋能经济发展，在复杂经济周期里绽放“数字之花”，在创新融合中迸发破局力量。

2023年，浙江公布了《关于持续推进特色小镇高质量发展的指导意见》，指出要推动小镇产业、功能、形态和体制机制升级。2024年，艺尚小镇的改造项目完成。不但商业街区焕然一新，更有着现代设计元素和科技设施融入，提升了整体的环境品质。街区的布局也变得更加合理，不仅方便了市民的出行，而且优化了商业空间的利用。

临平的城乡是“共富”的。

临平城市更新也在不断优化城乡格局，通过集农业、文化、旅游于一体的共富廊道和共富中心的建设，将“共富”环绕在田野、村落、城市，将田园山水人居融为一体，涌动在这片充满生机与活力的热土。2023年2月，杭州大运河国家公园（临平段）郊野绿道完工；2024年2月，新宇村共富中心的建设完成。公园里满塘的绿色映入了眼帘，星星点点的粉红点缀在高高低低的荷叶间。田园、农舍、运河，一幅浑然天成的山水画。“有风小屋”咖啡馆，置身于曾经不起眼的乡村，却与田野浑然一体，好似它原本就应该长在此处。

营造温情社会，共富付诸实践。党的十八大以来，浙江备受习近平总书记的关注，把满足人民群众的物质与精神需求放在首位。进入新时代，几千年来在这块土地上生息繁衍的杭州人民砥砺前行。临平区2021年成立以来，持续不断推进温情社会建设，在追求共同富裕实践的基础上，融入了融杭接沪、智能制造、生态宜居等不同维度的多元化发展，走出了属于临平自己的有机更新探索之路。

目录

THEORY

1 理论篇

临平文化艺术长廊实景

中共十八大以来，党和国家为我们描绘了人民美好生活的幸福愿景，提出了“践行绿水青山就是金山银山，打造美丽宜居的生活环境”“全面提升人民生活品质，致力于实现共同富裕”的新发展理念，指明了“实施城市更新行动，推动城市空间结构优化和品质提升”的工作任务。城市更新成为温情社会、共富实践的必要途径，成为人民城市、公园城市、“城市双修”建设的重要需求。

城市更新是适应城市发展新形势、推动城市高质量发展的必然要求。我国面临以提质增效为主的内涵式城市发展关键转型期和重要机遇期。我国城市建设虽然取得了举世瞩目的成就，但在民生福祉普及、建设服务均衡、生态基底保护、环境效能增强等方面仍存在很多亟待解决的问题。城市的发展逻辑需要从单一增长、不断扩张向以人的需求为核心的本源回归。针对未来城市建设、优化和运维开展城市更新行动，构建高质量温情社会、持续推行共富实践，已经成为当前城市内涵性、规律性存量发展的现实基础。

“以人民为中心”和“温情社会建设”是中国特色社会主义优越性的集中体现，共同富裕是中国特色社会主义现代化建设的奋斗目标。伴随新发展阶段共同富裕的扎实推进，依托城市更新行动开展的温情社会、共富实践已经具备良好的基础条件。在新发展阶段沿着中国特色社会主义道路奋力推进城市有机更新的探索之路，既是行业发展的理论问题，具有深化城市存量更新内涵的时代价值，同时也是科学引导城市建设、提升环境效益、营造可持续人居环境的重要实践问题，具有广泛的现实意义。

为应对城市存量建设和高质量发展领域的挑战，浙江省杭州市临平区坚持以党和国家的战略任务和浙江省城市发展意见为引领，在比较借鉴国内外先进经验的基础上，自主探索适宜地方建设的理论和实践，秉承“温情社会·共富实践”的理念，结合相关政策要求、实践需求实施“临平有机更新行动”，形成可示范、可推广的城市更新发展新模式，不断提升我国城市建设的水平和能力，服务于经济社会可持续发展。

本次理论篇的内容将从时代背景、概念阐释、国际视野、国内经验和理论解析5个方面分析并论述城市更新领域的发展方向和趋势、温情社会和共富实践的城市更新特征、国内外相关理论演变和先进实践，及其对应的技术需求和应用能力。相关内容结合临平有机更新探索的实际经验，对我国快速城市化背景下的城市存量建设和更新发展具有积极意义和重要价值。

1.1 时代背景

1.1.1 适应我国人口发展新阶段的必然选择

人口是一个国家最重要的资源之一，是经济发展中不可或缺的生产力。人口负增长是指在一定时间和空间范围内总人口规模呈现减少的人口过程。根据国家统计局统计，2017年以来我国人口自然增长率持续下降（图1-1-1），截至2022年末，全国人口为141175万人，人口自然增长率为-0.60‰[1]，时隔61年我国人口再现自然负增长，意味着未来空间增量市场将逐渐萎缩。

人口负增长伴随的人口规模缩减和年龄结构老化会对城市发展供给侧和需求侧各要素产生复杂影响。在供给侧方面，城市可能出现空心化现象，部分区域人口稀少，建筑物空置、废弃，土地资源浪费严重；一些老旧区域可能陷入失活状态，缺乏活力和吸引力，影响城市整体形象和发展动力。在需求侧方面，人口减少和老龄化趋势也会影响城市居民消费水平、社会服务需求和市场需求结构。这些挑战需要城市管理者和规划者制定有效措施，通过城市更新、产业升级和社会政策等手段，实现人口与城市发展的良性互动，是适应我国人口发展新阶段的必然选择。

同时，2022年末我国城镇常住人口为92071万人，常住人口城镇化率达到65.22%，浙江省的城镇化率为74.2%，从城市发展的一般规律来看，城镇化率在达到70%以后城镇化将明显放缓，而其中杭州市的城镇化率更是达到

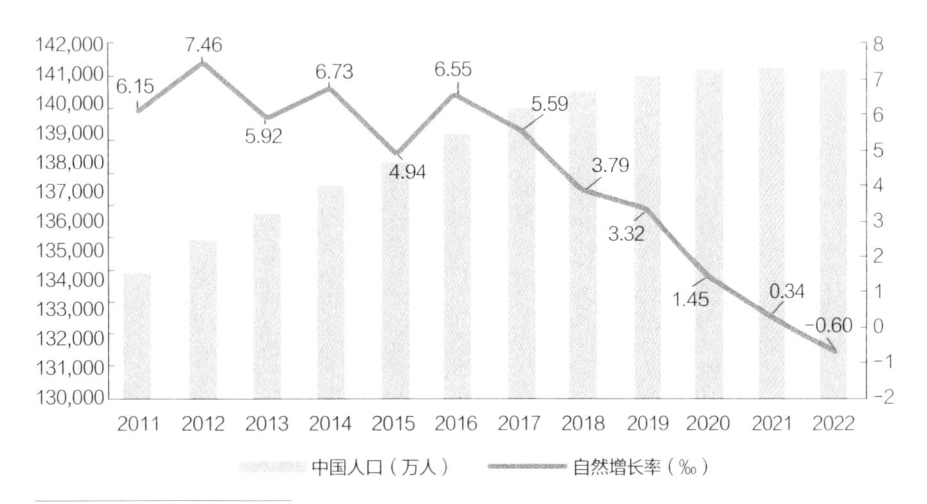

图1-1-1 2011—2022年中国人口变化图

1 数据来源：国家统计局[EB/OL].（2023-01-18）[2024-07-26]. https://www.stats.gov.cn/sj/sjjd/202302/t20230202_1896742.html.

84.2%[1]（图1-1-2）。这表明传统的依赖人口和土地红利的城镇化路径已不可持续，而资源环境硬约束、“城市病”也使得粗放的发展模式难以为继。

随着人口负增长和城镇化进程放缓的效应叠加，持续扩张的城市发展思路已逐渐不适应未来的城市发展，城市更新成为破解我国人口负增长和城镇化路径难题的关键，成为新时代城市盘活存量用地、推动空间转型升级的必由之路。如何走内涵式发展道路，以城市更新盘活存量，提升城市品质，促进城市高质量发展，成为中国特色社会主义进入新时代后城市发展所面临的重要议题。

浙江省历来高度重视城市化发展，是全国城市化工作的先导省份，也是最早提出新型城市化战略的省份。2004年，时任浙江省委书记习近平同志提出了统筹城乡发展、推进城乡一体化的发展思路。2006年以来，浙江深入贯彻一张蓝图绘到底，遵循城市发展规律，提高发展质量，城市化发展迈入了跨越转型、量质并举、稳健推进的新征程。2012年以来，浙江沿着新型城市化战略，聚焦城市发展面临的新问题、新形势，继续推进深化转型。进入新时代，浙江被赋予了实现共同富裕的重要使命。在城市化的下半场，浙江将更加突出“以人为核心”的城市化发展导向，实施城市和乡村有机更新行动，为全面展示中国特色社会主义制度优越性重要窗口和高质量发展建设共同富裕示范区贡献城市化力量。

从广义上讲，自城市出现以来就存在城市更新。随着不同阶段城市发展所面临问题的差异性，城市更新的范围与内容逐步扩大。当前，城市更新所处的发展背景与以往相比，在更新内容、更新模式、更新路径和更新需求等方面均发生了

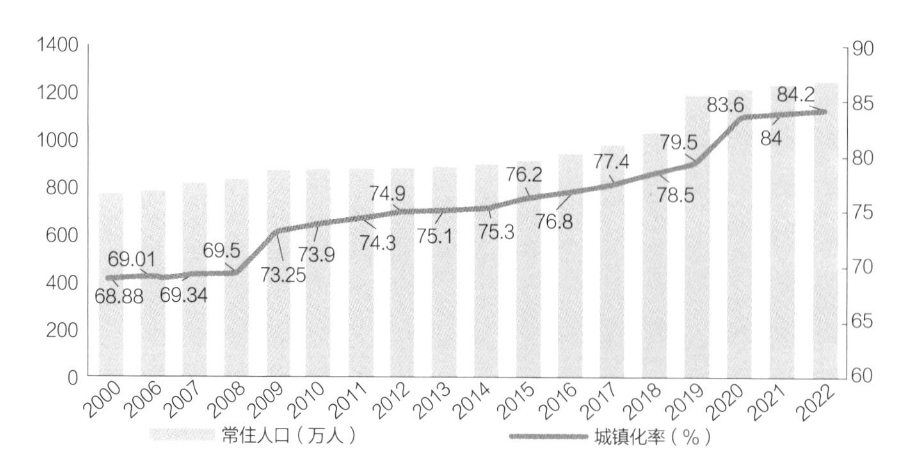

图1-1-2 杭州市常住人口和城镇化率

1 数据来源：杭州市人民政府［EB/OL］.（2023-03-03）［2024-03-28］. https://www.hangzhou.gov.cn/art/2023/3/3/art_812270_59075845.html.

很大转变。总体规划内容重点从增量时代的定整体格局、定设施体系、定建设标准，转变成存量时代的重点识别在哪里更新、更新成什么功能、更新的数量以及更新时序；详细规划内容重点也从对开发者的建设行为进行功能和强度约束，转变为存量时代对空间赋能、空间生产、空间运营，调动“人、地、财、房”等要素共同推进城市更新项目实施。

时至今日，城市更新转型发展趋势愈发明显，随着多角度、多层面的城市更新实践不断深化，我们迫切需要探索适应存量时代的中国化城市更新技术和更新体系，解决在生态、文化、权属、资本以及居民需求等方方面面的制约下的城市发展问题，在尊重历史文脉和生态平衡的基础上盘活城市存量建设，提高城市绿地率、改善城市公共设施和服务，为城市可持续发展提供全周期解决方案，从而有效提高城市环境质量，促进经济社会的和谐发展。

1.1.2 实现人民对美好生活向往的务实举措

习近平总书记指出，“要更好推进以人为核心的城镇化，使城市更健康、更安全、更宜居，成为人民群众高品质生活空间”“人民对美好生活的向往是我们党的奋斗目标”。我们要通过实施城市更新行动，以解决群众急难愁盼问题作为出发点和着力点，补齐基础设施和公共服务设施的短板，这不仅是对人民美好生活向往的积极回应，更是我们务实推进城市发展的重要举措。

随着“十四五”规划的推进，消费升级对产品供给提出了新内容、新要求，同时，老龄化问题也引起了人们的重视。浙江、山东、四川、辽宁等省份已面临人口老龄化程度较高的情况。2020年，我国60岁以上人口已经超过了2亿，再过15年，我国将进入超级老龄化的社会，医疗、休闲和保险等方面的消费需求会大幅提升，这就需要对大量基础设施进行改造。未来一段时间内，随着技术的进步与收入水平的提高，舒适的居住品质、优质的公共服务、包容共情的生活场所以及美好的生态环境将成为居民的共同期盼，城市发展重心已由单一生产向生产、生活和生态的协调与融合转变。因此，城市更新的发展逻辑正逐渐从“产—人—城”开始向“人—城—产”的新模式转变。与此同时，“以人为本”的新型城镇化和城市更新行动在全国各地积极深入地开展，旨在满足人民日益增长的对美好生活向往的需求，成为我国新时期城市高质量发展的重要驱动力（图1-1-3）。

近年来，自然资源部积极探索并制定各级国土空间规划的编制指南，强调要将总体目标根植于人民对美好生活的向往，坚持增进人民福祉，优化人居环境，促进“三生”相协调的空间格局以提升国土空间品质，实现高质量发展并满足高品质生活，同时也指出要树立“以人为本”的发展思想，从社会和人类的全面发展出发，不断增强人民群众的获得感、幸福感与安全感。浙江省政府在2021年发布《关于高质量打造新时代文化高地推进共同富裕示范区建设行动方案（2021—2025年）》。该行动方案牢记习近平总书记的殷殷嘱托，忠实践行“八八战略”，创新性地提出“谋、拆、建、融、治”的城市发展理念，通过产业发展、人口集聚和城市功能建设推动“人—城—产”高度融合格局，为实现高质量城市发展、共同富裕扎实推进，以及浙江人民美好生活更加殷实、幸福、可感提供坚实保障。

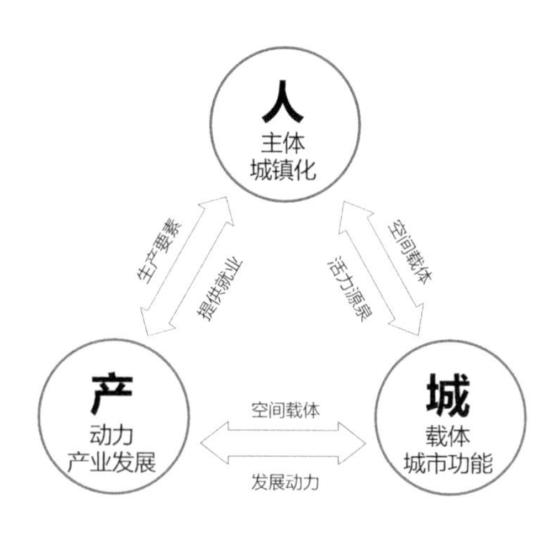

图1-1-3 “人—城—产”互动关系

城市更新要着眼于“人”，将营建“城市空间”作为“聚集人气”的重要方法和路径，筑景成势、营城聚人，不断激发城市发展的内生动力，进一步筑牢城市未来发展根基，让温暖与温情成为城市发展的底色。

1.1.3 强化完善国内经济内循环的必然要求

面临国内国际形势深刻而复杂的变化，以及全球经济增长动力不足的形势，《中共中央关于制定国民经济和社会发展第十四个五年规划和二〇三五年远景目标的建议》提出“加快构建以国内大循环为主体、国内国际双循环相互促进的新发展格局”的重大战略部署。基于我国发展环境、发展阶段及发展条件，我国政府明确表明要充分发挥中国超大规模市场优势，逐渐强化完善国内经济内循环，有效挖掘和激发强大内需潜力，使投资、消费更多依托国内市场。

经济内循环是我国为构建新发展格局而提出的策略，是指国内供给与需求形成循环，实现自产自销。具体而言，经济内循环是指产品的生产、销售及消费在国内完成，即内部经济流通与外部绝缘，包括科技、制造、投资、服务和金融等内循环模式（图1-1-4）。随着经济内循环理念的不断深化，我国开始意识到强化城市存量更新建设能够有效拉动内需，促进传统管理机制、运维模式、城市设计的系统变革，推动消费升级、产业转型和绿色发展更快实现。

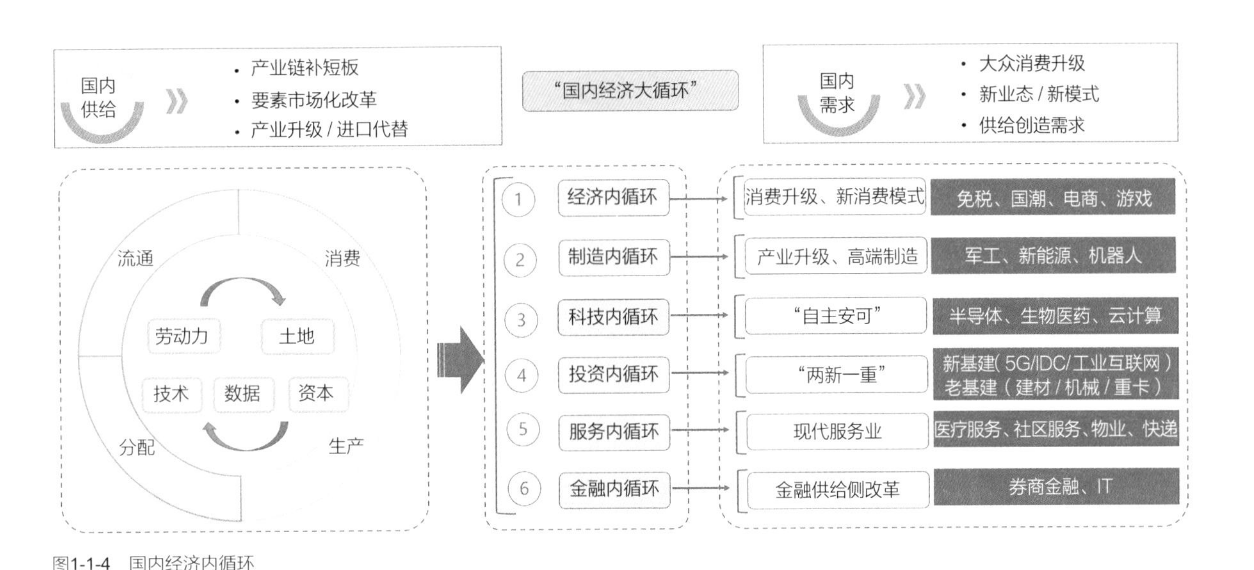

图1-1-4　国内经济内循环

我国经济增长方式要实现由高速度增长向高质量发展的转型，是党的十九大提出的重要时代课题。高质量发展旨在促成社会经济沿绿色化、低碳化与循环式路径发展，其核心要义是培育新兴动能、做强实体经济、壮大战略产业、增进民生福祉。在以往城市化过程中，粗犷式建设成为我国城市发展的重要特征，城市发展的内驱力源于规模扩张，但基于人口、资源与环境的阈值约束，城市规模达到一定程度将出现城市规模发展的“非效率”。这种“非效率”不仅体现在城市发展经济效益层面，更体现在城市建设体系布局方面。从城市建设体系布局考量，目前我国城市优化需实现将“非效率”城市空间结构从“功能性衰败的物质空间”向“系统性功能优化的人文空间”的转换。

自2019年起，浙江省已连续实施三轮循环经济“991”行动计划，形成了以杭州为核心的城市空间发展格局。然而，目前浙江省城市建设仍呈现出较为明显的“城乡二元化”特征。城市建设中数字技术综合集成偏弱等问题依然突出，从而限制了城市和乡村建设赋能“内循环”的效率。因此，城市更新和建设亟待探索出一条经济转型升级、资源高效利用、环境持续改善、城乡协调发展的高质量城市绿色循环建设之路，为实现经济可持续增长和建设“美丽中国”做出积极贡献。

城市是城市环境与城市居民相容相生的协同系统，构建内循环新发展格局就是要促进人居环境和谐，将传统的城市规模扩张转变为存量规模的提质增效与增量调整。这种空间结构的优化调整旨在完善城市建设，其实质是城市空间的协同化、城市生态的高效化，着力于强化城市基础设施与公共服务补短板、增实效，从“大规划”到“小织补”盘活城市存量空间，不断培育城市发展新动能，这将极大地激发城市经济活力，为扩大城市内需、改善社会民生、增进人民福祉提供强大动力。

城市更新行动作为驱动城市可持续发展和经济内循环的有力抓手，当前已经将城市建设重点从以房地产为主导的增量建设，逐步转向以提升城市品质为主的存量提质改造，有助于资本、土地等要素根据市场规律和国家发展需求进行优化再配置，从源头上推动了经济增长模式的转型。截至2021年，城市更新行动已在全国411个城市引发了总计达5.3万亿元的投资。未来，利用城市更新契机，推动实现空间格局大优化、产业发展大提升、民生环境大改善和文化旅游大融合，进一步完善国内经济内循环的新动能。

在空间格局层面，通过城市更新激活存量空间资源，实现资源要素重新配置，破除制约要素合理流动的堵点，矫正资源要素失衡错配，形成城市综合承载能力提升和产业转型升级的良性循环。用好城市更新契机，统筹地上地下设施建设，实现对老化基础设施的修复和优化，建设更具有韧性的市政基础设施，提升城市抵御冲击、适应变化及自我修复能力，保障安全底线，催生新的基建投资领域。在产业发展层面，通过存量城市更新因地制宜地引导地产资本流向，建立住房和土地联动机制（图1-1-5）。同时，吸引高价值产业重新进入老城区，集聚信息流、人才流与资金流，推动产业转型升级和数字经济、新零售等产业发展。在文旅融合层面，在城市更新的导向下，通过挖掘文脉，打通商脉，突破原有“食、住、行、游、购、娱”各自边界的束缚，有效带动文化创意产业和旅游产业发展，激发居民消费潜力，强化完善国内经济内循环。

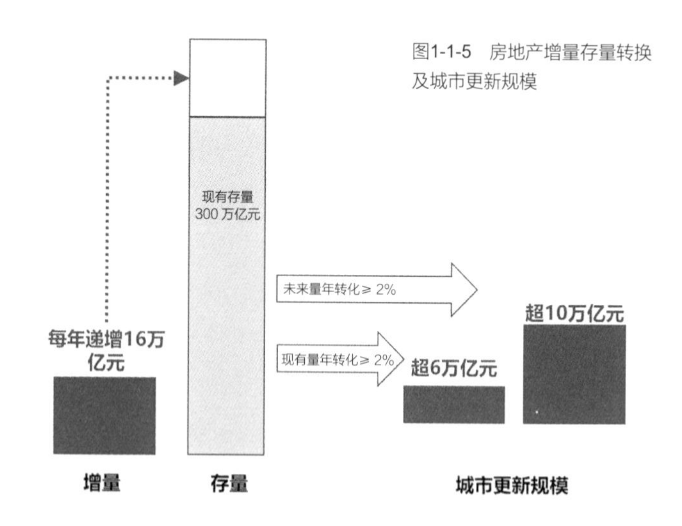

图1-1-5　房地产增量存量转换及城市更新规模

1.1.4　助力物质文明与精神文明的双向奔赴

实现民族复兴，既需要强大的物质力量，也需要强大的精神力量。中国特色社会主义是物质文明和精神文明全面发展的社会主义，中国式现代化是物质文明和精神文明相协调的现代化。全面建设社会主义现代化国家，向着第二个百年奋斗目标进军，必须始终坚持物质文明和精神文明的协调发展，促进人民的物质生活和精神生活共同富裕。一方面，必须始终重视物质文明的发展，大力发展社会生产力，建设社会主义物质文明，不断满足人民日益增长的物质生活需要；另一方面，必须建设高度的社会主义精神文明，重视思想、道德、教育、科学、文化建设，不断满足人民日益增长的精神生活需要。

城市具有物质性空间和精神性空间的双重空间属性。在我国城市发展的很长时间里，由于经济发展水平相对较低，我们更多把城市视为一种物质性空间，将其当作纯粹理性的经济引擎，主要考虑解决城市中人口的生存、就业等问题，这就出现了当代城市建设中的“千城一面”“文脉断绝”“重形态轻功能”的工业化景象，出现了对城市历史文化遗存破坏的现象，出现了对文化需求、生活便利等需求忽视的现象。随着我国整体经济水平的显著提升和物质生活水平的大幅改善，城市作为精神空间的重要性日益凸显。因此，更加重视人的情感需求成为城市建设与发展的新焦点。

在城市环境日益复杂的今天，在公民意识观念和精神需求日益复杂和多元发散的过程中，我国城市人居环境建设仍有较大提升空间。传统城乡空间实践以系统思维指导人、文、地、景、产要素分类方式认知空间对象。在此思路中，“人”的因素被降维为“社会空间”，忽略了与其他要素系统的多维关联，导致相应实践难以触及和解决主体需求、发展的实质问题。人本需求具有多面向、多层次的辩证结构，城市更新行动应客观审视，合理、适度确定相应空间响应原则（图1-1-6）。针对主体自身及家庭存在的自然和社会基础需求，需要提供生活保障的庇护场所、易于认知的简明环境、劳动创收的使用空间以及具有归属感的有序空间；针对主体在生理、心理、社会利益和归属感四个方面的自我实现、自

图1-1-6 人的需求与城市更新实践响应
［图片来源：肖竞，曹珂．城市更新空间实践的“人本”视角解析与行动理论建构［J］．城市发展研究，2022，29(10)：12-21.］

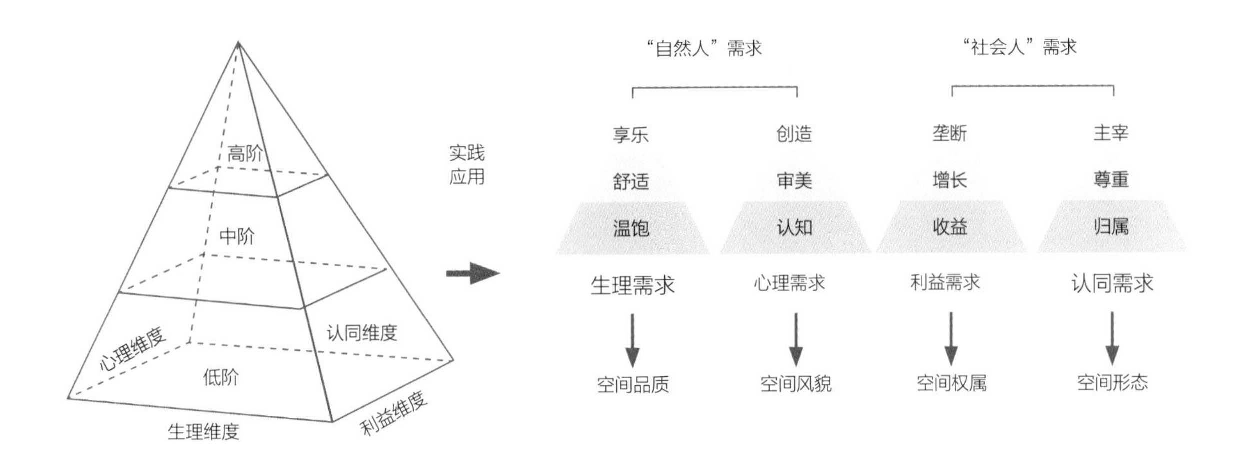

我超越高级需求，需要提供舒适愉悦的整洁环境、滋益审美的精巧装饰、促增收益的投资空间和增进认同感的城市空间。因此，城市更新要坚持“有机更新”，更精准地应对人民群众的物质和精神需要，分步推进，集中力量解决好群众反映的热点、难点问题，导入新业态、新的社会内涵，增强城市的发展力、创新力、吸引力，做好新业态、新内涵设计。城市更新迈向新阶段，我们应当更加注重物质文明与精神文明的和谐共生，例如可以将废弃的老工厂转化为城市博物馆、音乐厅等场所，以此丰富我们的生活体验，增强公共文化服务有效供给，传承中华文明，让公共文化服务资源真正发挥作用、惠及群众，促进物的全面丰富和人的全面发展，推动温情社会和共同富裕逐步实现。

1.2 概念阐释

城市更新是驱动我国城市高质量发展的关键抓手和路径，也是物质生产力发生的重要载体。实施城市更新行动，是以习近平同志为核心的党中央统揽全局，站在全面建设社会主义现代化国家、实现中华民族伟大复兴中国梦的战略高度，是根据我国城市发展新形势，对进一步提升城市发展质量作出的重大决策部署。为了贯彻落实好中央的决策部署，我们有必要深刻理解城市更新的重大意义，准确把握城市更新的丰富内涵。

城市更新不同于旧城改造，更不同于主要解决增量需求问题的房地产开发，而是转变城市开发建设方式，推动城市结构优化、功能完善和品质提升，从“有没有”转向“好不好”，为人民群众创造高品质的生活空间。因此，系统梳理城市更新相关概念及其发展概况，对先进经验进行总结和借鉴，进而为探索具有中国特色的浙江临平城市更新之路提供更加有效的指导和支持。

1.2.1 城市更新

（1）城市更新的提出与发展演变

城市更新源于西方国家在第二次世界大战后开展的大规模城市重建与改造计划。20世纪50年代至今，城市更新的相关术语先后经历了“城市重建”（Urban renewal）、“城市再开发”（Urban redevelopment）、“城市振兴”（Urban revitalization）、“城市复兴”（Urban renaissance）、“城市更新”（Urban regeneration）等概念的演变融合（表1-2-1）。

城市更新相关概念比较 表1-2-1

概念	目标	内涵
城市重建	应对战争破坏和恶劣的住房条件，旨在进行城市重建和贫民窟清除	1959年《城市重建手册》给出较规范的定义：为了世界范围内的新生活，小到一个楼梯和一扇门的修复，大到改变一个地区的土地利用方式和规划分区，都属于城市重建。之后，城市重建的内涵逐步拓展成为融合经济、社会、物质、文化和安全的综合事项； 1985年荷兰《城市和村庄重建法案》指出，城市重建是在规划和建设以及生活的社会、经济、文化和环境标准等领域中进行的系统努力，以此来保存、修复、改善、重建，或是清除市区范围内的建成区
城市再开发	通过更新提升城市功能，促进自由主义市场经济的正常发展	源自20世纪50年代，探索废弃内城的陈旧物质结构去除和更新的可行解决方案，提出城市再开发对于工业再开发具有促进作用
城市振兴	针对城市特定建成区，通过标志性建筑、娱乐设施和住宅建设，使城市重新恢复活力	出现于20世纪70至80年代，城市振兴实践中，以波士顿昆西市场、巴尔的摩内港为代表的“滨水地区振兴”已取得显著成效；城市振兴更强调政府的作用以及政府与私营企业的深入合作，折射出城市更新中不同利益主体的博弈过程
城市复兴	重视艺术和文化领域的可持续性发展	出现于20世纪80至90年代，城市复兴具有典型的政策含义，内容比较广泛，涉及物质、社会、思想、道德以及文化的变化过程，包含了城市可持续发展的多元目标，标志着城市政策理念和实践的重大转变
城市更新	针对存量衰退地区的再生，以及环境质量和生态平衡的恢复	强调对已停止的经济活动进行重新开发、对已出现障碍的社会功能进行恢复、对出现社会隔离的地方进行社会融合、对已经失去的环境质量和生态平衡进行复原，同时，城市更新试图通过持续的方式解决一系列问题，并建立持久的解决方案

注：城市更新的实施伴随众多理论、事件和实践的形成与发生过程，其概念在实践应用中不断发展演化，内容更加丰富，体系更加完整。总体来说，整体性、系统性、目标性、参与性、灵活性、持续性是城市更新的基本特征。

城市更新的发展大致可以分为三个阶段。第一个阶段是以20世纪60年代大规模的清除贫民窟运动为开端。这一时期的城市更新面向改善现存住房和环境问题。第二个阶段是由20世纪70年代城市中心区小规模的城市振兴、城市再开发发展而来。该阶段开始引入市场机制参与城市更新，同时注重历史资源保护、公共空间质量提升，以及增强社区参与和赋权。第三个阶段是以20世纪90年代以来的可持续发展、存量建设、生态平衡作为核心指导思想。城市更新模式由此变得多样化，城市更新的方式也从急剧爆发转向更稳妥、更谨慎的渐进方式。

（2）城市更新的概念

国际对于城市更新的认识也处于“更新”之中。《不列颠百科全书》将城市更新定义为“对错综复杂的城市问题进行纠正的全面计划”；《城市规划理论》指出，城市更新是将老化了的都市区域和建筑景观作有计划、有效性改善，使其成为现代化都市实体。

1953年，美国住宅经济学家迈尔斯·科林（Miles Colean）首先提出，城市更新就是恢复城市生命力，促进城市土地有效利用。1958年，荷兰海牙市首届世界城市更新大会明确将城市更新定义为“改善生活环境的城市建设活动”，即生活在城市中的人们有着不同的居住期望和出行、购物、娱乐等活动需求，并且为了形成更好的生活环境和更美好的城市容貌，会对房屋或者环境等提出改善的要求，这类改善生活环境的城市建设活动都是城市更新。

1977年英国政府公布关于城市再生的《1977城市白皮书：内城政策》文件，明确表示城市再生是一种综合解决城市问题的方式，强调城市发展涉及经济、社会、文化、政治与物质环境。文件从寻求经济增长、提升物质环境、改善社会条件以及实现人口和就业关系的新平衡4个方面提出了城市更新建议，强调城市更新不单在物质环境部门，亦与非物质环境部门有密切关系。

在我国，随着城镇化进程的加快，资源的约束性日益突出，城市自身的发展规律越来越得到尊重。吴良镛率先提出“城市更新”的概念，认为城市更新有保护、整治和再开发三种方式。其中，保护是指保持现有的格局和形式并加以维护，一般不作进一步的改动；整治是指对现有环境进行合理的调节和利用，一般只作局部的调整或较小的改动；再开发是指比较完整地剔除现有环境中的某些方面，目的是开辟空间，增加新的内容以提高环境质量。

随后，我国各学者在实践中对“城市更新”作出了不同的诠释。例如，万勇（2006年）认为更新与改造不同，改造是指令制、重制或另外选择，而更新除了去旧立新的意思外，还有修缮、维护、保护，以定期或不定期维修建筑、提高质量、优化形态和环境，更新必须满足居住者物质、精神、文化和环境的各种需求。白友涛（2008年）认为城市更新的重点是对于旧城区内建筑、土地、道路的结构性调整，城市更新的本质是城市功能的调整和城市空间的“再利用”等。

深圳作为最早进行城市更新体系探索的城市之一，在2009年颁布的《深圳市城市更新办法》中将城市更新界定为对城市建成区中的旧工业区、旧商业区、旧住宅区、城中村及旧屋村等区域，进行综合整治、功能改变或者拆除重建的活动。2016年11月12日《深圳市城市更新办法》对城市更新作了更为具体的定义：所称城市更新，是指由符合本办法规定的主体对特定城市建成区（包括旧工业区、旧商业区、旧住宅区、城中村及旧屋村等）内具有升级改造需求、存在安全隐患、资源配置不合理、依法应当进行更新的区域，根据城市规划和本办法规定程序进行综合整治、功能改变或者拆除重建的活动。

2019年12月的中央经济工作会议正式提出“城市更新”。2021年3月，“十四五”规划和2035年远景目标纲要明确提出实施城市更新行动，提升城镇化发展质量，全面推进乡村振兴，实施房地产市场平稳健康发展长效机制，促进房地产与实体经济均衡发展，进一步完善住房市场体系和住房保障体系，这对于不断满足人民群众日益增长的美好生活需要具有重要意义。

2021年8月《上海市城市更新条例》中将城市更新界定为本市建成区内开展持续改善城市空间形态和功能的活动，具体内容主要包括：第一，要加强基础设施和公共设施建设，提高超大城市服务水平；第二，要优化区域功能布局，塑造城市空间新格局；第三，要提升整体居住品质，改善城市人居环境；第四，要加强历史文化保护，塑造城市特色风貌；第五，市人民政府认定的其他城市更新活动。

为贯彻落实党的十九届五中全会精神，完整、准确、全面贯彻新发展理念，积极稳妥实施城市更新行动，引领各城市转型发展、高质量发展，2021年11月，住房和城乡建设部公布了《关于开展第一批城市更新试点工作的通知》，要求针对城市发展所面临的突出问题和短板，转变城市开发建设方式，推动城市结构优化、功能完善和品质提升，在因地制宜探索城市更新工作机制、实施模式、支持政策、技术方法和管理制度的同时，形成可复制、可推广的经验做法，引导各地互学互鉴，科学有序实施城市更新行动。

综上所述，广义的城市更新是关于城市建设与发展的战略，是城市发展到一定阶段的必然产物。故而广义上的城市更新，是指在城镇化发展接近成熟期时，通过维护、整建、拆除，完善公共资源等合理的“新陈代谢”方式，对城市发展采取有意识有计划的干预和改善措施，重新调整配置城市空间资源，使之更好地满足人们的期望需求、更好地适应经济社会发展实际。城市更新伴随城市不断发展而始终存在，是长期持续且内容不断演变的过程。

狭义上的城市更新，则是各个国家、城市按照发展要求和实际需求对城市更新作出的不同定义。例如广州市的城市更新是指符合规定的主体，按照“三旧”改造政策、棚户区改造政策、危破旧房改造政策等，在城市更新规划范围内，对低效存量建设用地进行盘活利用以及对危破旧房进行整治、改善、重建、活化、提升的活动。北京市的城市更新是指对本市建成区内城市空间形态和城市功能的持续完善和优化调整，具体包括居住类城市更新、产业类城市更新、设施类城市更新、公共空间类城市更新以及区域综合性城市更新。

1.2.2　城市有机更新

（1）有机更新的概念

自20世纪80年代城市更新在中国兴起以来，“有机更新”概念应运而生。进入21世纪，城市更新理论与实践呈现出高速发展和日益创新的态势，相关概念从“城市再生”“城市复兴”演变为“城市更新”，相关理念研究与实践从单纯的物质环境拓展到经济、社会、文化、生态等物质与非物质环境的综合整体考虑。

吴良镛明确提出“有机更新”的概念，他将城市视为一个生命体，认为城市发展是生物有机体的生长过程，城市应该不断地去掉旧的、腐败的部分，生长出新的且具有原有结构特征的内容。陈占祥将城市更新视作城市的“新陈代谢”过程，认为城市有机更新应包括城市重建、历史街区和建筑的保护与恢复。张杰以“人的尺度”对小规模的城市更新进行研究，提出有机更新的目的是优化城市建设与管理水平，使城市更新活动能够基于城市经济社会文化规律而有序进行。方可则对“有机更新”的具体内容与要求进行了补充，认为有机更新应采用合适的尺度、适当的规模，来妥善处理现在与将来的关系，使规划设计质量有所提高，并使每一块地的发展具有相对的完整性。

近年来，住房和城乡建设部有序推进城市更新工作，提出坚持“留改拆”并举、以保留利用提升为主，鼓励小规模、渐进式有机更新和微改造，防止大拆大建。《支持城市更新的规划与土地政策指引（2023版）》提出国土空间规划需统筹城市更新相关规划和实施全过程，有序推进有机更新。

《中国城市更新论坛白皮书（2020）》指出，包含政府与市场共塑、存量与增量共塑、历史传承与文化创新共塑、公共利益与私人利益共塑、城市升级与产业升级共塑的城市有机更新是中国特色城镇化发展新阶段的必由之路。城市有机更新已经成为改善城市人居环境、提升城市品质、实现城市可持续发展的重大举措。

“有机更新”是对“大拆大建”城市改造模式进行的深刻反思，是立足于我国城市经济社会发展实际，总结出来的一种具有实际可操作性的发展思想。因此，城市有机更新是指按照城市内在发展规律，顺应城市肌理，采用适当的规模、合理的尺度，依据改造的内容和要求，妥善处理现在与将来的关系，将城市中已经不适应现代化社区生活的地区作出必要的、有计划的改建活动，从而达到有机秩序。

（2）有机更新与传统更新的区别

“有机”最初是生物学概念，用以描述自然界中具备生命的自然生物体。该概念在化学、物理等自然科学的进展下，演化成一种哲学思维，强调整体性、协调性与相互联系性。在中文语境中，“有机”通常关联于生物体，而现代含义扩展至指代含碳的化合物。《辞海》对“有机”的定义是：一个系统内各部分之间存在相互关联、形成不可分割的统一整体。从有机的视角看待城市，城市是“活”的有机生命体，是部分与集体的协调、人与自然的融合，城市可以通过类似生物体新陈代谢的方式，不断地进行适当和有序的更新与变化。

有机更新具有整体性、延续性、实时性、规模性和自发性的多维特征，这些特征共同构成了有机更新的核心理念和实践方法。传统城市更新模式以现代功能主义为指导，追求使用物质空间环境的功能完善以及一定的经济效益，时间维度较短并且开放性低。当代城市有机更新更加注重整体与部分以及更新过程的有机性，遵循着可持续发展的长远目光，以人为本，寻求经济发展与环境保护、空间形态与社会环境的均衡发展（图1-2-1）。具体而言，城市有机更新在参与者、更新特点、更新形式、更新目标、更新内容和理念指导方面与传统城市更新模式存在一定差异（表1-2-2）。

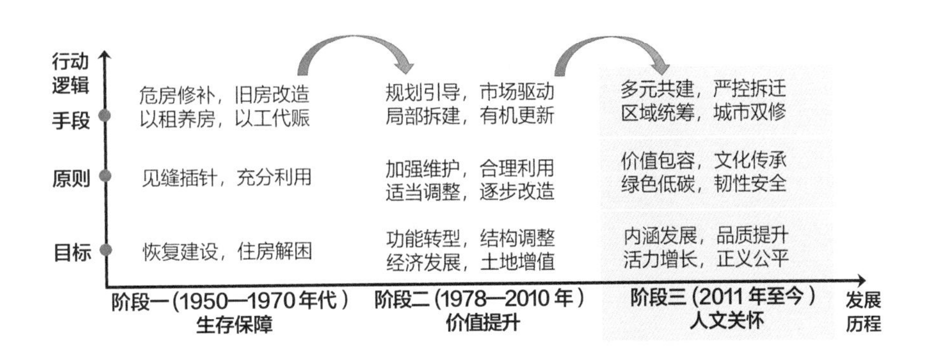

图1-2-1 我国城市更新的价值转向

城市有机更新和传统城市更新的差异 表1-2-2

更新模式	参与者	特点	形式	目标	内容	理念
传统城市更新	政府机构、市场	时间维度较短、开放性较低	物质空间的转换	利润最大化	物质空间	现代功能理论
城市有机更新	政府机构、市场、居民	时间维度较长、循序渐进式	多方参与	经济与环境综合提升	物质空间、环境空间	可持续发展理论

1.2.3 共同富裕

共同富裕在今天并不是一个全新的概念，而是早已存在于中国特色社会主义建设理论与实践中的理念，是一个具有发展性、总体性的概念（图1-2-2）。对于整个国家和群体而言，共同富裕不仅是一种经济、政治、文化、社会、生态等各方面的全面发展，而且是一种基于平等、尊重和共享的全民共赢的局面。

共同富裕是中国共产党“为中国人民谋幸福，为中华民族谋复兴”的初心和使命的重要内容。1955年，毛泽东在《关于农业合作化问题》的报告中第一次明确提出共同富裕的概念，并把改造私有制、建立社会主义制度作为实现人民共同富裕的制度前提，如按劳分配制度、社会主义建设总路线、“一化三改”道路等，对共同富裕实现的制度基础、实现条件、具体途径进行了大量创造性探索。改革开放后，邓小平同志指出，“一个公有制占主体，一个共同富裕，这是我们所必须坚持的社会主义的根本原则”。同时，他也认识到贫穷不是社会主义，允

图1-2-2 共同富裕与高质量发展

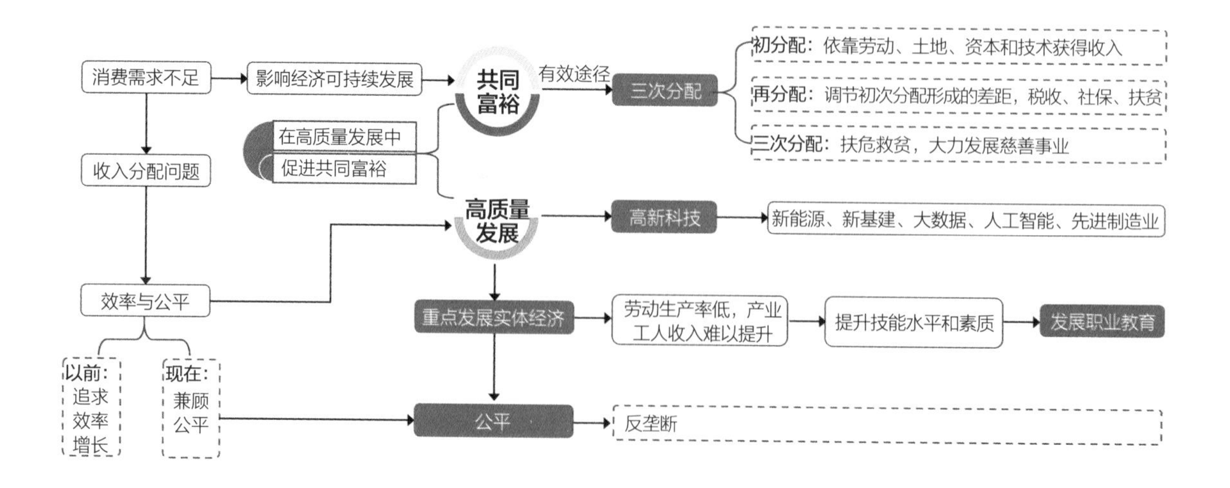

许一部分人、一部分地区先富起来，推动解放和发展社会生产力。

党的十八大以来，以习近平同志为核心的党中央对共同富裕的现实保障及实现途径作出突破性认识，指出“明确新时代我国社会主要矛盾是人民日益增长的美好生活需要和不平衡不充分的发展之间的矛盾，必须坚持以人民为中心的发展思想，发展全过程人民民主，推动人的全面发展、全体人民共同富裕取得更为明显的实质性进展”。

2020年10月29日，《中共中央关于制定国民经济和社会发展第十四个五年规划和二〇三五年远景目标的建议》突出强调“扎实推动共同富裕”，提出到2035年人民生活更加美好，人的全面发展、全体人民共同富裕将取得更为明显的实质性进展。同期，党的十九届五中全会对扎实推动共同富裕作出重大战略部署。面向这一清晰的美好蓝图，我们必须坚持发展为了人民、发展依靠人民、发展成果由人民共享，采取更有力的举措，作出更有效的制度安排，朝着共同富裕方向稳步前进。

2021年8月17日，习近平总书记在中央财经委员会第十次会议上对共同富裕作了系统性阐述。会议强调，共同富裕是全体人民的富裕，是人民群众物质生活和精神生活都富裕，不是少数人的富裕，也不是整齐划一的平均主义，要分阶段促进共同富裕。促进共同富裕，要把握好鼓励勤劳创新致富，坚持基本经济制度，尽力而为量力而行，坚持循序渐进的原则。

党的二十大报告进一步提出，中国式现代化是全体人民共同富裕的现代化。共同富裕要在高质量发展中逐步实现，为全面建成富强民主文明和谐美丽的社会主义现代化强国奠定坚实的物质基础，为实现全体人民共同富裕提供雄厚的物质保障。

共同富裕本身就是社会主义现代化的一个重要目标，随着我国开启全面建设社会主义现代化国家新征程，必须把共同富裕摆到更加重要的位置，向着这个目标更加积极有为地努力。共同富裕是“全民共富”，不是一部分人和一部分地区的富裕，是全体人民的共同富裕，是全体人民共享发展成果，过上幸福美好的生活。共同富裕是“全面富裕”，既包括物质上的富裕，也包括精神上的富裕；不只是生活的富裕富足，也包括精神的自信自强，还包括环境的宜居宜业，社会的和谐和睦，公共服务的普及普惠。共同富裕是“共建共富”。实现共同富裕需要全体人民辛勤劳动和相互帮助，人人参与，人人尽力，人人享有，共建美好家园，共享美好生活。共同富裕是“逐步共富”。促进全体人民共同富裕是一项长期艰巨的任务，是一个逐步推进的过程，既要遵循规律、积极有为，又不能脱离实际，要脚踏实地、久久为功，在实现现代化过程中不断地、逐步地解决这个问题。

对于行业建设而言，共同富裕为行业间、地区间发展不平衡问题的解决提供有效思路，通过绿色发展、循环发展等实现经济增长、资源利用、社会需求和生态环境之间的和谐平衡；对于个体而言，共同富裕意味着物质生活的满足以及精神生活的满足，是一种有助于建立良好人际关系的社会状态，让人民群众在共建共享中感受到更强的获得感、幸福感、安全感。

1.2.4 共富实践

（1）共富实践的概念

在开辟和拓展中国式现代化新道路的过程中，各地都持续探寻实现共同富裕的实践路径。因此，本书所探讨的共富实践，是指为达到生活富裕富足、精神自信自强、环境宜居宜业、社会和谐和睦、公共服务普及普惠这些共同富裕目标，而采取的具体行动。

习近平总书记在《扎实推动共同富裕》一文中指出，共同富裕是社会主义的本质要求，是中国式现代化的重要特征。扎实推动城市和乡村建设是实现全体人民共同富裕的重要内容，更是社会发展的必然要求。在“脱贫攻坚战”取得胜利后，我国仍将继续着力解决环境发展不平衡不充分的问题，全面提升人民生活品质，致力于实现共同富裕。

2021年5月20日，《中共中央 国务院关于支持浙江高质量发展建设共同富裕示范区的意见》发布，共同富裕示范区落地浙江。意见提出提高发展质量效益，夯实共同富裕的物质基础；深化收入分配制度改革，多渠道增加城乡居民收入；缩小城乡区域发展差距，实现公共服务设施优质共享；打造新时代文化高地，丰富人民精神文化生活；践行绿水青山就是金山银山理念，打造美丽宜居的生活环境；坚持和发展新时代“枫桥经验”，构建舒心安心放心的社会环境。

浙江省第十五次党代会报告将在高质量发展中实现中国特色社会主义共同富

裕先行和省域现代化先行作为奋斗目标。2021年6月，浙江省委十四届九次全体（扩大）会议在杭州举行，系统研究部署高质量发展建设共同富裕示范区，强调要坚决扛起政治责任，为全国实现共同富裕先行探路，要通过实践进一步丰富共同富裕的思想内涵，让人民群众真切感受到共同富裕看得见、摸得着、真实可感。

2021年7月19日，《浙江高质量发展建设共同富裕示范区实施方案（2021—2025年）》公布，提出坚持以满足人民日益增长的美好生活需要为根本目的，以改革创新为根本动力，以解决地区差距、城乡差距、收入差距问题为主攻方向，更加注重向农村、基层、相对欠发达地区倾斜，向困难群众倾斜，在高质量发展中扎实推动共同富裕，加快突破发展不平衡不充分问题，率先在推动共同富裕方面实现理论创新、实践创新、制度创新、文化创新，到2025年推动高质量发展建设共同富裕示范区取得明显实质性进展，形成阶段性标志性成果。

伴随共富实践的稳步推进，2022年杭州市政府聚力打造最佳共富实践典范，评选出包括临平工业用地有机更新在内的30个最佳实践案例，通过改革创新激发共富活力。实践案例涵盖经济高质量发展、收入分配制度改革、城乡区域协调发展、公共服务优质共享、社会主义先进文化、生态文明建设、社会治理7个共富实践关键领域。2023年，浙江省委社会建设委员会公布60个共富实践观察点，以全面映射和反映共同富裕示范区建设的进程、成效和问题，通过对一个村、一个企业、一个群体、一个学校等微观主体的持续跟踪观察，多领域，多维度、多视角展现共同富裕示范区的典型、具体、鲜活变化。

（2）共富实践与有机更新的关系

共富实践与有机更新，在价值目标和实践路径方面具有高度一致性，必须深刻认识二者内在统一的逻辑关系。有机更新是开展共富实践的重要途径之一，共富实践是推动有机更新的行动指引，二者相辅相成、相互促进，统一于发展之中。

有机更新是开展共富实践的重要途径之一，推进有机更新的过程就是在城市发展中夯实共同富裕的“物质富裕”基础，促进居民物质生活富足、精神生活富有、优质公共服务均衡的共富实践过程。

共富实践是推动有机更新的行动指引，扎实推进共富实践的关键是提高发展的质量与效率。在共富实践中，有机更新是一种包含社会结构、经济模式和环境保护

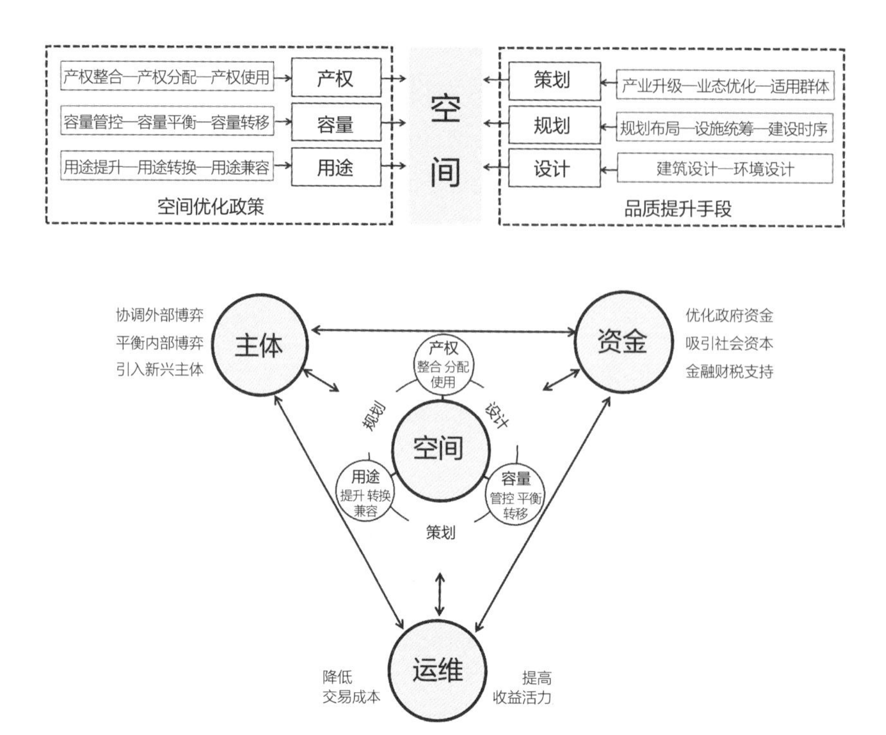

图1-2-3 城市空间有机更新结构
（图片来源：唐燕，殷小勇，刘思璐．我国城市更新制度供给与动力再造［J］．城市与区域规划研究，2022（1）：1-19．）

在内的全面进步和演变（图1-2-3），鼓励采用创新和可持续的方法来解决现有的社会问题和环境问题，增进环境整体健康和福祉。相关措施包括：优化土地利用，混合开发既有空间以引入创收产业，提升城市功能；补齐公共服务设施，提供公平优质的公共服务；保护和更新城市的文化资源和历史记忆，丰富居民的精神文化生活等。通过这些更高质量、更有效率、更加公平的城市有机更新措施，强化共富实践在推动城市有机更新中的主力作用。

共富实践与有机更新协同推动城市共识共建的持续发展。共富实践就是要锚定“走在前、开新局”的目标，完整、准确、全面贯彻新发展理念，积极服务和融入新发展格局，发挥政策优势和资源禀赋，推动城市环境发展思想解放和改革创新；坚持以共同富裕建设作为有机更新的根本指引和内在要求，促进城市和乡村共享共建的有序推进，激发社会力量参与城市建设，助推城市环境全面升级，促进未来城市治理水平不断攀升，为加快构建开放、创新、包容的中国特色现代化建设格局做出积极贡献。

1.2.5 温情社会

党的十八大以来，习近平总书记围绕城市工作发表了一系列重要论述，创造性提出“人民城市”理念，要求走中国特色城市发展道路，强调做好城市工作的出发点和落脚点，就是要坚持以人民为中心的发展思想，让人民群众在城市生活得更方便、更舒心、更美好。2019年11月2日，习近平总书记在考察上海杨浦滨江公共空间时，首次完整提出“人民城市人民建、人民城市为人民”的重要理念，为我们回答好“建设什么样的城市”“怎样建设城市”这一重要命题提供了重要遵循，指明了前进方向。

2020年11月，在浦东开发开放30周年庆祝大会上习近平总书记进一步强调，“要坚持广大人民群众在城市建设和发展中的主体地位”的理念。如同我们党在中国长期执政，需要坚持“靠人民执政、为人民执政”，党在推动人民城市建设中，也需要坚持“靠人民建设、为人民建设”。强调人民城市人民建，就是“靠人民建设”；强调人民城市为人民，就是“为人民建设”。习近平总书记的重要论述，对于提高人民生活品质、推进城市治理现代化、加快转变城市发展方式具有重要意义。

与此同时，我国经济发展由高速逐渐向高质，城市建设由增量转向存量提质，城市存量更新的内涵日益丰富。党的二十大报告提出“实施城市更新行动，加强城市基础设施建设，打造宜居、韧性、智慧城市”，彰显出国家致力于将城市打造成人与人、人与自然和谐共生的美丽家园的新要求。中央城市工作会议制定“加强城市设计，提倡城市修补”的工作指导方针，其核心定位提升为“环境更新、产业更新及人的更新”。住房和城乡建设部办公厅多次开展城市更新试点工作，扎实有序推进精细化、可持续、数字化城市更新与温情社会的协同运行，提高城市规划、建设、治理水平，推动城市高质量发展。

“城市不仅要有高度，更要有温度。”城市是人集中生活的地方，城市建设关乎百姓生活方方面面。城市发展不仅要“见物”，更要“见人”。做好城市工作，需要顺应城市工作新形势、改革发展新要求、人民群众新期待，牢固树立以人民为中心的发展思想，坚持人民城市人民建、人民城市为人民。当前，我国正处于城镇化建设的新篇章，深入推进以人为核心的城镇化，使城市更健康、更安全、更宜居，塑造有温度、有情感的高品质城市空间，归根到底是为了满足人民对美好生活需要，这是坚持以人民为中心的发展思想的题中应有之义。

美好生活，民生为要。增进民生福祉，是城市建设和治理的出发点和落脚点。浙江省深入贯彻高质量发展建设共同富裕示范区战略部署，全域推进未来社区建设，聚焦人民对美好生活的向往，将“一统三化九场景”理念贯彻到城市规划建设管理的全过程（图1-2-4），打造共同富裕现代化基本单元和人民幸福美好家园。杭州临平一直以来坚持以人民为中心的城市建设，认真解决人民群众最关心、最直接、最现实的利益问题，从“城市让生活更美好”到“把最好的资源留给人民”，从“老小旧远”改造项目解决的急难愁盼，到未来社区公共空间带来的欢声笑语，从口袋公园里的人文关怀，到“15分钟社区生活圈”里的高品质生活，“城市属于人民”的深刻内涵在一件件民生实事中得到生动诠释，彰显出人民城市的温度和人文情感关怀。

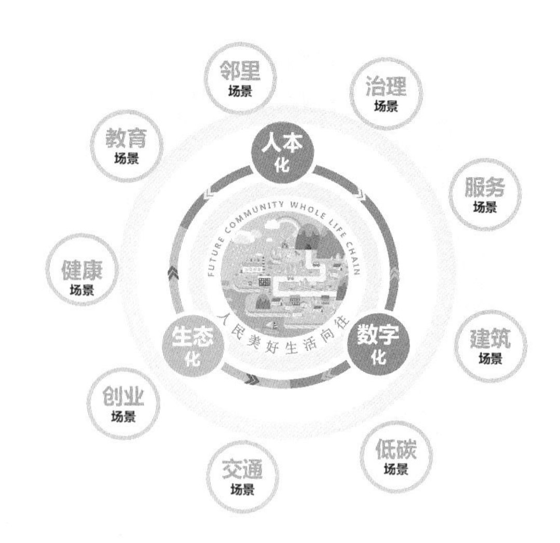

图1-2-4 未来生活场景
（图片来源：《浙江省未来社区试点工作方案》之未来社区“139”项层设计解读［EB/OL］）

温情社会秉承“以人为中心”的发展理念，在城市更新共富实践的支持下，致力于为人民创造更加美好的生活，促进人民群众物质生活和精神生活和谐发展，对于统筹推进城市环境全面丰富、社会全面进步、全体人民共同富裕具有重要价值和现实意义，也是推动行业发展、带动产业升级的重要举措。因此，本书所指的温情社会，是指一个以人民为中心，强调宜人的城市尺度、独有的城市记忆、惠及大众的公共空间、包容共情的生活场所以及共富实践活动的人类生活共同体。

1.3 国际视野

1.3.1 国外城市更新改造实践综述

国外的城市更新理论随着城市的发展进程而不断演进，最早的城市更新概念起源于欧美，最早的城市更新理论可追溯到欧洲文艺复兴时期罗马的城市更新策略。17世纪以来，随着欧洲社会权力分布逐步从教权转向君权，同时期新兴的资产阶级也积累了雄厚的经济实力，于是，以罗马为代表的城市改建与扩建便轰轰烈烈地开展了起来。这一最早的城市更新旨在体现君主和王室的权威，城市建设的重点也从教堂变成了作为城市中心的豪华的王宫、开阔的广场、宏伟的公共建筑、整齐的林荫大道，同时，花园、剧场、博物馆和商业中心的雕塑、喷泉、草坪等也迅速建设了起来。

而真正具有社会改良运动意义的城市更新是在第二次世界大战后，在西方全面展开的具有广泛社会影响力、将物质性改造与社会政策相结合的改良运动，由规划师和公众广泛参与，取得了巨大成就的同时也造成了很多问题。“二战”后，大量城市遭受了不同程度的战火破坏，亟待重建复兴，于是城市更新迎来了一波发展高潮，城市更新理论与实践得到了爆发式的发展，其发展大致可以分为三个阶段。

（1）早期雏形阶段

早期雏形阶段是以20世纪60年代大规模的城市改造为开端的，这也是欧洲城市更新的重建与复苏阶段。“二战”中欧洲众多大城市遭受战争重创，如德国柏林、纽伦堡等。因此，欧洲城市的首要工作是尽快恢复城市生活，重建与修复城市基础设施，开展大规模基础设施建设。此阶段城市更新突出的特点是对城市进行彻底重构，用高效的方式恢复城市的基本功能。对此，以“新城”换“旧城”的思潮兴起，其主张对旧城区进行大规模改造与彻底重构，打造全新的城市功能分区，为进一步发展经济打好基础。然而，这一做法的弊端在于，城市资源在重构过程中大量向新城倾斜，导致两极分化现象，产生了许多贫民窟，再次加重了城市财富分化问题。

（2）初步形成阶段

初步形成阶段约在20世纪70年代，城市振兴、城市再开发继续发展。这一时期，西方国家身陷“滞涨”，大量人口失业，工厂倒闭，生态环境恶化。城市更新风潮随着经济萧条带来的财政困难而转向小型修补与修复。这一时期也伴随着城市更新理论的发展与方法的转型。英国学者舒马赫在其著作《小的是美好的》中指出，城市建设应当充分尊重城市公民的权利，以公民需求为出发点，制定适合的城市发展规划。在这一思潮的指导下，城市摒弃了重建时期的粗放发展，开始关注更细致层面的居民需求，使得市中心并未随经济萧条而衰败。

（3）快速发展阶段

结束了经济萧条，西方国家在20世纪80至90年代迎来了新一轮的城市建设，进入快速发展阶段。其主要标志为人口与资源进一步向城市集中，城市工业等多种企业向城市周边转移，大量的商业区、办公区等也随之向城郊迁移。因此，内城开始衰落，外城市郊经济则迅速兴起。对此，城市更新一方面在政策上放开交通、医疗、教育以及其他公共服务，与企业合作，力图满足城市经济和人口发展带来的增量需求；另一方面在建设上顺应城市空心化的趋势，在新产业聚集地建设副中心或卫星城等新城，满足企业与居民的需求。

现代以来，随着城市更新实践的不断深入，其概念与核心理念也随之丰富与转变，关注点不再局限于过去的物质空间，而转向多维度的城市保护、修复与再利用过程。为此，城市通过推进某些措施或项目，改变一个寻求改善地区的经济、物质、社会与环境，这通常是一个长时间的持久过程。城市更新的目的作为项目启动与推进的动机，极大地影响了项目的价值取向及实现路径。国外城市更新的目的通常有以下几种，政治目的、经济目的、社会目的、特殊目的，或是几种目的的组合。

以政治目的为动力在中大型城市更新实践中较为常见，爱沙尼亚塔林有三个城市更新项目是以政治目的为代表的典型案例，其主要目的就是为了提高其政府作为一个后社会主义国家政府的政治声望与形象宣传，寻求国际认可。然而效果并不甚如人意，杜塞特将其称为“华丽马戏团”，并指出，仅出于政治目的而推出的城市更新项目或地标性城市更新改造并不能带来居民生活品质的提高与幸福感的提升。

经济收入与经济层面权衡驱动是城市更新的重要考虑范畴。较大的投入与较长的回报周期是城市更新的标志性特点之一。伊朗的国家级城市更新项目——萨门更新计划（Samen Renewal Project），便将经济目的作为城市更新项目的重中之重。该项目出于政府财政紧缺现状，着重考虑了吸引投资与实现创收。然而由于过度考虑经济效益，居民的其他需求如物质经济、社会文化和获得感等不仅没有得到满足，反而成了牺牲品，居民利益与福祉都出现了较为显著的降低。“幸福感灾难”是博纳蒂尼对其的形容，完全寄希望于促进抬高房地产价格的城市更新会驱离城市中的中低收入群体，对居住在贫困社区的居民造成很大的负面影响。

以社会问题为导向的城市更新大多与居民福祉直接相关。韩国大邱的城市更新案例则可视为社会目的导向的更新改造，该项目聚焦于废弃物业及城市空地等，取得了较好效果，切实改善了居民的活动环境，促进社会交往，并显著提升了居民的社会安全感。这表示以社会目的为导向的城市更新会使居民的幸福感与满意度得到提升，民众能够切身感受到他们的日常生活是伴随着城市更新过程同步改善的。

同时，城市更新也可能出于其他目的，例如某些大型活动的举办，如体育赛事、国际会议或展览展会等。伦敦、巴黎等绝大部分奥运承办城市均在奥运会举办前进行了一系列城市更新，这一国际赛事则客观上促成了城市更新的实施落地。

1.3.2 形态空间设计的思想及理论

形态空间设计是城市规划、空间改造的重要基础，为城市可持续发展构建了物质性的基础条件。城市空间设计的思想理论随着城市规划与更新领域本身的发展演变而逐渐完善。由于十分符合美学教育背景，西方的视觉秩序分析作为一种自觉意识和实践力量，广受规划师的青睐，其可追溯到文艺复兴时期。以意大利的城市更新实践为例，建筑师多梅尼科・丰塔纳和西克斯特斯四世教皇着手的罗马城市更新改造设计，以及斯福佐的米兰城改造设计，均以城市空间美学为出发点，在形态与规划上都表现出一种明显的意向性美学。奥地利建筑师卡米诺・西特（Camillo Sitte）于19世纪80年代末总结了欧洲中世纪广场与街道的改造设计，他在《城市建设艺术》中归纳出了一系列城市建设的艺术原则。西特认为，城市环境里的广场、街道以及公共建筑之间的视觉关系应该是民主的、相辅相成的，而这是规划师可以直接参与控制和创造的城市环境，对于城市设计和更新至关重要。此外，西特同样尊重自然，认为城市设计应当将人的活动结合到地形与方位中。整个城市规划应当是一种激励人心且充满情感的艺术作品，这成为现代城市设计发展的重要思想基础。

图底分析作为延续至今的城市设计与规划的基本方法之一，其擅长处理错综复杂的现代城市空间结构，对城市形态领域研究与实践产生了深远影响。图底分析理论建立在格式塔心理学中“图形与背景”原理上，并将城市中的建筑视作“图”即图形，而城市空间则是“底”即背景。这种表达剖析城市结构组织最有效的工具之一被称为图底分析，其目标为建立一种不同尺寸大小、单独封闭却又彼此有序相关的图形体系，即城市空间层次体系，并在城市或城区范围内澄清城市空间结构。诺利（Nolli）于18世纪中叶最早将这种思想引入城市规划领域，他绘制的罗马地图中，墙、柱子及其他实体被涂成黑色，而外部空间则被完全留白。用这种方法，罗马市容及建筑物外部空间的关系清晰可辨（图1-3-1）。

图底分析理论的另一个贡献在于其指出了若城市主导空间形态不由水平方向构成而是由垂直方向构成，将极难形成连贯整体的城市外部空间。也就是说，在城市用地中，设计建造的垂直方向实体要素，如高层公寓等，常常导致产生很多零碎开放空间，不适合公共活动或娱乐用途。究其原因，则是空间成为城市体验

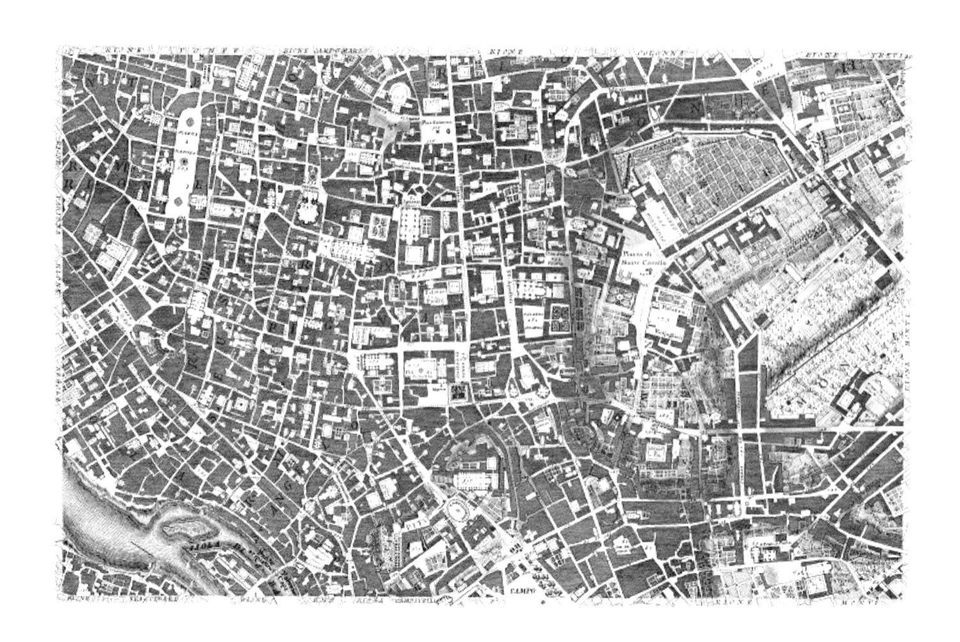

图1-3-1 诺利地图
（图片来源：KOHLSTEDT）

的中介，为私密—半私密—半公共—公共的序列提供了共存和过渡，进而建立了场所之间不同形体的序列和视觉方位。此外，这一理论作为指导分析方法，还能反映出特定城市空间格局在时间跨度中形成的城市肌理以及结构组织交叠的具体特征。

20世纪以来，形态空间设计的理论获得了长足发展。理想化的城市更新理论源于埃比尼泽·霍华德的“田园城市”，在《明日的田园城市》一书中，他阐述了“田园城市”理论。该理论创新性地提出了对城市发展中涉及人口、结构、生态绿化等问题的见解，主张通过推进新城镇化建设来促进城市改良。随后，伊利尔·沙里宁进一步完善田园理论，提出了“有机疏散”理论。在《城市：它的发展、衰败与未来》一书中，这一理论仍以传统的“形体决定论”为思想基础，认为城市是一个静止的事物，用以解决城市发展问题，摆脱了早期理想化城市规划模式的束缚，取得了显著进展。

勒·柯布西耶的城市设计思想以“秩序”为重点，以几何学这一秩序的基础为重。1922年，柯布西耶在《明日之城市》中详细记载了当时城市发展情况和社会问题，并提出了建设符合时代发展的理想未来城市的观点。柯布西耶强调通过内部调整解决现有城市面临的发展问题，并提出了城市更新的四项原则，包括增加城市绿地率、改进城市交通运输方式、提高城市中心区域人口密度以及解决城市中心区交通拥堵问题。基于以上原则和思想，他在书中假想了一座约300万人口的城市。这座城市中央是由24座60层高的摩天大楼组成的商业区，40万居民被安排居住于此，周围是环形居住带，其间有着大片的绿地，多层连续的板式住宅内可容纳60万居民居住，城市外围则是较大的花园住宅，他设想其余的200万人将居住在这里。

20世纪70年代，芦原义信在《外部空间设计》中将形态空间研究引向了设计手法、空间要素以及它们与人的视觉相关性。作为过往空间分析理论的集大成者，芦原义信旁征博引，提出了“空间秩序”“逆空间”“加法空间与减法空间”“积极空间和消极空间”等诸多极具启发性的概念。他认为，空间与人的多种感官间的联系之中，与人视觉的联系最为主要，起到决定性作用。通过对建筑师与风景园林师不同空间概念的比较，芦原义信创造性地指出，建筑外部空间是“没有屋顶的建筑”，并非完全是自然的延伸。以此为基础，他进一步归纳出积极空间和消极空间的概念，而城市更新改造在形态空间方面则有了明确的目标，即尽可能将消极空间转化为积极空间。芦原义信的外部空间理论既总结凝练了传统形态空间理论，又囊括了设计方法论，对时至今日的城市设计与改造实践具有很大的指导意义与借鉴价值。

1.3.3 功能城市导向的思想及理论

功能城市导向的城市更新主张通过建立独立的城市单元有序扩展城市空间，而非无止境地增加城市面积。战争期间，西方国家的城市更新主要以大规模拆除重建为主。现代意义上大规模城市更新运动的出现可以追溯到1950年代。在第二次世界大战后，一些西方发达国家的大城市中心区人口和工业开始向郊区迁移，导致原来的旧城中心区衰落，表现为税收下降、房屋和设施失修、就业岗位减少、经济不景气、社会治安和生活环境恶化等。

城市更新运动的动因在于应对这一系列城市问题，为了预防和消除“城市病”，许多国家在不同阶段采取了相应的城市更新措施。然而，从不同国家的更新实践来看，仅通过局部区域的改造或开发建设并不能完全解决某一地区发展过程中出现的问题。只有从更宏观、更广泛的社会、经济、文化等多个角度进行系统、全面的更新改造，综合改善居住条件、整治环境、振兴经济等多个目标任务，才能从根本上阻止城市的“衰败”，解决老城的发展问题。

1933年，国际现代建筑师协会（CIAM）在第四次会议上聚焦“功能城市”主题，通过了由勒·柯布西耶起草的国际著名城市规划的纲领性文件《雅典宪章》。这一宪章以理性主义的思维方式，全面分析了当时城市发展中普遍存在的问题，被誉为“现代城市规划的大纲”。其核心思想强调城市规划应以功能性为主要考量，将城市的布局和设计与其功能紧密结合，以满足人们的需求并提高城市的效率和生活质量。

在20世纪上半叶，《雅典宪章》将城市的基本功能划分为四类，即居住、工作、游憩和交通。《雅典宪章》认为城市规划应经过科学的过程，强调城市内部各种矛盾问题源于大工业生产方式的变革和土地私有制。《雅典宪章》的目标是创造更宜居、更具可持续性的城市环境，满足城市居民的各种需求。这些思想和原则在现代城市规划和城市设计中仍具有重要的指导意义。针对当时城市的实际情况和存在的问题，《雅典宪章》对现代城市设计中四大活动领域（居住、工作、游憩和交通）提出了建议。如针对居住问题、生活环境质量差等，建议住宅区应设有绿带与交通道路隔离，不同地段采用不同的人口密度标准，以改善居住环境；针对由于工作问题造成过分拥挤而集中的人流交通，建议有计划地确定工业与居住的关系，合理布置工作地点；针对大城市城市绿地面积不足，缺乏游憩问题，建议新建的居住区要保留空地，增设旧区绿地，并在市郊保留良好的风景地带，以改善居住条件；针对交通问题，建议从整个道路系统的规划入手，按照车辆的行驶速度进行功能分类。

《雅典宪章》对于以功能为导向的现代城市更新思想产生了重要指导意义。首先，它提出的功能分区是依据城市活动对城市土地使用进行划分，突破了过去城市规划追求平面构图与空间气氛效果的形式主义的局限，引导现代城市规划向科学化方向发展。其次是以人为本，它在思想上认识到城市中广大人民的利益是城市规划的基础，为现代城市规划的发展指明了以人为本的方向，建立了现代城市规划的基本内涵。同时《雅典宪章》认识到城市与周边区域之间是有机联系的，不能割裂看待，必须对其进行整体筹划和考虑，体现了区域规划的思想；把相关的政治、经济、社会因素结合起来的思路，扩大了建筑设计、城市规划的视野。此外，《雅典宪章》还强调城市发展过程中应该保留名胜古迹和历史建筑，以保护城市的文化遗产和历史价值。这些建议和思想在城市规划和设计中产生了深远的影响，有助于创造更宜居、更可持续的城市环境。

到20世纪末，随着经济动荡造成的大萧条的结束，后工业化的城市发展逐渐兴起并成为主流。这一时期，后工业化转型的城市更加看重地方文化品牌打造以及文创城市的地位，因而出于这种打造地方文化形象的需求，文化更新成为新的城市更新功能导向的指引。对这种城市“软实力”的关注不仅出于其良好的资本吸引力，即投资前景，更因为其契合了新时代的“城市政策理性”。

萨科等人对这一政策进一步理性区分，在功能主义之外还分为了工具主义的理论。他认为，从功能主义视角来看，文化更新被视为解决社会问题的有效途径之一，无论对城市实体要素的改动大小，其本身就是城市更新的一个环节乃至主要内容；而工具主义则将文化更新看作是促进实体经济发展的政策工具，城市更新的根本目的与最终落脚点依然是实体经济及其他城市实体要素。

不同时代的功能导向城市更新各自具有鲜明的时代特点，主要表现在其“功能”随时代发展而出现的新理念。功能主义视角强调“通过文化投入来实现相应的社会、经济产出”，其以城市文化的社会功能为前提。城市的文化复兴有着生产社会资本与人力资本的功能，可以提升个人技能与组织能力，进而塑造归属感与自豪感，惠及所有市民，达到城市更新的目的。而工具主义视角则倾向于关注文化更新对城市经济发展的推动作用，以此解释文化导向城市更新政策在世界范围内的流行。一方面，文化导向的城市更新通过打造商业旅游休闲等业态、推动城市创意产业发展等方式，直接对城市经济发展起到推动作用；另一方面，在空间重塑中打造出来的城市地标、文化设施以及相应的文化形象等要素，同样以间接的方式刺激了城市的经济发展。

1.3.4 人本主义城市的思想及理论

人本主义形成于欧洲文艺复兴时期，其思想根源来自于古希腊理性主义思想传统，强调人的至上性，认为人是自然界的唯一主体。人与自然是统治与被统治的关系，人可以凭自己的理性去改造自然、征服自然、驾驭自然，来满足自身不断增长的需求。

进入20世纪，两次工业革命使得人类驾驭自然的能力空前提高，更加强化了这一思想倾向，即自然环境是可以供人类肆意改造、无限制索取、全面征服的。进而“人定胜天”“人类至上”的传统人本主义思潮席卷了西方各国。1929—1933年的世界经济危机更加刺激了人们进一步开发自然的欲望。到20世纪60年代以后，城市更新理论进入以人为本的可持续发展阶段。在这一时期，人们受到凯恩斯主义、简・雅各布斯、C. 亚历山大等学者学术观点的影响，开始更加关注公共服务、社会公平和公共福利。同时，可持续发展理念的出现与人本思想相结合，使人们更加注重改善居住环境。这一关注逐渐延伸至对城市历史文化和城市历史建筑的保护与传承，迅速在当代城市更新中占据重要地位，成为新时期城市更新的主要思想。在这个背景下，人们更加关心如何通过城市规划和更新来提升公共服务的质量，推动社会的公平发展，以及增进公共福利。可持续发展理念的引入使得城市更新注重长远的社会、经济和环境影响，与人本思想结合，强调人们的居住环境应当更加宜居、健康，同时要尊重城市的历史文化遗产。

1977年，国际建筑师协会（UIA）在秘鲁马丘比丘召开会议，并签署了《马丘比丘宪章》。这一宪章以《雅典宪章》为基础，总结了近半个世纪以来，尤其是“二战”后，城市发展和城市规划思想理论和方法的演进。如果说《雅典宪章》中人本主义的思想初绽苗头，《马丘比丘宪章》的规划理念则是人本主义理性化的深刻体现。《马丘比丘宪章》讨论了关于城市与区域、城市增长、分区的概念、住房问题、城市运输、城市土地利用、文物与历史遗产保存与保护、自然资源与环境污染、设计与实施、技术与工业和建筑与城市设计等11个问题。同时在对《雅典宪章》的批判、继承与发展中，《马丘比丘宪章》特别强调了人与人之间的关系，强调了城市是一个动态系统，区域和城市规划是一个不断变化的过程，而同时强调了综合考虑和公众参与在规划中的重要性。

相较于《雅典宪章》《马丘比丘宪章》在城市规划的思想上作出了极大的转变，从理性主义向社会文化主义思想基石的转变，从空间功能分隔到城市系统整合思维方式的转变，从终极静态的思维观向过程循环的思维观改变，从精英规划到公众规划观的转变。在新的背景下，《马丘比丘宪章》采用新的思维方法体系来指导城市规划，它是继《雅典宪章》之后，对世界城市规划与设计具有深远意义的又一重要文件，成为一项纲领性文件。

美国学者简・雅各布斯在《美国大城市的死与生》中明确指出，城市本身是一个复杂的生命体，强调以人为核心，通过区域更新规划赋予城市人情味与活力。这一时期的城市更新理论在人本主义思想的指导下，积极回应城市存在的问题，为城市发展提供了新的方向和策略。受此影响，在20世纪80年代末期，一种从地产导向转向文化导向的趋势悄然出现在世界各大发达资本主义国家的城市发展模式中。诸如城市美感再现、文化设施修建、城市节庆活动等文化导向的城市更新形式五花八门，均旨在增强城市的文化影响力，提升城市的文化气息。国外的既有研究中，对于文化导向的城市更新存在着不同的理解与界定，大致可以分为两类。一类可以概括为“空间的文化”，将文化导向城市更新看作是将文化内涵赋予城市空间的实践。这类理论强调保留既有空间并且空降式地嵌入相应的文化设施，如通过修建艺术馆、音乐厅、广场雕塑等提升一个区域的文化属性。另一类则是“文化的空间”，强调将无形的文化具象化，进而赋予其空间形态，以此作为城市更新的实质与内核。希望通过打造城市节庆活动、复苏社区文化或营建地方历史博物馆等方式，对城市文化进行发现、挖掘以及创造。

1.3.5 公众参与规划的思想及理论

西方国家认为，政府是城市更新项目决策的主导，而其决策会受到政府行政管理手段及理念的影响。这种从行政管理角度出发去理解城市更新项目或政策，产生的规划理论被称为“管治理论”，即尽可能使更多利益相关方参与到管理中，以尽可能丰富政府的单一管理，并且对其他社会组织与协会等加以鼓励，使其帮助政府调节市场行为，进而达到维持经济社会秩序的效果。这意味着，“管治”的过程形成了向各方传达政府的管理目标，并对各利益相关方的权力与利益进行合理分配的机制，整个机制追求的目标与长久运行的基础是该管治得到各方的认同。

米勒将该理论与机制的要点总结归纳为，多方利益相关者均衡权力，政府与利益相关者之间，以及公司部门之间的权责范围会逐渐模糊。若管治行为涉及多个利益相关方，其权力范围之间必然有交叉和依赖；参与管治的各相关方处于至少一个相同网络中；进行高效管理，并不仅仅要全部依靠政府，还可以借助其他机构以及其他技术手段进行辅助。

在决策过程方面，基于对管治理论的认同，欧美国家普遍采用的理论有公私合作、公众参与等。出于占据核心要素的经济利益，公私合作普遍运用于欧美资本主义国家的城市更新项目中。而公众参与则强调考虑如何将包括公众在内的众多利益相关者囊括到城市更新项目的决策参与中来，对决策产生实质影响。

公共参与的基础理论之一是参与式民主理论。这一从20世纪开始形成的理论将干系人视为城市更新发展的一个重要主体，应作为主体参与到城市发展过程的每一个环节之中，以积极行动、解决实际问题的方式，达到可持续地促进城市更新发展的目的。参与式民主理论的核心“赋权”指干系人能够自主选择发展方式并参与重大决策，在发展中有权获得发展红利。参与式民主起源于“参与式政治”一词，由伊曼纽·雅各布·基翁多提出，以期为人类的情感、思想、行动等方面的发展做出贡献。经由后续学者的研究与发展，逐渐成为现在的参与式民主理论。佩特曼·卡罗尔（Pateman Carole）的著作《参与和民主理论》最早对参与式民主理论进行了系统阐述，他认为，公民通过亲身参与不仅能在心理层面体验到价值感，还能产生政治使命感，获得更大的、更高层面上的精神满足。此后，麦克弗森（Crawford Brough Macpherson）对参与式民主理论的内容进行了进一步的丰富与延展，主张民主的参与由类似“金字塔”的体系构成，其基本组成是直接民主，上层则是代议制民主，以此来促进自我的、个体的发展，进而帮助建立一个更加公正、更加人道的社会。

由于当时的西方社会大众普遍对民族文化认知与认同不足，多元文化不断产生冲突，大多数人很难有效参与城市更新的民主决策，参与式民主理论亟待补充。约瑟夫在其著作《协商民主：共和党政府奉行的多数原则》中提出“协商民主”概念，在一定程度上对参与式民主理论作出了补充。协商民主认为，政府的统治不应通过强制措施，应当更多引入公众参与，进行民主协商。

英美等国家自20世纪50年代左右便已有部分城市实行公众参与，至今积累了丰富的理论、实践经验。而公众参与城市规划实践最早见于英国，1947年英国的《城乡规划法》明确了允许公众在城乡规划中发表个人的意见，不满意的规划可以通过合法渠道接受上诉，作为公众参与的制度与法律保障。在此之后，公众参与应用于城市更新的理论得到了蓬勃发展。

多元主义思想首先由保罗·大卫多夫（Paul Davidoff）在《规划的选择理论》中提及，其源于社会对于规划师在城市规划中所起作用的思考。他们提出“倡导性规划”的理论，质疑了传统城市规划中规划师按照个人价值观与规划判断进行规划决策的形式，主张应将城市规划转变为多元合作的模式，而非单方决策，来达到满足群体一致表达并回应社会利益诉求的效果。

在多元主义思想的基础上，约翰·福里斯特（John Forester）演化出了利益相关者理论，揭示了社会中众多拥有共同利益的小群体内紧密结合、互相合作，以及小群体内广泛存在的相互竞争关系。该理论认为，规划师需要时刻考虑利益相关者的权利运作，通过沟通、调解、疏导等来干预利益各方，只有发挥好沟通作用，才能很好地完成工作。实际上，任何对于城市规划或城市更新的决策都应充分考虑利益相关者之间的互动平衡关系，一旦失去平衡，城市项目便有着极大可能遭到部分群体的强烈排斥，从而影响项目的进展。

此外，平等性思想是公众参与的重要思想。约翰·罗尔斯（John Bordley Rawls）将平等区分为“权力平等”和“机会平等”两类，认为在多元社会中的各类团体组织和个人的意见都应当被平等地得到重视。规划师在城市规划与更新中虽然处于超越众人的特殊地位，但其作用主要应是教化市民，帮助市民发声，使城市成为一个团结的整体而非乌合之众，使城市规划决策转变为集中民智、凝聚共识的新形式。

1.4 国内经验

1.4.1 国内城市更新实践综述

我国在城市更新方面的起步相对较晚，然而与欧美国家相似的是，我国的城市更新进程和全国的城镇化进程也与经济社会发展背景紧密联系。随着城市更新实践的不断演进，国内对于中国城市更新的研究内容日益丰富。有关城市更新的研究文献不断扩充，截至2024年1月，通过知网检索关键词“城市更新”可得到17183篇文献，而在当当网搜索与“城市更新”相关的图书已达269本。城市更新相关论文一直占据城市规划研究的约1/10的比例，并且呈同步增长态势。通过对我国城市更新实践的研究总结与归纳，将其发展历程划分为四个阶段，即政府主导的旧城物质改造时期、社会转型的探索时期、地产导向的城市更新时期以及新城镇化背景下的存量更新时期。

（1）政府主导的旧城物质改造时期

新中国成立到1970年代末，城市更新理论的进展相对缓慢，受经济匮乏的影响，其重点仅在于改善城市基本环境卫生和生活条件。由于整治城市被视为当务之急，因此对保护城市历史文化遗产的重视较低，存在严重破坏历史文化环境和建筑的现象。这一时期，梁思成先生和陈占祥先生提出的“梁陈方案”（图1-4-1），为解决社会发展与建筑保护之间的矛盾提供了新的思路。

（2）社会转型的探索时期

1980年代开始，政府开始着手解决城市工人住房短缺问题，推动住宅建设。

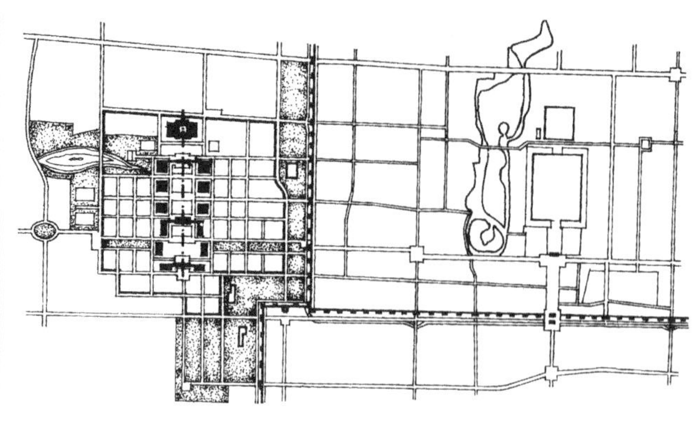

图1-4-1 梁思成先生与“梁陈方案”
（图片来源：回望梁陈方案始末［EB/OL］）

由于管理体制不完善、经济有限以及历史文化保护观念薄弱，旧城建设项目存在诸多问题，如建筑密度高、施工质量低下以及文物和历史遗址破坏。清华大学吴良镛院士课题组对此现象开展了较早的城市更新研究，以建筑学为基础，反思政府主导的旧城改造项目，并取得了一系列研究成果。随后，新的规划方式如“开发单元”和“小规模渐进”逐渐涌现，从旧城房地产开发和资金平衡等经济学视角，以及单位社区演变、居民参与和社区合作更新的社会学视角进行了新的探索。

（3）地产导向的城市更新时期

受“全球化”思潮和地产资本的影响，政府开始大力支持城市更新，推动城市化进程。2000年后，城市更新规模空前，各城市开始探索不同的城市更新模式，并对中国城市更新的特征和问题进行总结和理论化建构。同一时期，对城市更新概念的讨论也变得更加丰富，并且引入了城市再生、城市复兴等新概念。

此时，对海外城市更新的分析和理论引介也逐渐增加，尤其是香港学者引介的英国城市更新理论，使得城市更新理念逐渐超越了物质层面。在这一时期，多方合作和制度经济学在城市更新研究中的应用逐渐深入并形成共识，城市更新代表性实践开始增多，如上海新天地更新、北京798老工业区更新和上海田子坊创意区更新（图1-4-2）。

（4）新城镇化背景下的存量更新时期

2010年至今，“新常态”的经济发展模式使得城市发展模式由增量土地的外延扩张转向存量土地的优化更新，旧城更新成为未来一段时间内城市发展的重要方向。

图1-4-2 北京798工业区（左）和上海田子坊创意区（右）

国内对城市更新的综合性研究已经非常广泛和深入，出现了在综合视角下进行进一步扩展的理论研究，开始重视社区人居环境和完善城市活力。有较多突破的是地方区域内的城市更新实践，如对旧住区、旧工业用地、旧商业区、旧村改造等具体问题进行专门的细化探究，代表性实践案例如永庆坊历史文化街区更新、上海社区花园更新、北京越界锦荟园更新等（图1-4-3）。

随着时代的进步和城市更新理论的逐步完善，我国城市建设取得了历史性成就，发生了历史性变革，城市更新已经进入重要时期。党的十八届三中全会明确指出，坚持走中国特色新型城镇化道路；随后召开的中央城镇化工作会议进一步强调走中国特色、科学发展的新型城镇化道路；党的十九大以来，习近平总书记多次发表重要讲话，作出重要指示批示，强调加快转变超大特大城市发展方式，实施城市更新行动。在“十四五”规划中再次提出了城市更新行动，并指出加快

图1-4-3 广州永庆坊（左）和北京越界锦荟园（右）

推进城市更新是提高人民生活质量的重要举措，是推动城市发展的重要路径，是践行人民城市理念的必然要求。城市更新已经成为城市未来发展的新增长点，大量存量建设空间的释放将会形成一个规模巨大的市场。新型城镇化背景下，城市更新作为推动中国特色社会主义现代化城市高质量发展的综合愿景，为建设现代化、宜居化、和谐美丽的中国特色社会主义现代化城市不断贡献力量。

城市更新不仅是城市发展的重要手段，更是推动城市发展理念向着更加温馨、人性化、可持续化方向转变的重要路径。在新时代高质量发展背景下，城市更新将贯彻落实党的二十大精神，完整、准确、全面贯彻新发展理念，把新的理念、原则和目标汇聚到实施行动中，凝练为一个又一个城市更新项目。建立完善适用于城市更新的体制机制和政策体系，将指导各城市稳步实施城市更新行动，为此要深刻领会实施城市更新行动的丰富内涵和重要意义，坚定不移实施城市更新行动，努力把城市建设成为人与人、人与自然和谐共处的美丽家园。

1.4.2 人居环境与有机更新理论

有机更新是城市更新的发展方向，要想构建环境友好型城市人居环境，必须将良好的城市有机更新作为其前提和基础。

（1）人居环境思想及理论

人居环境是与人类生存活动密切相关的地表空间，它是人类在大自然中赖以生存的基地，是人类利用自然、改造自然的主要场所。人居环境科学指的是以人居环境为研究对象，围绕人居环境建设在地区开发中出现的诸多问题展开研究；是包括自然科学、技术科学和人文科学等在内的多学科研究的科学群体。

1958年，希腊学者道萨迪斯（C. A. Doxiadis）创建了人类聚居科学，对人类生活环境等问题进行大规模的基础研究。1993年，吴良镛、周干峙和林志群首次提出“人居环境科学”的概念。吴良镛指出，人居环境科学这一新的学科体系的建立与发展，将有助于从新的角度多层面地揭示当前人类聚居环境中存在的问题，高屋建瓴地解释我国由于城镇化进程加速发展所出现的种种现象，科学预测人居环境建设中的重大前景趋势，充分利用现有的科研成果着手解决某些有关人居环境建设发展的复杂矛盾。

（2）人居环境构成与研究框架

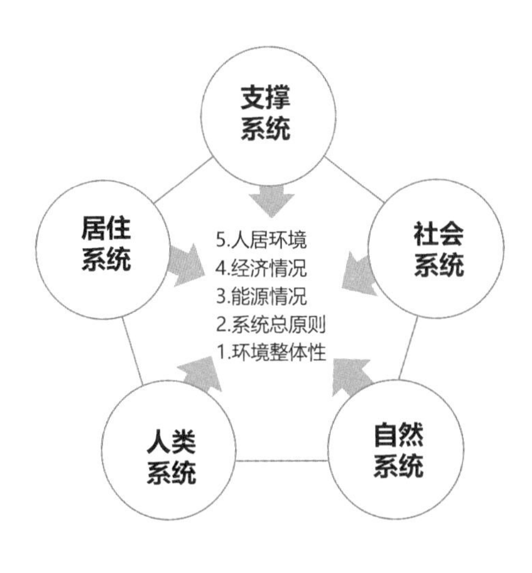

图1-4-4 人居环境系统模型

人居环境系统主要为五大系统，即自然系统、人类系统、社会系统、居住系统和支撑系统（图1-4-4）。其中，自然系统指整体的自然和生态环境；人类系统主要指作为个体的聚居者；社会系统是指由人群组成的社会团体相互交往的体系；居住系统指人类系统、社会系统等需要利用的居住物质环境；支撑系统指为人类活动提供庇护的所有构筑物，所有人工和自然的联系系统，以及经济、法律、教育和行政体系。

在研究框架中，人类系统和自然系统是构成人居环境主体的两个基本系统，居住和支撑系统则是组成满足人类聚居要求的基础条件。为获得一个良好的人居环境，不能仅关注其部分的建设，而要实现整体的完善。这意味着不仅要满足“生物的人”，达到生态环境的需求，还要考虑“社会的人”，达到人文环境的需求。

（3）人居环境的实践过程

中国政府自1971年10月重返联合国后，逐步参与联合国人居中心的相关活动。1988年，中国被正式接纳为人类住区委员会成员国，1990年中国常驻联合国人居中心代表处成立。从2010年起，国际欧亚科学院中国科学中心、中国市长协会、中国城市规划学会与联合国人居署合作，共同编写《中国城市状况报告》，至今已出版四卷。

中国政府迄今已三次撰写中国人居报告，分别于1996年、2001年、2016年三次撰写《中华人民共和国人类住区发展报告》，向世界阐明中国在城镇化进程中坚持可持续发展，为提高人类住区水平所做的主要工作、取得的成就、采取的政策以及对今后的展望和对策。清华大学分别从北京旧城菊儿胡同新四合院住宅工程、京津冀地区城乡空间发展规划研究到编纂《中国大百科全书》第三版“人居环境科学”学科卷进行人居实践。

（4）有机更新思想及理论

有机更新是把整个城市当作人体一样，城市中承担着不同功能的地区是有机

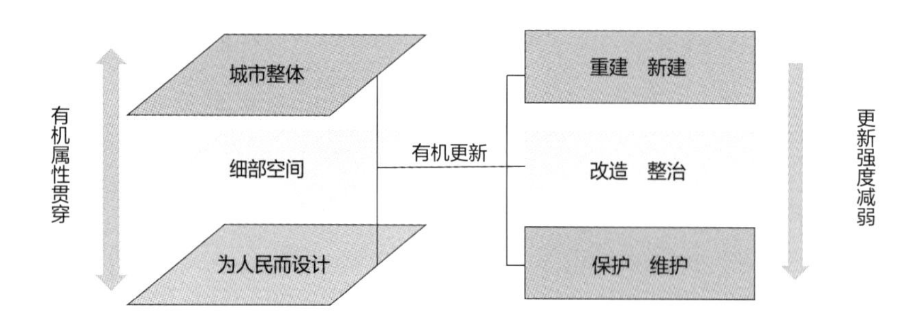

图1-4-5 城市有机更新图式

构成人体的细胞，所谓“有机更新”，就是把不适应城市发展的那部分地区、街区进行改造规划，采用适当规模、适当尺度，依据改造的内容与要求，妥善处理目前与将来的关系，不断提高规划设计品质，争取使每一个片区的发展都达到相对的完整性，使有机更新的部分更能适应城市功能的改造方式（图1-4-5）。

有机更新思想强调遵循城市发展的内在规律，顺应城市之肌理，探求城市的可持续发展模式，其主要包含三种含义，分别为城市整体的有机性、细部更新的有机性和更新过程的有机性。因此“有机更新”理论实质上是一种协调和联系，是措施进化发展的普遍规律。吴良镛院士在《北京旧城与菊儿胡同》一书中正式提出有机更新理论。吴良镛院士根据对中西方城市发展历史和城市规划理论的充分认识，结合我国城市发展所带来的价值观念变化，在对北京旧城改造长期的研究基础上，将有机更新理论在北京菊儿胡同住宅改造中进行实践。菊儿胡同成为旧城更新改造的成功案例，不仅丰富了城市更新的理论成果，更引起了国际的赞誉和广泛关注。

总的看来，人居环境科学是以现实问题为导向而产生的，是从中国建设的实际出发，以问题为中心，主动地从所涉及的主要相关学科中汲取智慧，有意识地寻找城乡人居环境发展的新范式。尽管未来我国城市有机更新的空间和市场机遇很大，但由于其主体是存量市场，所以面临的挑战仍为艰巨。对于人口占世界近五分之一的大国，相对于那些成功实现城市化的国家，中国城市化似乎还要经历漫长的过程。

1.4.3 以“人”为核心思想及理论

随着我国经济发展由高速增长阶段进入高质量发展阶段，我国的城市化进程开始进入精细化“新城市”发展的重要阶段，未来的城市建设强调“以人为核心”。习近平总书记着眼于全面建设社会主义现代化国家的历史任务，强调以中国式现代化全面推进中华民族伟大复兴，必须坚定不移、积极稳妥地推进“以人为本”的新型城镇化。中国以人为本的现代化建设，得到了中国人民的认同和拥护，是全国人民高度参与的现代化。中国高质量发展的宏大格局和中国式现代化的美好蓝图，令世界印象深刻。

“以人为核心”是针对当代社会发展过程中人的主体地位和作用日益突出所提出的一种发展理念。在当今的城市更新中，“以人为核心”的思想更多地体现在如何处理好人所处的关系上，包括处理好人与自然、人与社会、人与人、人与组织的关系上。

首先是在处理人与自然的关系上。现代城市设计的核心理念之一就是“以人为本”。以人为核心作为现代城市设计的基本理念已成为国内外城市设计的主流。既要坚持不断提高和改善人们的生活质量，同时又要注重保护环境和节约资源，以增强可持续发展的能力，确保人类赖以生存的生态环境具有良性的循环能力。中国城市规划设计研究院副院长郑德高基于安全、发展和人本视角对规划提出新的需求，从安全视角，规划应当关注水、生态、粮食、基础设施等方面的安全，以应对更多不确定性威胁的冲击；从发展角度，应当统筹规划，打造匹配核心功能的城市规划，同时应当统筹设计，形成创造价值空间的城市设计；从人的需求视角，规划强调建设人人可享的公共空间和塑造消费升级的特色空间，以及通过对老旧基础设施的更新改造和对传统基础设施的数字化、网络化、智能化建设，实现城市的智慧韧性、可持续发展。

其次是在处理人与社会的关系上。城市设计可以促进人与社会交往的多样性。一个多样化的城市空间可以吸引不同背景、不同兴趣爱好的人们聚集在一起。同时，城市设计应该充分考虑各个社会群体的需求和利益，创造一个包容性的城市环境。住房和城乡建设部原副部长仇保兴强调，城镇化的上半场是追求GDP的增长，千城一面，乡愁难寻，下半场必须转向以人为本，不仅是要满足现代人的需要，还要关心下一代的生活发展空间和资源需要。中国城市规划学会袁昕理事指出，面向未来，城市更新与城镇住房建设模式将迎来变化，以金融为杠杆的增量开发模式不可持续，面向需求的微更新和精细化设计是新趋势。

再次是在处理人与人的关系上。在坚持社会公正的原则下，尊重弱势群体的基本需求、合法权益和独立人格，为他们提供良好的生活环境与氛围。使其从单一变得丰富且有效，创造系统性的场景体验，重建人与人之间的情感连接。国家发展和改革委员会社会发展司副司长彭福伟提出建设高品质生活城市应重点提升城市韧性、城市休闲服务能力和城市养老能力。中国城市规划设计研究院总规划师张菁提出儿童友好型城市是适合所有人栖身的城市。中国儿童人口约3亿，约占中国人口总数的1/5、世界儿童人口总数的1/8，儿童友好城市建设不仅事关儿童福祉，更是人民城市理念下的最佳实践。

最后在处理人与组织的关系上。城市规划的合理性和人性化设计可以为不同社会组织创造更好的环境。同时，城市规划还可以影响社区组织和社会活动的空间布局。一个良好规划的城市将鼓励公共空间的有效利用，为社区居民提供更多的社交活动和文化体验场所。这些规划决策直接影响着社会组织的活动效果和社会秩序的维持。中国城市规划学会常务副理事长石楠表示，人民城市规划理念回应了人民群众在新征程中对于城市发展的新需求，体现了新时代包容共生的城市文化新品质，是完善国家治理体系提高城市治理能力的新目标。中国人民大学何艳玲教授指出，在城市治理过程中，我们面临诸多“以人民为中心”的挑战，我们应思考一系列问题，城市治理工具如何设计、城市治理技术如何配套以及如何维持城市秩序等，应通过治理技术力图使人民的隐匿需求简单化，使人民的多种需求有机化，使人民的模糊需求精准化。

总之，城市更新要把城市作为有机生命体，建立完善的城市体检评估机制，改造前问需于民，改造中问计于民，改造后还要问效于民。同时，要加快完善城市规划建设管理，形成一套与大规模存量提质改造相适应的体制机制和政策体系，健全社会公众满意度评价和第三方考评机制，推动城市更新行动，实现效果共评、成果共享。只有始终坚持以人为本和谐发展的理念，才能真正实现人类的长远利益和共同繁荣。未来，继续坚持人民城市人民建、人民城市为人民，顺应城市发展新趋势，建设宜居、韧性、创新、智慧、绿色、人文城市。

1.4.4 可持续性更新范式及其理论

城市更新是可持续发展的关键路径，是实现城市可持续发展目标的核心引擎，是实现温情社会的基石。可持续发展是一种崭新的城市更新发展观，它强调在追求经济效益的同时，还要注重城市生态环境的美化、城市空间结构的优化、城市功能结构的完善以及城市精神面貌的改善，实现政治、经济、社会、环境多方面的协调发展。

可持续更新即为可持续发展理论下的城市更新，此概念自提出后对我国城市规划以及城市更新具有很大的指导意义，并逐渐发展成为现代城市更新的理论基础。将城市更新与可持续发展理论有机结合，能更有效地引导城市更新的政策和实践。

（1）可持续发展理论的起源

可持续发展理论的形成经历了相当长的历史过程。20世纪50—60年代，人们在经济增长、城市化、人口、资源等所带来的环境压力下，对“增长=发展”的模式产生怀疑并展开讲座。1962年，美国女生物学家莱切尔·卡逊（Rachel Carson）发表了一部引起很大轰动的环境科普著作《寂静的春天》，她描绘了一幅由于农药污染所引发的可怕景象，惊呼人们将会失去“春光明媚的春天”，在世界范围内引发了人类关于发展观念的争论。

1972年，联合国举行了人类环境会议，标志着国际社会对环境问题的认识逐渐增强。然而，真正推动可持续发展概念的是1987年发布的布兰特兰德报告，该报告提出了可持续发展的定义“满足当前需求而不损害满足未来世代需求的能力”。这一定义强调了经济、环境和社会三个方面的平衡，强调了长期可维持性的概念。随后，在1992年的《21世纪议程》中更为明确地提出可持续发展包含三个方面，即环境与生态的可持续发展、经济的可持续发展和社会的可持续发展。其中，前者为基础，经济为条件，而社会则为最终目的。

进入21世纪，可持续发展理论逐步成为城市更新的理论焦点，人们意识到城市更新本质是一种资源再利用和土地再开发的人地系统动态优化过程，根本目标是综合构建可持续城市。

（2）可持续发展的核心理论

目前，可持续发展的核心理论，尚处于探索和形成之中。已具雏形的流派大致包括资源永续利用理论、外部性理论、财富代际公平分配理论和三种生产理论。资源永续利用理论致力于探讨使自然资源得到永续利用的理论和方法；外部性理论致力于从经济学的角度探讨把自然资源纳入经济核算体系的理论与方法；财富代际公平分配理论致力于探讨财富在不同代之间能够得到公平分配的理论和方法；三种生产理论致力于探讨三大生产活动之间和谐运行的理论与方法。

（3）系统可持续更新的实践

针对我国城市发展的特殊背景以及城市更新过程中出现的各种问题，1999年，吴明伟和阳建强教授提出我国的城市更新应该走一条全面系统的更新道路。他们指出，“我国现阶段的旧城更新具有面广量大、矛盾众多的特点，传统的形体规划难以担当此任，需要建立一套目标更为广泛、内涵更加丰富、执行更加灵活的规划系统。要从总体上对旧城区进行全面研究，制定一个系统的旧城改造规划”。具体实践案例如石景山区首钢老工业区（北区）更新（图1-4-6）、浙江省杭州市滨江区缤纷完整社区更新等。

图1-4-6 石景山区首钢老工业区（北区）更新前后对比

住房和城乡建设部总经济师、全国工程勘察设计大师杨保军表示，我们迫切需要提高城市安全韧性，建立科学思维；谋划发展动力，寻求改革、科技、文化等新动力；创建绿色低碳街区和设施；让智慧赋能，构建多元智慧应用场景。中国科学院地理科学与资源研究所研究员张文忠指出，城市更新的目标主要表现为四个角度，即提升城市的宜居性、增强城市的竞争力、扩大城市的吸引力和提升城市的包容性。

可持续发展观不仅在城市规划上丰富了城市更新的内容，更对过去城市更新理论进一步的发展与深化，对我国以后的城市建设、城市更新工作具有重要的指导意义。“实施城市更新行动”的启动，代表我国城市更新已进入适应新时代要求、承载新内容、重视新传承、满足新需求的新阶段，也代表着由“重开发”向“重运营”转变的新阶段。未来要积极认清可持续更新的意义，探索可持续更新模式。鼓励推动由“开发方式”向“经营模式”转变，探索政府引导市场运作、公众参与的城市更新可持续模式，发展新业态、新场景、新功能。

1.4.5 新技术应用理论与发展领域

新技术指的是在一定时期内由科学知识的演进所产生的，具有新颖性、创造性和实用性的技术。在信息化时代，新技术一经出现，将在社会上产生巨大的示范作用，成为社会经济效益的根本来源。2020年3月31日，习近平总书记在杭州城市大脑运营指挥中心考察时强调，从数字化到智能化再到智慧化，让城市更聪明一些、更智慧一些，是推动城市治理体系和治理能力现代化的必由之路。这一重要论断启迪智慧城市，赋予新技术更广阔的舞台。温情社会、共富实践，成为引领发展的重要方向。

（1）新技术重点应用领域与取得成果

我国“十四五”规划和2035年远景目标纲要明确指出“分级分类推进新型智慧城市建设”。随着我国智慧城市建设方面的投资持续增加，技术不断革新，城市科学家们有义务、有职责先知先觉，敏感地感知新城市的到来，开展研究工作，支持和引导城市建设实践。新技术在城市更新与智慧城市上的运用是城市与建筑领域的重点技术任务之一。根据其功能特性，新技术的应用领域重点不同，主要应用在城乡规划领域、信息技术领域、生态环境技术领域和绿色建筑技术领域等。

在城乡规划领域，新技术的应用推动了规划设计技术的创新，促进了集约空间格局的形成。目前，基于大数据的“多规合一”技术、道路BIM智能设计技术等技术成果，以绿色生态为城市发展导向，建立了适合我国国情和不同区域特征的城市新区规划设计理论方法与优化技术体系。这些技术为未来新区规划设计提供了支撑和实操指引，为城市规划的可持续发展打下了坚实基础。

在信息技术领域，新技术能够推动智能化技术应用，促进城市安全高效运行。空间信息技术的迅猛发展为智慧城市、城市供水、轨道交通建设、建筑施工智能化管控系统、城市防灾减灾智慧化等方面提质增效提供强劲动力。其中城市信息基础设施技术应用到人工智能技术、区块链技术、云计算技术、大数据技术等；城市融合基础设施技术应用到边缘计算技术、城市物联网技术、虚拟现实建筑仿真技术、建筑信息模型（BIM）技术、数字孪生城市技术、城市信息模型（CIM）技术等。

在生态环境技术领域，新技术可以促进城市环境生态宜居。在城市水技术方面取得了城市节水技术、非常规水资源开发利用技术、不同功能水源地及典型流域安全保障技术以及海绵城市建设技术等多项技术成果。这些技术不仅能够构建多尺度、多层次城市生态保护与修复技术体系，而且可以改善城市水环境质量，修复城市水生态，提升居住区环境质量。

在绿色建筑技术领域，通过构建绿色建筑技术体系，将促进建筑品质显著提升。目前已取得立体园林绿色建筑技术、建筑与小区雨水集约化控制利用技术、传统村落绿色宜居住宅设计技术、分布式太阳能供暖系统等技术成果，这些成果不仅提高了绿色建筑技术集成度，而且提升了既有住宅的品质、功能和宜居性。

（2）新技术应用未来领域与突破

面向2035年城市规划领域，新技术的发展将集中在生态低碳城市规划设计方法、城市更新模式与技术体系、先进数字技术及其在城市和建筑上的应用等关键任务上。从住房城乡建设行业的角度来看，未来新技术的应用将不断取得技术和应用方面的突破。

在城市更新方面，通过高性能材料技术、节能环保技术、新能源技术、先进建造技术、人居健康技术、信息技术、通信和航空航天技术等的创新和协同应用，推动城市更新模式的转变和城市更新技术体系的升级；通过多重尺度精细大模型支持的功能提升与空间紧凑发展模式，实现城市美化与乡村振兴的目标。

在智慧城市方面，通过社区卫生防疫健康技术、宜居康养智能住宅技术、数字孪生城市技术、城市信息模型（CIM）技术、城市物联网技术、边缘计算技术、智能传感器技术、新型传感器建筑智能化技术、无线传感网络技术、5G通信技术、导航定位技术等技术的创新和协同应用，实现城市智能化、数字化和人性化的发展。南京大学甄峰教授团队研究“ICT影响”，同济大学王德教授、北京大学柴彦威教授关注“虚实空间”，中山大学李郇教授关注“机器换人”，南京大学罗震东教授团队关注“淘宝村、外卖工厂”，武汉大学牛强教授关注“OMO”，清华大学龙瀛教授团队关注“屏幕使用、远程办公、无人物流、未来城市空间”等。这对提升“宜居城市”和“数字城市”建设水平，实现城乡绿色发展方式和生活方式产生重要意义。

在智能建造方面，通过装配式建筑技术、建筑机器人技术、3D打印技术、BIM技术、工业互联网平台技术、新材料技术、信息技术等的创新和协同应用，实现住房城乡建设生产方式的根本转变。

在防灾减灾方面，通过高性能材料技术、监测预警技术、城市物联网技术、遥感技术、现代通信技术、人工智能技术、新材料技术、城乡饮用水安全保障技术等的创新和协同应用，实现城市的健康、安全和韧性发展。

在资源再生方面，通过城市水系统高效循环利用技术、城乡固体废弃物综合处理技术、低能耗建筑技术等的创新和协同应用，实现绿色城市和生态城市的建设目标，全面应用节能环保技术、先进制造技术。

新技术的不断发展和应用，是人类进步和创新的重要动力，将推动城市服务的智能化和人性化，为温情社会和共富实践带来更多机遇。未来，以人为本，城市数智化转型、绿色低碳发展和技术创新多元化发展，包括数字孪生、元宇宙等新兴技术的深入应用，将使城市服务更加智能化和人性化。同时，新技术的发展也需要我们对其合理规范、有效管理，使其发挥更大的作用，为人类社会的发展带来更多的福祉。

1.4.6 资金平衡理论的本质与逻辑

“资金平衡”即项目产生的全部收入能够满足项目的投资本金及合理回报。在当前地方财政的现实状况和国家财政监管背景下，资金平衡的实现不仅仅是财务层面的考量，更是对社会温暖和共同富裕的追求。根据不同视角下的资金平衡和财政资金将对资金平衡产生不同的影响，将资金平衡主要分为不同主体下的资金平衡和财政资金是否支持下的资金平衡。

以资金平衡促进项目落地，已经成为很多城市更新项目的必要性因素。然而城市更新项目中通常将可能涉及三种主体来实施项目，即地方政府、本地国有企业、社会资本，三种不同的主体，将呈现出三种完全不同的“资金平衡”逻辑。

其一，是地方政府视角下的资金平衡。由于政府关注的也不仅仅是经济效益，其更重视的显然是未来对整个区域的社会、经济、民生等多方面的综合效益。因此，在具体项目中资金是否能够平衡，并不是最重要的考虑因素。只要投入从大体上能够为政府所承受，则该项目就是可以被认可的。住房和城乡建设部总经济师、全国工程勘察设计大师杨保军提出城市更新需要探索可持续实施模式，破解对过度房地产化、拆除重建等的路径依赖。很多地方引入市场力量作为实施运营主体，吸引社会专业企业参与运营，让专业的人做专业的事，推动由“开发方式”向“经营模式”转变。

其二，是本地国有企业视角下的资金平衡。在本地国有企业视角下，实际上最大程度实现城市更新中各项收益的汇集效应，是资金平衡的目标状态。从全国实践中看，本地国有企业也的确是城市更新项目中占比最大的实施主体。但是，与政府作为主体面临着相似的问题，本地国有企业也需要审慎评估自身实力是否能够支撑。深圳市城市规划设计研究院有限公司董事长司马晓指出城市更新的良性运作离不开社会资本的参与，关键要理顺政府、市场、业主居民的合作模式，坚持政府引导、市场运作，才能促进并保持城市更新的可持续发展。

其三，是社会资本视角下的资金平衡。社会资本的投资内容和投资金额，通常是需要与未来的真正经营性收入相匹配。对于诸如征地拆迁、基础设施建设等公益性项目，社会资本将谨慎对待、量力而行。并且，由于很多经营性项目的收益是难以预测的，这也就进一步导致了社会资本对前期投入项目范围将更加保守预估，很多公益性项目很可能被排除在外。厦门大学建筑与土木工程学院、经济学院双聘教授赵燕菁认为中国房地产市场供求关系发生重大变化的当下，依赖政府土地融资的城市更新模式不可持续，必须引入家庭资产负债表，激发业主自主更新的内生动力。南京大学建筑与城市规划学院教授张京祥指出社会资本参与城市更新的难度主要体现在盈利空间有限、更新实施周期较长、对象权属复杂、更新过程不确定性高等方面。

财政资金是城市更新项目中的一个重要因素，在不同的项目中，财政资金将对资金平衡产生不同的影响。对于财政资金“必然性”支持的项目，有些城市更新项目自身明显缺乏商业可行性（例如老旧小区改造），财政资金不仅是不可或缺的资金来源，更是各项项目资金来源中占比最大的部分。因此，在这些项目中，财政资金是资金平衡的关键因素。中国人民银行党委书记、行长潘功胜坦言，房地产市场当前确实遇到了一些波动、进入了转型期。我国对此采取了一系列措施，包括降低首付比例，降低房贷利率，鼓励商业银行和借贷者去商谈更优惠的利率，提供金融支持保交楼，向地方政府提供资金支持向低收入人群提供公租房，也鼓励金融机构支持房地产商进行债务重组、支持房地产市场并购。对于财政资金“或然性”支持的项目，有些项目（例如老旧厂区、老旧街区改造等）在合理期限内（例如15年），由于长期运营下的商业收入存在很大的不确定性，导致实施主体无法确保项目收入必然会满足回报要求。因此，财政资金将起到“后备军”的作用。当发生收益不满足回报要求时，财政资金将给予必要的支持。

总体而言，地方政府在谋划城市更新项目之前，应结合本地区的总体发展情况、具体项目的实际情况，以及预判好将由哪类机构来作为实施主体，在此前提下，认真做好资金平衡方案，确保项目的可行性和稳健性，促进城市更新事业的持续健康发展，为实现温情社会和共富实践目标做出积极贡献。

1.5 理论解析

当代中国的城市更新进程已经从“增量时代”走向“存量时代”，城市更新理论研究已成为国内外学术界和政界的热点议题，致力于探索城市更新的可持续发展路径，并取得了一定进展。结合当今的时代诉求和建设内容，城市更新的整体理论研究呈现出价值导向聚焦提质增效、更新目标促进多元综合、更新方法转向渐进混合开发、更新技术推进迭代发展、更新实施规避财务风险五大趋势。

1.5.1 价值导向聚焦提质增效

城市更新的基本要义就是将城市的消极地段转型为有生气的、大众喜爱的场所。现代主义城市追求单一、抽象的纯粹空间，忽视人们的心理与情感需求。简·雅各布斯认为城市生活是多元的，传统的街道、建筑有其不可磨灭的生机和活力。文丘里在《建筑的复杂性与矛盾性》中指出，简单化的城市规划不足以应对当代生活的复杂性，设计者必须致力于发展多功能的项目。1996年，联合国人居组织在《伊斯坦布尔宣言》中提出“我们的城市必须成为人类能够过上有尊严、健康、安全、幸福和充满希望的美满生活的地方”，这一宣言标志着对城市的研究开始注重满足人们的空间权利和需求，着眼于创造一个温馨、充满情感的城市环境。

党的十九大报告指出，我国社会主要矛盾已经转化为人民日益增长的美好生活需要和不平衡不充分的发展之间的矛盾，人民的需求从基本的物质需求转向休闲、健康、文化等精神需求；同时对公共空间和公共设施的需求不断提升；在价值观上也更倾向于理性消费和可持续性消费。城市更新的核心应该是为人民提供更好的生活环境和更多的机会，强调城市更新的社会目标和居民的权益，实现价值导向从物质空间改造转向公共利益保护提升。

当前，城市设计领域普遍关注从城市居民的公共利益角度审视城市公共空间，提升空间场所的吸引力和活力。特别强调了城市设计所具备的“非物质性”属性，关注人与环境之间的紧密联系。因此，突破单一人本观的局限，把握好城市的主体是人、客体是物质空间这一底层逻辑，进一步明确人的需求和发展是推动城市转型发展的根本动力（图1-5-1）。

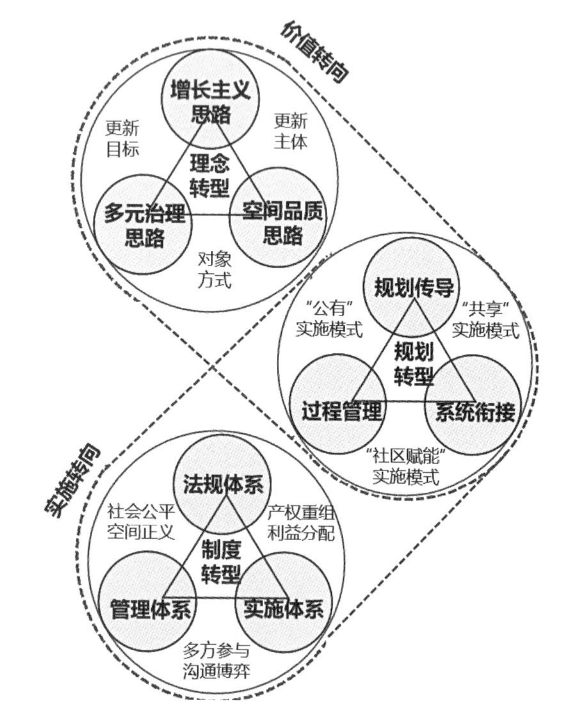

图1-5-1 城市更新价值导向转型

综上所述，城市设计是为人民而设计，即强调设计者做“公共利益代言人”，为一切有合理需求的实际使用者和潜在使用者而设计。城市设计应以居民的主观感受为重要衡量标准及指引，将关注对象从抽象量化的指标规范转为现实世界中真实多元的生活方式，从个体的视角营造城市空间，综合考虑不同人群之间的审美偏好和个性特质，注重从物到人、从空间到场所、从标准化到体验化的转变，真正实现“以人为本”“以人民为中心”。

城市设计应融合更多元的价值观念，回归“人本”，追求生态宜居、文化传承、地域彰显、智慧创新和社会公平等多方面的综合效益，为实现城市“五位一体”综合发展作出指引。这一价值导向在空间上的转译是营造人与人、人与自然和合共生的美好家园，展现兼具人文关怀和文化内涵的工作、生活场景，尤其是在政企合作模式下更趋向于实施性的城市设计，其核心是针对存量型地区采取中宏观研究、微观指导落实的全过程设计，以公共利益与日常生活为设计导向，实现城市经济资本与文化资本的复兴。

此外，面对深刻的社会结构性变革与价值取向更迭，城市设计、城市更新以及各类主题式城市提升行动必然要与“人”的感知相耦合，以体现日常化与人性化的潜在关系。在宏观上以与城市整体关联的经济、社会、文化等为切入点，在中微观上以人们具体的使用体验与感受为关注点，通过塑造场所精神和提高空间环境品质，满足市民对美好城市空间与城市生活的向往。这是营造人居环境的重心所在，也是对以公共利益为本的价值导向的体现，同时可以作为一种有效的城市设计治理工具，通过精细化的治理措施对新时期的城市设计与管理进行引导。从公共价值的视野来看，当代城市更新理论及规划实践，重点在强调高品质公共空间的塑造、注重社会职能与功能的实现、更新实施过程公共价值的体现三个方面。

其一，强调高品质公共空间的塑造。城市公共空间是城市的客厅，公共空间的品质是城市给人们的第一印象。城市公共空间的建设逐步成为衡量城市整体建设水平、城市历史文化特色的重要标准。城市更新地区因建设时期较为久远，公共空间相对缺乏。更新规划需要梳理和重塑更新地区的公共空间体系，以优化地区形象、发挥地区潜力、提升更新地区吸引力。

其二，注重社会职能与功能的实现。通过公共功能的引入，逐步将更新地区封闭的大院、破旧的场所、私密的会所等功能置换成更为开放的公共功能，促进更新地区功能复合，形成多元活力。更新规划中应注重提升地区的公共属性，强调更新地区对于公共价值的凝练与提升。

其三，更新实施过程公共价值的体现。城市更新不仅涉及城市的物质空间环境，更关系到城市的社会、经济、环境等诸多方面，涉及的利益主体较为复杂，是一项“综合性、全局性、政策性和战略性很强的社会系统工程”，具有超越物质空间、更高更广的社会经济目标。城市更新规划项目组织中，人们对城市更新的参与意识日趋强烈，城市更新规划需充分了解各方利益诉求，找到各方利益最大化的平衡点，在规划编制过程中体现城市更新的公共价值。规划师的作用由描绘地方长官意志和促进地方经济发展为目的的规划蓝图，逐步转变为城市更新项目中组织多方参与、协调各方利益、形成各方共识的重要组织者。因此，城市更新项目从规划编制到项目实施全过程，更需要注重公众参与，体现更新项目的公共价值。

1.5.2 更新目标促进多元综合

传统的规划建设体系多受“经济第一”理念的驱动，城镇化多围绕GDP增长而不断扩张用地，用地界线一再被打破。一方面，随着问题的凸显，传统的、单一的、以用地功能控制为主的土地利用规划日渐向空间规划转变，传统的以GDP唯上的规划理念和方法也亟需向“创新、协调、绿色、开放、共享”的生态文明方向发展，新形势下的空间规划更加突出系统综合协调的措施。

另一方面，城市作为人类与众多其他有机系统共生的复杂自适应社会系统，其复杂性主要表现在城市系统组成的复杂性、城市系统生成—发展—衰亡演化过程的复杂性、城市系统内部以及系统与外部环境之间关联复杂性、“城市”与“人一社会”的复杂关系和耦合机制四个方面。

2010年以来，我国城市发展逐步由仅关注物质环境改善转向对城市功能、人居环境、产业结构、历史文化、城市魅力、要素利用方式、可持续发展等领域的全面关注。《上海市城市更新实施办法》明确提出上海市城市更新的目的是“提升城市功能、激发都市活力、改善人居环境、增强城市魅力”。《广州市城市更新办法》指出广州市城市更新的目的是“完善城市功能、改善人居环境、传承历史文化、优化产业结构、统筹城乡发展、提高土地利用效率、保障社会公共利益”。《深圳市城市更新办法》指出深圳市城市更新的目的是“完善城市功能，优化产业结构，改善人居环境，推进土地、能源、资源的节约集约利用，促进经济和社会可持续发展”。由此可见，国内城市更新的目标由单一追求经济效益转向包括经济、社会、生态、可持续发展等在内的多元化目标体系（图1-5-2）。这种复杂性要求我们用多目标的理论、体系和更新方法等多元综合地实现城市有机更新。

其一，促进经济发展。城市的经济发展对城市的繁荣起到了举足轻重的作用。经济发展通常受到全球和国家经济趋势的影响，城市更新计划需要考虑这些趋势以吸引投资、创造就业机会和促进企业增长。

其二，关注人口增长和迁移。城市的生命力在于其不断增长和发展的人口。城市会以就业机会、教育、文化活动等各种各样的原因来吸引人口。人口增长和迁移是城市发展的核心驱动力之一。因此，在城市更新项目中，必须考虑未来的人口趋势，以确定住房、基础设施和就业机会的需求。

其三，提高土地利用效率。城市土地是有限的资源，在城市更新中，需要考虑如何更好地利用有限的土地资源，同时保护绿地和自然景观，其中包括城市内部的重新开发、空地的再利用和增加绿化空间。

其四，强调绿色生态性。城市更新的本质

图1-5-2 城市更新多元化目标体系
（图片来源：高质量发展背景下的城市更新，怎么做？[EB/OL]）

是进行人居生态环境的优化。无论是在山水格局的构建、绿地系统的建设中，还是在生态人居环境的营造上，城市更新过程中都应强调人与自然的和谐，强调绿色与生活空间的结合。同时，以服务社会大众为导向，展现出“绿色发展、开放共享”的内涵。在城市更新中将城市内外的山、水、林、田、湖、草等绿色资源加以整合，为城市预留出生态韧性空间和生态缓冲空间的同时，为城市居民提供不同规模、类型的绿色活动空间。通过充分利用城市自然生态空间为人民服务，使城市更新具有“生活性”“生态性”和“生产性”，实现经济—社会—生态的平衡。

其五，保障社会多样性。城市是多元文化和多样性的聚集地，因此城市更新应该尊重和促进社会多样性，以创造包容性社区。这意味着城市更新计划需要考虑不同文化和社会群体的需求，并提供文化活动、宗教场所和多语言支持等服务。通过结合现状城市空间的肌理、格局，采用不同的方式，保障城市公共空间类型的多样化，从而满足不同年龄和收入水平的人群对场所活动的需求，增加人与人之间面对面交往的机会。

其六，传承历史文化。每个城市都具有自己的历史文脉和内涵，因此，城市更新应挖掘城市文化、提升文化内涵、展现城市文化底蕴，突出文化软实力和吸引力。城市更新方式由过去采用的“拆、改、留”转为“留、改、拆”，如北京前门大街和大栅栏城市街区更新，逐步实现了历史文化遗产和现代绿色开放空间的结合，让传统文化遗产走进人民生活之中。城市更新可汲取中国传统文化，采用当代需要的形式和内容，使传统文化以一种新形态、新气象出现在城市开放空间之中，使之塑造的城市空间成为具有时代性、民族性、地域性、艺术性、技术性和被人民喜爱的文化综合体，能真正留住城市的文化和生活记忆。

其七，推动可持续发展。在环境可持续性方面，城市更新项目应该考虑如何最大限度地减少对自然资源的消耗、降低碳排放、提高能源效率和保护自然环境。可通过采用绿色建筑、改善公共交通、推广可再生能源和提高废物回收率等方式来实现。同时，城市更新还应该保护自然资源，维护生态平衡，并提高城市的生态可持续性。在社会可持续性方面，城市更新应该促进社会包容性，确保城市的各个社会群体都能享受到城市的机会和资源。

其八，完善参与机制。城市更新需要建立一个真正有效的管治模式，即要有一个包容的、开放的决策体系，一个多方参与、凝聚共识的决策过程，一个协调的、

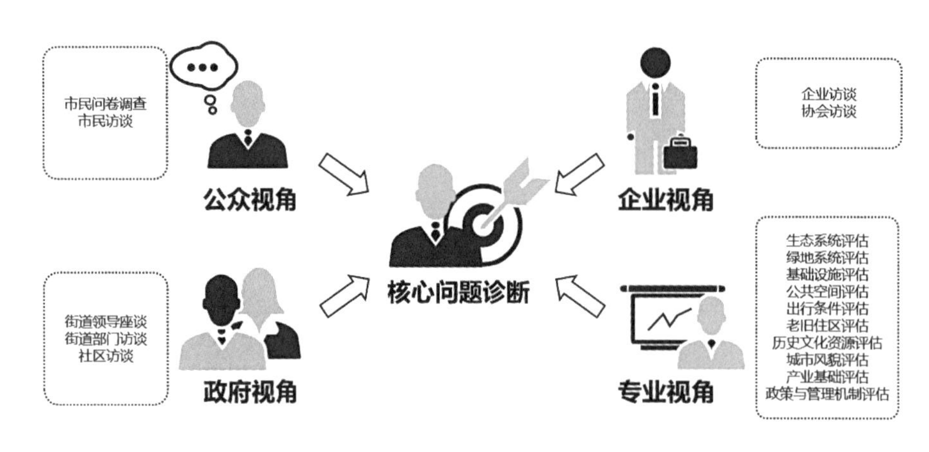

图1-5-3 以“公众、企业、政府、专业”四维视角共诊城市更新核心问题

（图片来源：王富海. 城市更新行动：新时代的城市建设模式［M］. 北京：中国建筑工业出版社，2022-12.）

合作的实施机制。一方面，自上而下为城市更新提供了宏观的政策把控、技术支持与资金投入。多样功能的并存极大地提高了更新区域的复杂度，也使得更新的难度陡增，因此只有政府、开发商、规划师处于宏观高度对更新区域进行管控，才能保证更新区域在功能相互促进的良性模式下运转，避免引发功能冲突并陷入混乱。另一方面，自下而上的自发性更新强调关注居民的主体意识与直观环境的改善，同时能够促使社区精神、邻里感情的产生。因此，应使居民及多方社会力量参与到更新改造的全过程，从决策规划到实施运行，再到更新完成后的管理维护（图1-5-3）。

需要注意的是，城市系统由环境、社会和经济三大系统组成，三大系统并不是相互独立存在的，而是相互嵌套依附而存在。从人文视角分析，经济是社会的一个组成部分，经济活动离不开社会而正常运行；社会活动都是在一定的环境中进行的，所需的各类物质资料来源于自然环境，最终以废物的形式回归于环境。因此，环境系统支持社会系统发展，社会结构的良性运转保障经济繁荣。由此可知，可持续城市更新价值观的转型还需要从传统的“环境—社会—经济”相互独立同等的取向转为体现“环境—社会—经济”嵌套的等级层次结构的生态环境价值观。

1.5.3 更新方法转向渐进混合开发

城市更新，是城市内在的新陈代谢，是发展的一种动态形式。改革开放以后我国的城镇化进程发展迅猛，特别是进入21世纪后，随着经济的高速增长，大拆大建式更新遍及全国。在旧城改造、危旧房拆建的“旗帜”下，大量的老旧街区、建筑被集中拆毁，其中，不仅年限旧、形象差、价值低的旧住宅区遭到了大面积拆除，大量具有历史价值的建筑物也不能幸免。

大规模的翻新使得城市在短时间内实现旧貌换新颜，但这种方式往往伴随城市空间肌理、社会结构的毁灭性破坏和城市文化的断层。一方面，更新规模过大导致更新区域现状更为复杂，无法针对每个细节问题进行深入的调查并制定针对性的处理方式。另一方面，重塑更新区域多样性是功能和建筑空间、经济模式和社区构成等不同层面多种元素相互适应并寻找平衡点的过程，需要长时间的积累和调适，才能逐步趋向平衡。大规模简单化的更新方式，将更新区域内原有的建筑成片清除重建，旧城中原本能够生发多样性的各类条件无论是否仍然有效都被无差别地归零。因此，无论新建成的空间环境形态多么复杂，多样性发生所需要的其他领域的要素也无法恢复，导致重塑旧城多样性需要更长的时间或者根本无法重塑。

相比大规模工程开发对旧城造成多样性的破坏，小规模、渐进性改造由于每次要面对的对象相对较少，改造起来更加灵活，对旧城千丝万缕的复杂现状的适应力更强，保持旧城各领域元素的多样性和创造新的多样性方面具有先天优势，能够更容易地融入城市现有结构，并减少对居民和企业的干扰。因此，小规模、渐进性改造成为一种新型混合开发的城市更新方法。

具体而言，小规模、渐进性改造的优势在于，首先是更新改造的规模小，能够减少对旧城区原有功能及仍然有效运作部分的影响，有利于区内原生多样性的延续；其次，以单个建筑或小范围建筑群为主的小规模更新工程，通常只是整体街区的一部分，会更自觉地适应及尊重周边环境，而且有利于形成年代、风格和功能等多样混合的街区，为多样性的重塑创造空间方面的前提条件；再次，小规模更新对资金量的要求相对较低，让更多的中小企业及私人业主，特别是旧城街区中提供各种日常生活所需服务的小型经济体，也有能力参与到旧城更新的过程中，有利于街区经济模式多样性保存。小规模渐进性的更新方法可以逐步改善城市的不同方面，从而灵活地适应城市的变化和需求。在具体实施小规模渐进性的更新改造时，需要注意重视城市细节、空地的再利用、提高社区设施水平、定期评估和修订、持续对话和合作、长期规划和短期行动六部分内容。

其一，重视城市细节。小规模渐进性改造可以通过关注城市的细节来实现，这包括改善人行道、修复历史建筑、增加公园设施和街道照明等。这些小规模改造可以逐步改善城市的居住和工作环境。其二，空地的再利用。城市中存在许多未使用或废弃的土地，这些土地可以用于小规模的城市更新项目，例如废弃工业用地可以改建为住宅区，从而提供更多的住房。其三，提高社区设施水平。小规模渐进性改造还可以涉及改善社区设施，如公园、学校、医疗中心等。这些改造可以提高社区的生活质量，并吸引更多的居民。其四，定期评估和修订。城市更新计划不应该被视为一成不变的。城市更新团队应该定期评估项目的进展，并根据情况对计划进行修订，这包括考虑社区的反馈、新的数据和新兴趋势。通过定期的评估和修订，城市可以更好地适应变化，确保城市更新项目的成功。其五，持续对话和合作。城市更新需要各种利益相关者的积极参与，包括政府、社区、企业和非营利组织。持续对话和合作可以促进城市更新的更新迭代，提高项目的成功率。其六，长期规划和短期行动。城市更新需要长期规划，但也需要即时行动。长期规划可以确保城市有明确的发展方向和目标，同时即时行动可以解决当前城市面临的紧急问题。城市更新计划应该包括短期、中期和长期目标，以确保城市的持续发展和改进。

1.5.4 更新技术推进迭代发展

传统的更新规划技术侧重于空间美学和工程技术，对旧城存在的人口、经济、社会、文化等错综复杂的问题虽有所认识，但缺乏有效的分析和解决方法。传统以田野调查和社会调查的方法，结合规划师的主观判断去发现问题并满足相关需求，往往会出现需求识别不准确、需求满足不充分、需求变化不及时等问题，导致更新规划的目标无法有效实现，存在明显的技术缺陷。面临瞬息万变、科技智能化、信息与物质景观日益融合的现实世界，我们需要与时俱进地采纳新技术作为分析和解决城市问题的手段，以规范城市主体行为，设计可持续城市空间。

（1）智慧城市理念，引领优化技术范式

智慧城市继智慧地球被提出后，便得到众多国家政府、学者专家的广泛关注，纷纷将智慧城市理念引入城市生态、经济、社会、管理、规划建设等领域。通过互联网、移动通信、卫星遥感、可动态感知与监控、人工智能、大数据、云计算等技术实现生活服务、管理、出行、物业、环境保护等智慧化，使现代城市中的每位居民都能方便地到达任意空间并提供公平享受各种服务的机会，享受智慧城市带来的各项福利，利于城市可持续发展（图1-5-4）。

与此同时，当前复杂的城市活动产生海量数据，这些数据中的大部分与城市空间环境及居民行为相关，这正是城市更新所需的数据。然而，这些数据在获取收集、数据格式、表达形式、内涵等方面存在不确定性、多样性和不完整性，导

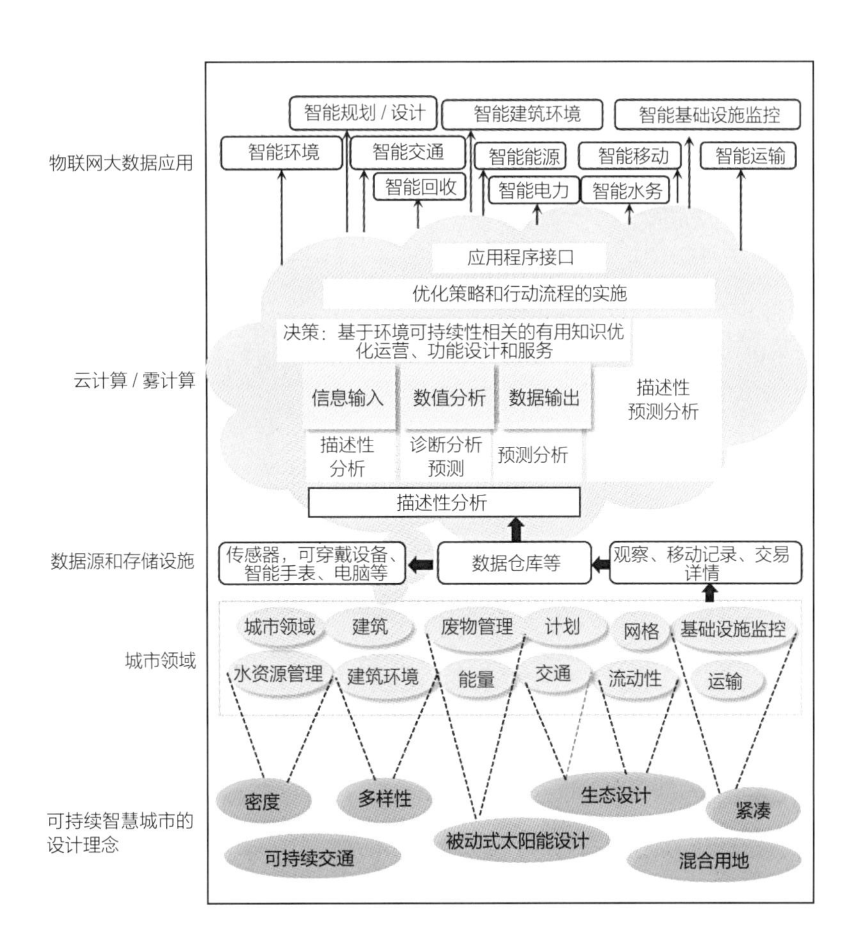

图1-5-4 基于大数据分析技术的智慧城市物质与信息融合分析框架

致数据的可利用价值发挥不佳，如何解决这个问题并准确处理这些数据将是城市可持续优化的关键，智慧城市的大数据获取和清洗等技术可较好地实现对这些问题的化解。

在城市规划建设领域，智慧城市是绿色、技术先进高效和具有社会包容性的城市，融合先进数字技术和城市规划方法解决环境、社会、经济等问题，实现人口、产业、设施、景观、建筑等的智能化及空间管控，以此形成为居民服务并改善其生活品质的城市形态。因此，以智慧城市为优化设计理念，综合运用智慧城市涵盖的互联网、信息、通信、数字化、低碳、大数据获取和清理等技术，为城市更新提供充分的技术引领范式，由此建设智慧化的可持续城市。

自2012年住房和城乡建设部启动“开展国家智慧城市试点工作”以来，已有上百个城市提出智慧城市建设规划。2014年国家发展和改革委员会、工业和信息化部等部门联合发布《关于促进智慧城市健康发展的指导意见》提出，运用物联网、云计算、大数据、空间地理信息集成等新一代信息技术，促进城市规划、建设、管理和服务智慧化的新理念和新模式，向城市居民提供广覆盖、多层次、差异化、高质量的公共服务，避免重建设、轻实效，使公众分享智慧城市建设成果。2016年《“十三五”我国智慧城市“转型创新”发展的路径》提出“互联网+”与各个领域融合，促进电子政务全面转型，利用创新2.0驱动智慧城市转型升级，重视协同创新，强调城市发展的多元主体参与。

近年来，“数字政府”“电子政务”“智慧城市”“智能社区”等建设不断取得成效。例如，针对行政科层部门在管理领域长期以来形成的“信息孤岛”问题而推进“最多跑一次”改革，通过制度设计与技术嵌入的双向互动，打通部门壁垒，整合资源，建设数据共享平台；或是致力于在微观层面促进居民智慧生活、在宏观层面服务于国家城市管理数据信息平台建设的智慧社区。可见，在基层社会治理中，智慧城市可以实现降低治理成本、深化服务层次，从而推动政府职能转变，同时又以新的形态嵌入到城乡治理之中，推动空间关系重塑，例如浙江省“未来社区”构建社区社交新模式，打造沉浸式体验互动专区，营造游戏、教育、运动、亲子互动等场景，实现邻里互助新体验。

在智慧城市的构建中，数字孪生技术作为一种新兴的技术手段，正发挥着越来越重要的作用。与传统智慧城市相比，数字孪生城市的建设推进经历了从物理世界向数字世界基于模型的“数化”开始，到虚实结合的双向“交互”，再到基于仿真和大数据的“先知先觉”，直到数字孪生城市各数字孪生体之间以及不同城市数字孪生体之间的协同“共智”。数字孪生城市平台将为政府、市民、企业和研究机构提供城市基础数据服务，用于政府决策支持、城市设计、交通规划、景观模拟、能源管理、环境监测、应急服务、城市安全、虚拟实验、可视化运营、建筑性能分析、公用设施管理、空间查询与定位、智慧工地、未来社区、智慧楼宇、智慧小镇等。数字孪生城市将是未来智慧城市建设的最主要方向之一，具有广阔的市场前景。

（2）信息通信与测量技术，精确形态评估效果

可持续城市囊括复杂的城市要素，为发挥应对可持续挑战的全部潜力，其越来越依赖于复杂的技术，而信息通信技术（ICT，Information and Communications Technology）便是这种复杂技术的代表。它将信息技术和通信技术结合在一起，可以整合互联网、定位、通信、卫星遥感乃至可视化动态监测的手段，实现对城市空间进行数字化记录和可视化感知。作为智慧城市建

设的关键技术，信息通信技术已经深深嵌入城市结构中，在城市功能布局、运转管理、服务和设计等方面发挥着重要作用。利用信息通信技术可实现对城市要素可持续性的精确描述，同时支持利用大数据和情景感知应用等工具对城市进行评估与监测分析，由此得出影响可持续城市形态的潜在因素，并制定相应的优化策略。

与此同时，指导一个地区的城市更新与发展需要获取细微且不断更新的空间信息，并具备应用这些信息来解决实际问题的方法，这就需要测绘与地理信息技术为获取准确可靠的城市更新基础数据提供技术支撑。以3S技术（RS、GPS、GIS）为代表的现代测绘科技推动了测绘方式的快速升级，同时也催生了无人机倾斜测量技术、激光雷达测绘技术、实景三维GIS等新型测量技术的应用与服务。相关技术在城市更新的应用场景主要包括二维、三维联合管理，空间分析，方案比选三部分内容。

其一，二维、三维联合管理。利用三维城市规划软件可将现状城市和未来规划的设想一同纳入城市景观的虚拟环境中，为城市规划提供一个逼真的模拟环境，突破了传统的城市规划二维平面审批手段，实现了二维到三维的立体显示，使城市设计更容易得到实施和展现。

其二，空间分析。通过测量技术获得真三维模型，记载到三维规划软件中，不仅能够进行空间距离量测、建筑间距量测、建筑高度量测和建筑面积量测等，还能够对规划设计方案进行空间分析，如日照是否满足自身、周边现状及规划建筑所规定的时间，建筑界面和建筑色彩是否与周边环境相协调，开敞空间是否满足要求等，从而评价该城市设计方案的优劣，为科学、合理的规划提供技术支持。

其三，方案比选。利用真三维场景，使城市的规划工作不再局限于在平面图上做规划，三维场景模型使规划变得更简单直观，为从空间角度评价规划方案提供了更直接、有效的手段。

将规划理念植入虚拟的三维规划场景中，不仅提高了空间分析能力的准确性，还使城市规划方案审批更加直观、科学。三维技术的不断发展，不仅为今后城市拆迁、旧城改造与保护、城市开发、规划设计效果对比分析等提供支持，还将为城市规划管理者提供新的设计思路，经济效益和社会效益潜力巨大。

（3）优化实施技术，保障规划设计落实

实施技术是城市更新过程中的重要环节，涉及规划设计的有效转化、工程建设的高效管理、项目运营的智能支持等多方面。通过科学合理的技术优化以提高效率、降低成本、增强质量，从而更好地支持城市更新规划设计的顺利实施，达到预期的目标和效果。

在公共交通技术方面，提供便捷的公共交通是城市更新的重要途径，除了重视公交专用道、快速公交系统（BRT）外，还涉及互联互通、多模式的公共交通衔接技术，实现不同运量、类型、速度公共交通的便捷换乘。结合信息技术，建立公共交通动态监测系统，动态调节各类型公共交通发车间隔及车次；利用智能信息技术，建立不同公共交通方式通用的智能卡体系或者采用人脸识别扣费系统，提供便捷高效的公共交通出行服务。

在建筑低碳技术方面，建筑低碳技术即实现绿色建筑的相关节能技术，包括新型建筑材料技术（保温、隔热等）、建筑立体绿化技术（缓解热岛效应、改善城市景观等）、建筑灰水再利用技术、建筑暖通设计技术、建筑设施自动化控制技术、建筑屋顶太阳能热水系统、地源热泵技术（将地热与水进行冷热交换的新能源利用技术，用于建筑空调制冷和制热等）、建筑通风空气过滤技术等。

在海绵城市建设技术方面，当前大多数城市面临城市雨洪的威胁，而城市开敞空间作为城市雨水管理的关键系统，宜将海绵城市建设的“渗、滞、蓄、净、用、排”技术运用到优化设计策略中。

在其他技术领域，为创造和谐安全的社区生活环境，建立智能化监控预警系统、火灾应急引导系统、自动化照明系统、河流水系水资源污水处理技术、地区垃圾智能化管理系统、雨水利用技术、人工湿地污水处理技术、废物处理技术等。

技术是城市发展的重要推动力，能够有效地解决城市面临的多种问题，实现城市的建设目标，为人们创造美好的生活条件。然而，技术也不是万能的，过度依赖技术，忽视技术的风险和负面影响，可能会给城市带来严重的后果。例如，基于集成网络的建成环境，一旦遭遇技术故障或攻击，会影响城市的正常运转，甚至危及人们的安全。另外，一些技术的使用和废弃，也会导致城市电子垃圾的增加，对环境造成污染和破坏。因此，我们应当理性地看待技术，既要充分利用

技术的优势，也要防范技术的劣势，在保证城市和谐宜居的前提下，合理地选择和使用技术。

1.5.5 更新实施规避财务风险

传统的城市更新模式，核心是成本收益平衡，常用手段是增加容积率。尽管各地有所不同，但财务原理大多如此。根据主体划分，城市更新的资产负债表涉及城市和家庭两个资产负债表。影响城市更新价值的基本因素有两方面：一是土地增值，城市公共服务的改善，使得原有区位的土地价值上升；二是物业减值，早期质量较差的物业由于折旧而导致价值不断贬值。二者之间形成的价值差额就是城市更新收益的来源。

目前，大多城市更新项目没有区分不同更新主体的资产负债表，尤其是单独区分政府的资产负债表和其他主体的资产负债表，而是将两者混合在一起，用容积率来覆盖所有的成本，形成了以增容为核心的更新模式。然而这种模式忽视了政府的公共服务投入和回收的关系，容积率不是政府的无成本资源，而是政府的负债和资产的体现。政府需要通过对土地的配套建设，提高土地的价值，才能使容积率有意义。

政府的公共服务投入越多，基础设施越完善，就能支持更高的容积率，容积率与政府投入是相匹配的。政府的公共服务回收主要有两种方式，一是通过土地拍卖，高容积率的土地价格更高，反映了土地享受的公共服务的份额；二是通过财产税，按照物业的价值和容积率的比例征收税收。因此，如果没有正确理解和处理政府的资产负债表，现有的城市更新模式，就容易陷入公共财政的困境。

其一是所有者权益的漏失。在城市资产负债表中，随着城市更新的不断推进，公共配套和市政基础设施不断完善，政府大量增加负债，却没有形成资产；而相对应的是，家庭的资产不断升值，却没有形成负债。这就导致城市更新的过程实质上是资产从公共部门向居民家庭的转移，典型表现为大量拆迁户的一夜暴富。

其二是政府收入的漏失，反映在政府的“利润表”之中，即政府一般性预算支出的增多和一般性预算收入的减少。也就是本该来源于税收的政府一般性收入，由于中国还未建立房产税制度，导致本应通过财产税回收的基础设施建设投入，却出现了漏失。不仅如此，由于人口的增加，政府还必须增加新的公共服务和基础设施，投入不减反增，更进一步加重了政府负担。因此不同于建设工厂，不同于这些企业产生的间接税税源，能够帮助工厂创造越多税收越高的局面，实施城市更新的结果通常是小区改造越多，政府财政问题越大。

因此，在未来的城市更新中，应当尽量规避财务风险，坚持“留改拆”并举，以保留、利用、提升为主，严管大拆大建，加强修缮、改善。从政府财政的角度来看，城市更新应在一开始就避开财务陷阱，不能将产权人和政府的资产负债表混合，而是引入产权人的资产负债（图1-5-5）。产权人和政府协同更新，政府投资负责城市公共服务；产权人负责投资个人物业改造和周转等成本。只要不涉及产权重置，改造成本都将大幅降低。

在局部均衡的条件下，城市更新的价值获取主要包括四种途径。

其一，提高容积率。更新前老城的容积率往往较低，通过提高容积率，就可以从新增的容积率中获得城市更新所需的融资。其二，转换土地用途。不同用途的土地带来的收益不同，市场定价也不一样，若通过规划变更，将低价值的土地

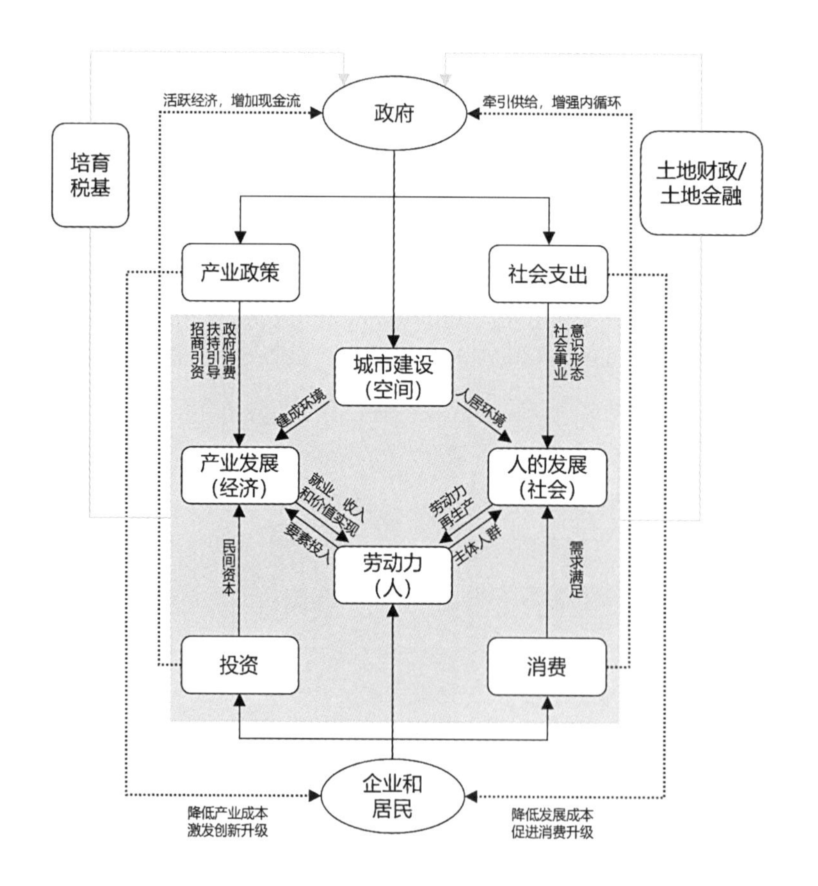

图1-5-5 城市建设与经济社会发展的关系
（图片改绘自：王富海．城市更新行动：新时代的城市建设模式［M］．北京：中国建筑工业出版社，2022-12.）

用途转换为高价值的土地用途，就可以实现土地价值的增量。其三，提升物业品质。老旧的物业往往品质低下，无法体现土地的升值潜力，通过改造提升老旧物业的品质，就可以获得漏失的土地价值。其四，调整产权结构。由于历史原因，我国物业分为可以自由交易的“大产权”，和只能使用但不能自由交易的“小产权”两种，如果通过产权调整，将后者变更为前者，即使这些物业没有发生任何物理变化，也会带来额外的产权溢价。

在城市更新规划中，根据项目的具体情况，通过对以上四种途径的方案组合，最大化改造前后资产的价值差，为实现更新项目的财务平衡创造条件。但在现实中，城市更新往往会导致资产价格变化，这就需要在时间和空间上对多项目进行一般均衡分析。动态平衡下的城市更新主要包括有机更新和以新换旧两个模式。

一是居民自主，有机更新。有机更新指的是由城市较微小的产权单元（例如家庭）作为主体的城市更新，主要表现为：城市更新不是成片、同步、一次性的，而是各个物业主体随时、随地自我修复和升级的过程；更新的成本和收益主要由微单元产权主体承担，只要单一产权主体改造后的收益大于成本，旧城就可以持续不断地自我更新。政府在这一过程中，主要是提供政策支持、激励和相关服务，以降低产权主体自主旧改的项目成本和制度门槛，例如完善行政许可制度，为这类自主改造提供从设计、审批、技术规范到产权重置等一系列完整的服务；通过提出允许微增容等激励措施，满足居民生活改善的需求（如加装电梯等），这些措施又不会导致因户数增加而带来新增公共服务的压力（例如学位不足），同时更新升级产权契约。

有机更新模式的特点，就是不改变原来的产权属性，通过微增容、微改造和微调整实现城市的渐进式改造。这一过程基本不依赖土地融资（增容出让），而是居民自主负担改造成本，政府负责改进周边环境、完善服务配套。有机更新相当于用众多家庭的资产负债表替换了单一政府的资产负债表，只要保证每个家庭的更新投入—产出能够达到平衡，就能够实现城市更新的可持续发展，成为城市更新的主导模式。

二是以新换旧，异地平衡。新城开发和旧城更新表面上看起来是类似的操作，但其实二者的特点不同。前者拆迁成本低，净资本生成率高，但新城人口少、流量小，运营难度大，税收难以形成；而后者在拆迁过程中需耗费巨大的资本，但老城人口多、流量大，商业容易存活，税收易于形成。因此，地方政府可以从更大的空间尺度，将新城开发和旧城更新的优势结合起来，新城负责高速度增长，将有限的资本市场集中在新城，通过高地价以创造资本；而老城则承担高质量发展的任务，凭借低房价来降低企业和家庭运维成本，有利于现金流的生成。这样，城市可以跨空间在新区和老城分别实现两个阶段的财务平衡，将局部区域尺度的不平衡转化为跨区域尺度下平衡的一部分。

—POLICY

2

政策篇

梅堰未来社区实景

2.1 建设沿革

我国城市更新自新中国成立发展至今，在政策制度建设、规划体系构建和实施机制完善等方面均取得了巨大的成效，推动了我国城市的产业升级转型、社会民生发展、空间品质提升和功能结构优化。政策制度的发展对城市更新实践起到了规范、推动及调控作用。由于不同时期我国城市的发展背景、面临问题、更新动力及制度环境存在差异，城市更新中利益分配机制和实施路径不断演进和完善，城市更新政策响应着国家不同发展阶段的需求，其发展轨迹呈现出政策与实践动态交织，地方实践问题导向与国家政策目标导向互相磨合的特征。

结合我国在不同城市更新阶段提出的政策要求，我国城市结合自身实际呈现出鲜明的治理模式与发展特征。根据我国城镇化进程和城市建设宏观政策变化，我国城市更新的发展可被划分为5个重要阶段（图2-1-1）。

第一阶段为1949—1977年，新中国成立初期的城市规划和更新活动以改善居住和生活环境为重点，具有突出的政府主导特征。对于大多数城市旧城区的建设，采取"充分利用、逐步改造"的方针，重点对危房简屋、市政公用设施进行维修养护和局部改建或扩建。

第二阶段是1978—1989年，采用政府主导的一元治理城市更新模式，改革开放以后，国民经济日渐复苏，城市建设速度大大加快，城市更新也成为当时城市建设的重要组成部分。由于旧城区建筑质量和环境质量低下，难以适应城市经

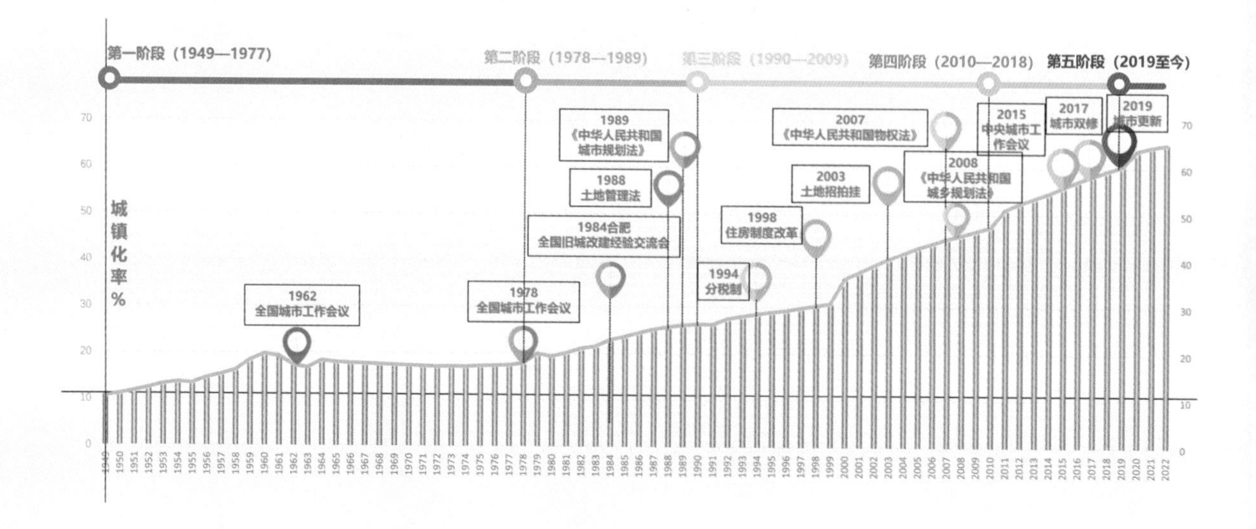

图2-1-1 中国城市更新的阶段划分

（图片来源：改绘自阳建强，陈月. 1949—2019年中国城市更新的发展与回顾［J］. 城市规划，2020，44（2）：9-19，31.）

济发展和居民日益提高的生活水平需求，“全面规划、分批改造”是这一阶段旧城改造的重要特征，旧城改造的重点转为还清生活设施的欠账、解决城市职工住房问题，并开始重视修建住宅。

第三阶段是1990—2009年，采用政企合作的二元治理城市更新模式。土地有偿使用和住房商品化改革为过去进展缓慢的旧城更新提供了强大动力，吸引更多社会资本进入商业区改造和历史街区更新等项目中，政企合作有力地推动了城市更新的发展。

第四阶段是2010—2018年，采用多方协同下的多元共治城市更新模式。党的十八大明确为新型城镇工作指明了方向，城市建设着重于高质量发展，越来越重视公共利益的实现和人民幸福生活的营造，这个阶段呈现出政府、企业、社会多元参与和共同治理的新趋势。

第五阶段是2019年至今，随着我国城镇化率的不断提升，在动力机制、产权关系、空间环境、利益诉求等不同要素的影响下，建立多元主体良性互动、共建共享的城市更新治理机制是实现我国城市高质量发展的必要途径。2020年第十九届五中全会通过了《中共中央关于制定国民经济和社会发展第十四个五年规划和二〇三五年远景目标的建议》，明确提出“实施城市更新行动”，这是党中央对进一步提升城市发展质量工作作出的重大决策部署。新形势下的城市更新呈现出多元化、精细化、可持续化的发展趋势，城市更新愈发注重以人为本，强调居民的需求和满意度，也更加注重城市内涵的提升和居民生活质量的改善，同时将更加注重绿色低碳发展及生态环境的保护和改善，推动城市向更加可持续的方向发展。

2.1.1 国家工业化下的“改善”

新中国成立初期，我国处于社会主义计划经济时期，以生产性建设和改善基本环境卫生为主。从新中国成立到改革开放这一阶段，城市更新表现为国家工业化下的“改善”，主要特征在于以政府为主导的旧房改造和以旧城市政建设为主的小规模城市整治。

1953年中央政府提出了第一个五年计划，城市建设以“变消费城市为生产城市”“城市建设为生产服务、为劳动人民服务”为主要方向。城市建设资金主要用于发展生产和新工业区的建设，对旧城采取“充分利用，逐步改造”的政策。城市建设秉持着“变消费城市为生产城市”与集中力量开展“社会主义工业化建设”的政策。1962年和1963年的全国城市工作会议都明确了“城市面向乡村”的发展方针。在财政匮乏的背景下，仅着眼于最基本的卫生、安全、合理分居问题，旧城改造的重点是还清基本生活设施的历史欠账，解决突出的城市职工住房问题，同时结合工业的调整着手工业布局和结构改善。当时建设用地大多仍选择在城市新区，旧城主要实行填空补实。

总的来说，这一阶段的中国城市百废待兴，在财政十分紧缺的情况下，提出了“重点建设，稳步推进”的城市建设方针，将优先的建设资金用于发展生产城市新工业区。这一时期的大规模城市建设，是中国历史上前所未有的，对城市居住环境和生活条件的改善起到了积极的作用。在更新思想方面，梁思成先生和陈占祥先生在“中央人民政府行政中心选址”中提出的著名的“梁陈方案”，从更大的区域层面，解决城市发展与历史保护之间的矛盾，疏解过度拥挤的旧城人口，为后来整体性城市更新开启了新的思路。但我国城市更新理论研究起步相对较晚，且城市规划思想深受现代主义影响，因此对于城市更新的认识也停留在形体规划和物质层面的改造。

2.1.2 市场机制下的“改建”

1978年是我国具有划时代意义的转折年，标志着我国进入了改革开放和社会主义现代化建设的新时期。这一时期，我国在城市建设领域明确了城市建设是形成和完善城市多种功能、发挥城市中心作用的基础性工作。城市政府集中力量开展城市的规划、建设和管理，对城市生产力进行合理布局，有计划地逐步推进城市发展，形成与经济发展相适应的城镇体系。

1978年12月，中国共产党十一届三中全会在北京召开，作出了把工作重心转移到社会主义现代化建设上来和实行改革开放的战略决策。自改革开放以来，我国以解决住房紧张和偿还基础设施欠债为主。1980年制定《中华人民共和国城市规划法（草案）》。1982年9月，提出了经济体制改革“要正确贯彻计划经济为主、市场调节为辅”的原则。这为中国的经济发展提供了充分的现实条件，为城市建设提供了良好的发展环境。第三次全国城市工作会议制定了《关于加强城市建设工作的意见》，该文件的颁布大幅度提高了城市建设工作的重要性。

1984年我国首次召开旧城改建经验交流会，正式拉开了中国旧城更新理论研究的序幕，城市更新理论也经历了从偏重技术问题的讨论，到深入系统的理论研究的转变过程；颁布的《城市规划条例》成为我国第一部有关城市规划、建设和管理的基本法规，其明确指出："旧城区的改建，应当遵循加强维护、合理利用、适当调整、逐步改造的原则"，这对于当时还处于恢复阶段的城市规划及更新工作的开展，具有重大指导意义。1987年12月，深圳市首次公开拍卖了一块土地，敲响了中华人民共和国成立以来国有土地拍卖的"第一槌"。1988年，《中华人民共和国宪法修正案》在第十条中加入"土地的使用权可以依照法律的规定转让"，城市土地使用权的流转获得了宪法依据。1989年实施的《中华人民共和国城市规划法》，进一步细化了"城市旧区改建应当遵循加强维护、合理利用、调整布局、逐步改善的原则，统一规划，分期实施，并逐步改善居住和交通条件，加强基础设施和公共设施建设，提高城市的综合功能"的要求。

在地方层面，为了满足城市居民改善居住条件、出行条件的需求，解决城市住房紧张等问题，偿还城市基础设施领域的欠债，各城市相继编制了一系列城市总体规划指导旧城区的建设。上海市政府提出将"住宅建设与城市建设相结合、新区建设与旧城改造相结合、新建住宅与改造修缮旧房相结合"的号召，开启了为期20年的大规模住房改善活动。广州市政府在《广州市城市总体规划》（1984版）中提出共同推动新居住区的建设与旧城居住区改造，改善旧城居住环境。北京市在《北京城市建设总体规划方案》中强调严控城市发展规模，并加强对城市环境绿化、历史文化名城保护的认识，逐步实施"危房改造"试点项目，针对建筑质量较差、配套设施老旧、存在消防隐患、亟待修整的危房，以院落为单位进行小规模的拆除重建。在旧城更新方面，南京市城市建设的重点转向以政府投资为主的城市基础设施和住宅建设。同时，南京市加速对城市环境的治理，治理后商业街市得到复兴，城市环境和商业街区面貌焕然一新。在古城保护方面，苏州市政府提出维持旧城原有风貌和肌理，在一定范围内有计划、有步骤地对古城区进行持续性的改造，使之满足现代化生活的需要。

在城市更新思想方面，国内专家、学者围绕旧城改建与更新改造开展了一系列的学术研究和交流活动，探索并形成了一系列有效的建设模式。吴良镛先生提出"有机更新论"，在获得"世界人居奖"的"菊儿胡同住房改造工程"中，以"类四合院"体系和"有机更新"思想进行旧居住区改造，保护了北京旧城的肌理和有机秩序，并在苏州、西安、济南等诸多城市进行广泛实践，推动了城市更新理念从"大拆大建"到"有机更新"的根本性转变，为我国城市更新指明了方向，现实意义极为深远。吴明伟先生结合城市中心区综合改建、旧城更新规划和历史街区保护利用工程，提出了系统观、文化观、经济观有机结合的城市更新学术思想，对指导城市更新实践起到重要作用。

总的来说，改革开放和经济繁荣为城市发展带来了巨大动力的同时，也为城市更新创造了较为坚实的社会背景，城市更新日益成为这一阶段城市建设的关键问题。从1984年召开的全国首次旧城改建经验交流会开始，经不断地探索与总结，我国城市更新理论与实践取得了明显成效。然而，人民生活水平的日益提高对城市建设也提出了新的要求，由于这一阶段的管理体制不完善，忽视了社会和市场的力量，对各利益主体意愿不够重视，产权保护观念淡薄，建设项目存在各自为政、标准偏低、配套不全、侵占绿地、破坏历史文化建筑等问题。

2.1.3 房地产化中的“改造”

20世纪90年代，伴随国有土地的有偿使用以及建设用地的集中统一管理，我国城市的土地管理与出让制度开始建立，为此后长达30多年的工业化、城镇化进程提供了支撑。1994年《国务院关于深化城镇住房制度改革的决定》公布，以及1998年住房制度改革和2003年土地招拍挂等一系列制度建立，在全国范围掀起了一轮住宅开发和旧居住区改造热潮。土地有偿使用和住房商品化改革，为过去进展缓慢的旧城更新提供了强大的政治经济动力，并释放了土地市场的巨大能量和潜力。各大城市借助土地有偿使用的市场化运作，通过房地产业、金融业与更新改造的结合，推动了以“退二进三”为标志的大范围旧城更新改造。

在省级层面，各省也针对土地节约集约工作，发布省级政府文件，提出在科学统筹、因地制宜等理念的指导下，推进土地集约高效利用，完善土地要素市场，挖掘土地潜力，对新增建设用地进行控制，并对存量建设用地与新增建设用地进行差别化管理。相关文件有《江苏省人民政府关于切实加强土地集约利用工作的通知》《辽宁省人民政府关于深化改革严格土地管理的实施意见》《广东省人民政府关于推进“三旧”改造促进节约集约用地的若干意见》等。

与此同时，企业工人的转岗、下岗培训与再就业成为第三阶段城市更新最大的挑战，城市更新涉及的一些深层社会问题开始涌现出来，暴露出不恰当地居住搬迁导致社区网络断裂、开发过密导致居住环境恶化、容量过高导致基础设施超负荷、工厂搬迁不当导致环境污染与生活不便等严重问题。如何实现城市更新的社会、环境和经济效益的综合平衡，并为之提供持续高效而又公平公正的制度框架，是这一阶段留给我们的经验与启示。

在实践层面，城市更新由过去单一的“旧房改造”和“旧区改造”转向“旧区再开发”，北京、上海、广州、南京、杭州、深圳等城市结合各地具体情况开展大规模城市更新活动（图2-1-2），涌现了北京798艺术区更新实践、上海世博会城市最佳实践区、南京老城南地区更新、杭州中山路综合更新、常州旧城更新以及深圳大冲村改造等一批城市更新实践与探索，更新内容涵盖旧居住区更新、重大基础设施更新、老工业基地改造、历史街区保护与整治以及城中村改造等多种类型。

总体而言，这一时期的城市更新机遇和问题并存，在高速城镇化的背景下，市场经济体制的建立、土地的有偿使用、房地产业的发展、大量外资的引进、政府和市场的共同推动，加快了旧区基础设施改善，使旧区土地得以增值，但与此同时，也催生了一系列破坏历史风貌、激化社会矛盾的严重问题。针对城市更新的学术研究在这一时期也不断推进，进入了新的繁荣期。一批专家学者结合中国实践，从城市更新价值取向、动力机制、更新模式与更新制度等多方面，展开了对城市更新的系统性与创新性研究，《北京旧城与菊儿胡同》《现代城市更新》和《当代北京旧城更新》等学术著作相继出版。

图2-1-2 各地城市更新重大工程（图片来源：阳建强. 1949—2019年中国城市更新的发展与回顾［EB/OL］）

1998 上海 田子坊

1999 上海 新天地

2001 北京 798

2002 杭州 清河坊

2002 南京 夫子庙

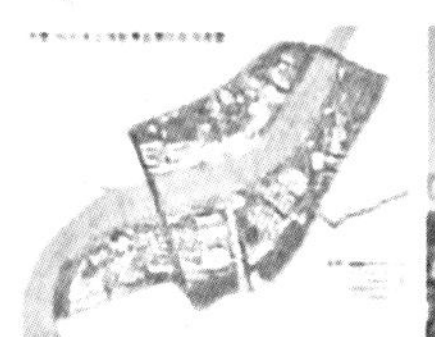

2010 上海 世博园

2009 成都 东郊记忆音乐公园

2008 广州 TIT 创意园

2004 苏州 平江路

2.1.4 高质量发展下的“双修”

2011年，我国城镇化率突破50%，正式进入城镇化的“下半场”。过去几十年的高速发展，虽然彻底改变了中华人民共和国成立初期中国城市衰败落后的面貌，全面提升了城市的基础设施质量与生活环境品质，但同时快速的城市扩张与大规模的旧城改造也埋下了环境、社会、经济等多方面的潜在危机。以内涵提升为核心的“存量”乃至“减量”规划，成为我国空间规划的新常态。

2012年，全国资源型城市与独立工矿区可持续发展及棚户区改造工作座谈会强调推动独立工矿区转型，加大棚户区改造力度。2013年《国务院关于加快棚户区改造工作的意见》和2014年《国务院办公厅关于推进城区老工业区搬迁改造的指导意见》等重要文件出台。

2014年《国家新型城镇化规划（2014—2020年）》以及2015年中央城市工作会议的召开，标志着我国的城镇化已经从高速增长转向中高速增长，进入以提升质量为主的转型发展新阶段。住房和城乡建设部提出大力开展“城市双修”工作，旨在全面解决快速城镇化发展带来的城市生态、用地结构、建设风貌、人地和谐等方面顽疾，探索转型时期城市可持续发展的更新方式。

2016年，国土资源部印发《关于深入推进城镇低效用地再开发的指导意见（试行）》指出，鼓励原国有土地使用权人自主或联合改造开发；积极引导城中村集体建设用地改造开发；鼓励产业转型升级优化用地结构；鼓励集中成片开发；加强公共设施和民生项目建设。

2017年住房和城乡建设部正式发布《关于加强生态修复城市修补工作的指导意见》，具体指导意见主要包括完善基础工作统筹谋划、修复城市生态改善生态功能、修补城市功能提升环境品质、健全保障制度完善政策措施等四个方面；重点任务包括加快山体修复、开展水体治理和修复、修复利用废弃地、完善绿地系统、填补基础设施欠账、增加公共空间、改善出行条件、改造老旧小区等。可以说“城市双修”是简化版的城市更新行动，以政府为主要实施主体，调动城市各个系统资源，关注城市关键空间要素，强调问题导向和实施导向，强调统筹协调、分类推进，强调物质空间和城市治理的并重。

在此背景下，北京、上海、广州、南京、杭州、深圳、武汉、沈阳、青岛、海口、厦门等城市结合各地实际情况，从广度和深度上全面推进城市更新工作，呈现以重大事件提升城市发展活力的整体式城市更新、以产业结构升级和文化创意产业培育为导向的老工业区更新再利用、以历史文化保护为主题的历史地区保护性整治与更新、以改善困难人群居住环境为目标的棚户区与城中村改造，以及突出治理“城市病”和让群众有更多获得感的“城市双修”等多种类型、多个层次和多维角度的探索新局面。三亚作为我国首个“城市双修”的试点城市，将内河水系治理、违法建筑打击、规划管控强化3个手段相结合，推动生态修复、城市整体风貌改善与系统修补；延安主要结合革命旧址的周边环境整治与生态系统改善开展“城市双修”工作。

与此同时，多个重点省市顺应新的形势需求，在城市更新机构设置、更新政策、实施机制等方面进行了积极探索与创新。2015年2月“广州市城市更新局”挂牌成立，之后深圳、东莞、济南等相继成立城市更新局。在城市更新管理法律、法规建设方面，上海出台《上海市城市更新实施办法》《上海市城市更新规划土地实施细则》《上海市城市更新规划管理操作规程（试行）》等一系列重要文件，持续完善城市更新的制度体系；深圳出台了《深圳市城市更新办法》《深圳市城市更新办法实施细则》和《深圳市城市规划标准与准则》等文件，为城市更新提供明确的制度路径。在配套机制方面，北京市在分区规划、控制性详细规划中引入责任规划师制度，并发布《北京市责任规划师制度实施办法（试行）》，该文件规定由区政府聘用独立的第三方人员，为责任范围内的规划、建设与管理提供专业咨询与技术指导。

总体而言，这一阶段的中国步入了城镇化较快发展的中后期，城市发展进入高质量发展阶段，城市更新更加注重可持续发展、生态平衡和人文关怀，强调以人为本和生态文明。同时，城市更新也逐渐由政府主导转变为社会、城市发展理性需要的功能主导，更加注重多元目标的平衡和协同。由大规模增量建设转为存量提质改造和增量结构调整并重，城市更新实现城市高质量发展的新路径，是实现土地节约集约利用、城市发展转型、城市功能完善、城市品质提升和历史文化传承的必然选择。

2.1.5 人民城市驱动的“更新”

党的十八大以来，以习近平同志为核心的党中央高度重视新型城镇化工作，明确提出以人为核心、以提高质量为导向的新型城镇化战略，为新型城镇化工作指明了方向、提供了基本遵循，推动我国城镇化进入提质增效新阶段。党的十九大进一步明确将人民日益增长的美好生活需要作为国家工作的重点。

2019年11月，习近平总书记考察上海期间，首次提出了“人民城市人民建，人民城市为人民”的重要理念，深刻回答了城市建设依靠谁、城市发展为了谁的根本问题，深刻回答了建设什么样的城市、怎样建设城市的重大命题。城市更新愈发强调应始终以满足人民的需求为出发点和落脚点，注重提升居民的生活质量和幸福感。

2020年7月，《国务院办公厅关于全面推进城镇老旧小区改造工作的指导意见》提出坚持以人民为中心的发展思想，坚持新发展理念，按照高质量发展要求，大力改造提升城镇老旧小区，改善居民居住条件，推动构建“纵向到底、横向到边、共建共治共享的社区治理体系”，明确改造任务，建立健全组织实施机制，建立改造资金政府与居民、社会力量合理共担机制，完善配套政策，强化组织保障。2020年10月，《中共中央关于制定国民经济和社会发展第十四个五年规划和二〇三五年远景目标的建议》（简称《建议》）明确提出实施城市更新行动，其重要性提到了前所未有的高度。《建议》指出，实施城市更新行动，推进城市生态修复、功能完善工程，统筹城市规划、建设、管理，合理确定城市规模、人口密度、空间结构，促进大中小城市和小城镇协调发展；强化历史文化保护、塑造城市风貌，加快城市老旧小区改造和社区建设，增强城市防洪排涝能力，建设海绵城市、韧性城市。在“十四五”开局之年，习近平总书记调研我国城市现状，提出实施城市更新行动，对老城区、老厂区、历史文化街区等要重点进行改造。2020年11月，住房和城乡建设部官网发布的文章《实施城市更新行动》，全面吹响了全国各地实施城市更新行动的号角。而随着“十四五”规划的出台，在中央及部委相关城市更新重要政策的带动下，各类地方条例、实施意见、管理办法、更新导则等文件陆续出台（表2-1-1）。

中央及部委相关城市更新重要政策　　表 2-1-1

时间	文件/会议	主要内容
2021年3月	《政府工作报告》	提升城镇化发展质量，2021年新开工改造城镇老旧小区5.3万个（据住房和城乡建设部统计数据，截至2021年10月底，全国已新开工改造城镇老旧小区5.34万个）
2021年4月	国家发展改革委《2021年新型城镇化和城乡融合发展重点任务》	实施以人为核心的新型城镇化战略，推进以县城为重要载体的城镇化建设，加快推进城乡融合发展

续表

时间	文件/会议	主要内容
2021年8月	住房和城乡建设部《关于在实施城市更新行动中防止大拆大建问题的通知》	坚持“留改拆”并举，以保留利用提升为主；防止大拆大建问题，城市更新单元（片区）或项目内拆除建筑面积不应大于现状总建筑面积的20%
2021年8月	《关于在城乡建设中加强历史文化保护传承的意见》	解决城乡建设中历史文化遗产屡遭破坏、拆除等突出问题，确保各时期重要城乡历史文化遗产得到系统性保护
2021年11月	住房和城乡建设部《关于开展第一批城市更新试点工作的通知》	在北京等21个城市（区）开展第一批城市更新试点工作
2022年1月	全国住房和城乡建设工作会议	将实施城市更新行动作为推动城市高质量发展的重大战略；健全体系、优化布局、完善功能、管控底线、提升品质、提高效能、转变方式；在设区市全面开展城市体检评估；指导各地制定和实施城市更新规划，有计划有步骤推进各项任务
2022年2月	国务院新闻发布会	明确不同城市战略定位和核心功能；优化城市发展布局；完善城市功能；管控底线，防止大拆大建；提高居民生活品质；提升城市运行管理效能和服务水平；探索政府引导、市场运作、公众参与的城市更新可持续模式
2022年3月	《政府工作报告》	提升新型城镇化质量，有序推进城市更新，加强市政设施和防灾减灾能力建设，开展老旧建筑和设施安全隐患排查整治，再开工改造一批城镇老旧小区，支持加装电梯等设施，推进无障碍环境建设和公共设施适老化改造
2022年3月	《2022年新型城镇化和城乡融合发展重点任务》	有序推进城市更新，加快改造城镇老旧小区，推进水电路气信等配套设施建设及小区内建筑物屋面、外墙、楼梯等公共部位维修，有条件的加装电梯，力争改善840万户居民基本居住条件；更多采用市场化方式推进大城市老旧厂区改造，培育新产业发展新功能；因地制宜改造一批大型老旧街区和城中村；注重修缮改造既有建筑，防止大拆大建
2022年6月	《关于做好盘活存量资产扩大有效投资有关工作的通知》	对城市老旧资产资源特别是老旧小区改造等项目，可通过精准定位、提升品质、完善用途等丰富资产功能，吸引社会资本参与
2022年6月	《“十四五”新型城镇化实施方案》	有序推进城市更新改造，重点在老城区推进以老旧小区、老旧厂区、老旧街区、城中村等“三区一村”改造为主要内容的城镇化实施方案，探索政府引导、市场运作、公众参与模式，注重改造活化既有建筑，防止大拆大建
2022年7月	《住房和城乡建设部关于开展2022年城市体检工作的通知》	继续选取直辖市、计划单列市、省会城市和部分设区城市等59个样本城市开展城市体检工作，鼓励有条件的省份将城市体检工作覆盖到本辖区内设区的市；各地要在抓2022年城市体检评估工作落实上下功夫，在巩固“长板”和补齐“短板”上下功夫，在统筹城市体检与实施城市更新行动上下功夫
2022年9月	住房和城乡建设部《城镇老旧小区改造可复制政策机制清单（第五批）》	总结各地在优化项目组织实施促开工、服务“一老一小”惠民生、多渠道筹措改造资金稳投资、加大排查和监管力度保安全完善长效管理促发展、加强宣传引导聚民心等方面可复制政策机制
2022年10月	《党的二十大报告》	加快转变超大特大城市发展方式，实施城市更新行动，加强城市基础设施建设，打造宜居、韧性、智慧城市

续表

时间	文件/会议	主要内容
2022年11月	住房和城乡建设部《实施城市更新行动可复制经验做法清单（第一批）》	包括建立城市更新统筹谋划机制，建立政府引导、市场运作、公众参与的可持续实施模式，创新与城市更新相配套的支持政策，共三个方面的内容
2022年12月	《扩大内需战略规划纲要（2022—2035年）》	推进城市设施规划建设和城市更新，加强市政水、电、气、路、热、信等体系化建设，推进地下综合管廊等设施和海绵城市建设，加强城市内涝治理，加强城镇污水和垃圾收集处理体系建设，建设宜居、创新、智慧、绿色、人文、韧性城市；加强城镇老旧小区改造和社区建设，补齐居住社区设施短板，完善社区人居环境；加快地震易发区房屋设施抗震加固改造，加强城市安全监测；强化历史文化保护，塑造城市风貌，延续城市历史文脉
2022年12月	国家发展改革委办公厅《关于印发盘活存量资产扩大有效投资典型案例的通知》	征集和评估筛选了一批盘活存量资产扩大有效投资典型案例，包括盘活存量资产与改扩建有机结合案例、挖掘闲置低效资产价值案例等不同类别

随着一系列政策条例的出台，全国各省市积极响应，以上海、广州、深圳等城市为代表的多个城市纷纷结合自身特点，有序实施城市更新行动。上海的城市更新先后经历了住房改造、大规模旧改、有序更新、有机更新探索等阶段。2021年6月，上海率先成立全国落地规模最大的城市更新基金（总值约800亿元），定向用于投资旧区改造和城市更新项目，促进上海城市功能优化、民生保障、品质提升和风貌保护（图2-1-3）。广州自2020年以来开始注重“空间品质提升”与“产城融合发展”，以共建共治共享新实践，推行城市更新全生命周

图2-1-3 上海旧改、老旧小区改造效果

期的管理模式。深圳城市更新政策确立了“政府引导、市场运作”的总体原则，建立了综合整治、功能改变和拆除重建3种更新模式，实现了对城中村、旧工业区、旧商业区、旧居住区更新的全覆盖。2020年10月，深圳市启动城市更新领域的“强区放权”改革，城市更新工作全面提速提效。

总的来说，在生态文明宏观背景以及“五位一体”发展、国家治理体系建设的总体框架下，城市更新更加注重城市内涵发展，以“温暖”作为底色，强调以人为本、重视人居环境的改善和城市活力的提升。在此过程中，中国城市更新领域的理论研究成果和各地政策显著增多，中国城市更新的探索逐步走向精细化，呈现出重视政策与制度建设，倡导城市“微更新”和“有机更新”，提倡通过城市更新提升城市治理水平，激发基层参与，注重城市更新的经济、社会、生态等综合效益相结合的发展态势。

2.2 省市举措

2.2.1 浙江政策背景

在国家战略引导下，浙江省紧跟时代潮流，有序推进城市更新，制定了一系列具有前瞻性和系统性的政策导向。政策内容涵盖城市更新进程中的目标、原则、重点任务和实施路径等，为城市更新工作提供了全面而具体的指导。相关政策不仅着眼于解决当前城市空间结构优化和品质提升问题，更是秉承以人民为中心的发展思想，力求满怀温情，共同推动城市向共同富裕、可持续发展的目标迈进。

（1）浙江省城市更新发展规划

浙江省住房和城乡建设事业在“十一五”和“十二五”发展规划中，以完善城镇住房保障体系为工作重点，全面调查城市低收入住房困难家庭、城市中等偏下收入住房困难家庭和其他住房困难家庭的住房需求情况。通过新建、改建、配建、调剂等多种方式，加快推进各类保障性安居工程住房建设，多渠道增加保障房源，突出发展公共租赁住房。鼓励有条件的地区加快推进廉租住房、经济适用住房、公共租赁住房的衔接和融合（图2-2-1）。到2010年底，全省已累计解决7701万户城市中低收入家庭的住房困难，城镇住房保障受益家庭覆盖面达138%。其中，以廉租住房货币补贴和实物配租方式解决686万户，售租经济适用住房解决32万户，通过旧住宅区综合改造、公共租赁住房和限价商品住房建设等解决3815万户。[1]

浙江省住房和城乡建设事业在“十三五”规划中，以城乡区域协调发展、优化全省发展空间格局为主要目标，提升城市功能和中心城市国际化水平，进一步提高美丽乡村建设水平，城乡之间、区域之间居民收入水平，基础设施通达水平，基本公共服务均等化水平（图2-2-2）。在此期间全面推进绿色发展，加快建设美丽浙江，持续推进环境治理和生态保护，持续深化“五水共治”，大力实施“十百千万治水大行动”，基本实现县城和城市建成区污水全收集、全处理、全达标，基本实现农村生活污水治理设施全覆盖，水环境质量得到全面改善。

“十四五”时期是浙江省全面建成小康社会、开启高水平全面建设社会主义现代化新征程的关键时期。在浙江省住房和城乡建设“十四五”规划中，浙江省全面开展城市更新。

为适应多主体多层次高品质居住需要，浙江省积极推动住房供给侧结构性改革，更好满足人民对“更舒适的居住条件”的向往；加快推进住房品质提升，改善人居环境以适应人民对更美好居住条件的需要，加强新建与改造并重，有序推进棚户区改造、老旧小区改造；通过完善老旧小区配套设施，加快推进住

图2-2-1 浙江省“十一五”经济社会发展规划研究（左）

图2-2-2 开启迈向美好社会新征程：浙江省“十三五”规划基本思路研究（右）

1 数据来源：中国全国人民代表大会网．城市更新行动［EB/OL］.（2019-05-22）［2024-06-16］. http://www.npc.gov.cn/c2/c12435/201905/t20190522_81154.html.

图2-2-3 河畔新村改造后实景

宅加装电梯等举措，大力提升居住品质（图2-2-3）。2019年浙江省和宁波市分别被列为新一轮老旧小区改造试点省、市。2019—2020年，全省共开工改造老旧小区1015个，涉及建筑面积3825万平方米。住宅加装电梯全面铺开，至2020年底，全省累计完成住宅加装电梯3766台，解决了近15万居民的“上楼难”问题[1]。

此外，浙江省建立健全政府统筹、条块协作、各部门齐抓共管的改造工作机制，共同创造友好互动、融洽感情以及议事协商的平台，助推城市更新。践行全过程人民民主，通过统筹各类相关资金支持城镇老旧小区改造，引导居民共同出资，鼓励社会力量参与建设，支持实施运营主体采取市场化方式融资。同时，完善配套政策并优化项目审批流程，制定详尽的改造技术规范以明确设施改造、功能配套、服务提升等建设要求。组织开展改造绩效评价，加强绩效评价结果运用，通过开展优秀项目评选，及时总结推广好的经验做法，通过加强政策解读与宣传，营造社会各界支持、群众积极参与的浓厚氛围，实现共治共管、共建共享。

1 数据来源：中国政府网. 关于印发《“十四五”公共服务规划》的通知[EB/OL].（2022-03-30）[2024-06-16]. https://www.gov.cn/zhengce/zhengceku/2022-03/30/content_5682392.htm.

（2）浙江省城市更新相关建设文件

浙江省注重法规政策体系的完善，探索制定城市更新相关法律法规，强化城市更新法治保障。2000年以来，浙江省在城市更新方面出台了一系列重要文件，从政策、资金、法规、技术等多个方面进行了全面规划和部署，旨在推动城市更新工作取得明显成效，为城市的经济社会发展提供有力支撑（表2-2-1）。

浙江省城市更新相关建设文件 表 2-2-1

发布时间	文件名称	主要内容
2009年9月	《关于进一步加强保障性住房质量管理的通知》	加大城市住房保障制度实施力度，进一步加强保障性住房工程质量管理，全面提高保障性住房建设水平，确保结构安全和使用功能，防治和消除施工质量通病
2015年1月	《关于进一步推进城镇园林绿化事业持续健康发展的实施意见》	各级政府要从建设美丽浙江、创造美好生活和新型城市化建设发展的战略高度，进一步增强推进园林绿化事业持续健康发展的紧迫感和责任感，推进各类绿地建设；在新区建设和旧城区改造中，要注重低影响开发技术应用，结合“三改一拆”和城镇弃置地生态修复等，科学化、规模化、均衡化建设各类绿地，构建高品质的城市绿地生态体系；按照居民出行“出门见绿，300~500米见园”的要求，加快建设综合公园、专类公园、社区公园、带状公园、街旁游园和各类附属绿地、防护绿地等，构建良好的城市绿地体系，让居民出门见绿、移步见景、小行见园
2015年4月	《浙江省财政厅 浙江省住房和城乡建设厅关于印发浙江省住房与城市建设专项资金管理办法（试行）的通知》	①城镇保障性安居工程，实施公共租赁住房租赁补贴、公共租赁住房筹集、城市棚户区改造； ②城镇污水处理基础设施建设，城镇污水配套管网（限于城区和镇区DN300毫米及以上）及镇级污水处理厂、城镇污水处理厂出水一级A提标改造和城镇污水处理厂污泥处置设施建设； ③城镇生活垃圾处理设施建设，城市生活垃圾分类处理，城镇生活垃圾焚烧、卫生填埋（含垃圾渗沥液处理和封场生态恢复）和餐厨垃圾处置； ④农村危房改造和美丽宜居示范村建设，国家级和省级美丽宜居示范村创建、村庄规划编制修编、农村危房改造
2016年3月	《浙江省人民政府办公厅关于高质量加快推进特色小镇建设的通知》	①强化政策措施落实，严格贯彻执行《浙江省人民政府关于加快特色小镇规划建设的指导意见》（浙政发〔2015〕8号）明确的有关政策措施； ②发挥典型示范作用，进一步加大工作推进力度，着力推动建设一批产业高端、特色鲜明、机制创新、具有典型示范意义的高质量特色小镇，力争每个市都有示范性小镇、每个重点行业都有标杆性小镇； ③引导高端要素集聚，充分整合利用已有资源，积极运用各类平台，加快推动人才、资金、技术向特色小镇集聚，省级有关行业主管部门应充分利用行业优势，积极推荐行业领军人物参与特色小镇建设，推动最新技术在特色小镇推广应用
2016年8月	《浙江省人民政府办公厅关于开展打造整洁田园建设美丽农业行动的通知》	打造整洁田园、建设美丽农业行动：以绿色发展理念为引领，围绕美丽浙江和绿色农业强省建设目标，坚持政府主导、各方参与，突出重点、分步实施，标本兼治、长效管理，全面整治田园环境，完善田园基础设施，改造提升生产设施，整治各类杂乱杆线，调整优化产业布局

续表

发布时间	文件名称	主要内容
2018年5月	《关于加强全省小城镇强弱电管线建设管理的若干意见》	严格事前规划，组织编制各类管线专项规划，明确每个小城镇强弱电管线建设的布局要求和强制性内容，强弱电管线建设活动须依法取得相关许可，并要按小城镇不同类别分别申领乡村建设规划许可证和建筑工程规划许可证，未依法取得相关许可的，一律不得开工建设； 规范事中建设，原则上新建、扩建、改建的小城镇道路5年内不得再开挖，大修的城乡道路3年内不得再开挖，已通过管道敷设的城乡镇道路不得再新立杆路，防止“拉链式”开挖，施工完成后，应当依法先经建设工程规划核实，再组织竣工验收，验收合格后方可正式投入使用，防止“既成事实”情况的发生； 强化事后监管，加强机构建设、充实人员力量、细化具体举措，确保强弱电管线建设管理落实到位，强化地方政府对小城镇空间资源使用管理的主导和管控权，逐步明晰占用地上、地下空间资源的各类强弱电管线基础设施的产权归属
2019年7月	《浙江省人民政府办公厅关于浙江省乡村星级农贸市场建设的实施意见》	①优化区域网点布局，统筹考虑乡村农贸市场服务半径、区域辐射及配套设施等因素，合理设置乡村农贸市场的区域网点布局，对主体结构危旧简陋需拆除重建的乡村农贸市场，允许在市场主办方出具不突破原建筑红线、不易地、不超原建筑面积的承诺书后，按照要求优化审批流程； ②提升软硬件设施，进一步改善市场软硬件设施，提升标准化水平，建成设施齐全、环境整洁、价格实惠、管理到位的乡村农贸市场，建立农副产品快速检测室，有条件的农贸市场要建立交易追溯、信息公示等系统，及时公布检测结果； ③建立长效管理机制，建立健全建设标准化、运营管理专业化、经营服务优质化、社会评价常态化的长效管理体系
2020年12月	《浙江省人民政府办公厅关于全面推进城镇老旧小区改造工作的实施意见》	①总体要求，坚持政府引导、共同缔造，因地制宜、精准施策，系统联动、整体推进，创新机制、优化治理的基本原则，以改造带动全面提升，实现基础设施完善、居住环境整洁、社区服务配套、管理机制长效、小区文化彰显、邻里关系和谐； ②明确改造任务，一是改造对象：重点改造2000年底前建成的城镇老旧小区，不包括以自建住房为主的区域和城中村以及已纳入棚户区改造计划的老旧小区，二是改造模式：综合整治和拆改结合类型，三是编制专项改造规划和计划：科学编制城镇老旧小区改造“十四五”规划和年度计划，优先对存在C级、D级危险房屋的老旧小区实施改造，四是积极开展未来社区试点：鼓励城镇老旧小区分类开展未来社区试点，形成具有浙江特色的高级改造形态； ③建立健全组织实施机制，要求各地坚持党建引领，构建各方共建机制，科学制定方案，建立项目推进机制，强化基层治理，完善长效管理机制； ④建立改造资金合理共担机制，提出从加大财政资金支持、引导小区居民出资、加强金融服务支持、吸引社会力量参与和落实税费减免政策等五方面筹集老旧小区改造资金； ⑤完善配套支持政策，一是优化简化项目审批，提高项目审批效率，二是适应改造需求，制定相应的标准规范，三是通过片区联动改造，整合利用存量资源
2021年9月	《城镇棚户区改造基本公共服务导则（试行）》	根据省委办公厅、省政府办公厅《关于建立健全基本公共服务标准体系的实施意见》（浙委办发〔2019〕85号）进一步规范城镇棚户区改造基本公共服务管理，明确住房保障领域关于城镇棚户区改造基本公共服务要求，提升全省住房保障领域基本公共服务质量

续表

发布时间	文件名称	主要内容
2022年6月	《浙江省住房和城乡建设厅 浙江省城乡风貌整治提升工作专班办公室关于进一步加强城市园林绿化工作 助力城乡风貌整治提升和未来社区建设行动的通知》	按照公园城市理念，强化科学规划和合理设计，优化完善城市园林绿化体系，挖掘浙江省山水人文底蕴，打造具有辨识度的“浙派园林”品牌
2023年1月	《浙江省人民政府关于跨乡镇开展土地综合整治试点的意见》	①总体要求：明确以习近平新时代中国特色社会主义思想为指导，贯彻党的二十大精神和习近平生态文明思想，落实国家粮食安全战略，以优化、盘活、修复、提升为导向，尊重群众意愿，严守维护群众利益底线，牢牢守住耕地保护、生态保护红线，推动土地综合整治体系重构、制度重塑； ②重点任务：包括农用地优化提升，村庄优化提升，低效工业用地、城镇低效用地整治和优化提升，生态环境优化提升等四方面内容； ③政策措施：包括严格保护永久基本农田、优化国土空间布局、推进优地优用、完善低效工业用地整治和城镇低效用地再开发机制、加大资金整合力度、强化试点地区激励奖励等六方面内容； ④工作保障：包括加强组织协调、规范试点实施、强化数字化改革引领等三方面内容
2023年1月	《浙江省人民政府办公厅关于全域推进未来社区建设的指导意见》	重点围绕统筹规划谋划、统筹推进建设提升、统筹社区运营管理、统筹治理现代化、统筹政策支撑五个维度提出13条具体举措。 ①统筹规划谋划。编制并落实城镇社区建设专项规划，逐步建立城镇社区建设专项规划—国土空间详细规划—规划设计项件的传导实施机制，按“普惠型”和“引领型”分层推进未来社区建设，加快构建社区文化体系。 ②统筹推进建设提升。推进未来社区增点扩面，开展社区公共服务设施调查评估和补短板行动，推动社区公共服务集成落地，鼓励城镇老旧小区与未来社区一体化开展改造建设。 ③统筹社区运营管理。明确新建类与旧改类公共服务配套建设和运营路径，在规划、设计、建设全过程落实可持续运营要求，加快培育市场主体，鼓励企业和群众参与。 ④统筹治理现代化。强化党建统领，构建多元主体协同治理模式，持续迭代数字化平台，加快“浙里未来社区在线”重大应用部署贯通。 ⑤统筹政策支撑。强化资金引导和政策支持，建立成本共担机制，研究完善空间高效利用相关的审批程序、标准规范和支持政策
2023年4月	《浙江省人民政府办公厅关于印发乡村振兴支持政策二十条的通知》	①突出全面深化“千万工程”，全域提升乡村风貌，加快宜居宜业和美乡村建设； ②突出加快高效生态农业强省建设，稳步提升粮食和重要农产品综合生产能力，支持高标准农田建设，健全种粮农民收益保障机制； ③突出农业“双强”行动实施，推进农业关键核心技术攻关，强化农业科技和机械化装备支撑，实施农业高质量发展六个“百千工程”，加快农业基础设施补短提能； ④突出推动涉农资金统筹整合改革，完善新型农业经营组织体系，加强农业用地等要素保障，高水平推进乡村振兴

续表

发布时间	文件名称	主要内容
2023年11月	《浙江省住房和城乡建设厅关于深入推进城乡风貌整治提升 加快推动和美城乡建设的指导意见》	①持续推进城乡风貌样板区建设，到2025年，全省累计打造400个左右城乡风貌样板区，择优选树160个左右“新时代富春山居图样板区”，其中，结合城市新区建设和旧城改造，进一步体现以有机更新理念推动城市品质综合提升，集成落地城乡风貌整治提升和未来社区建设要求，到2027年重点打造50个以上共富基本单元综合品质样板区，以城乡风貌样板区建设为牵引，加快推动城乡和美品质提升，实施八个方面专项提升行动； ②推进公共服务优化提升专项行动，突出对“一老一小”群体的服务供给力度，加快产权梳理整合，加强建设运营的统筹，完善教育、医疗、养老、托育等各类配套设施配置，结合全域未来社区建设要求，联动城镇老旧小区改造，根据城镇社区建设专项体检结果，加快开展城镇社区公共服务补短板行动； ③推进入口门户特色塑造专项行动，在省际、市际、县际和城乡重要交通枢纽等区域，推进可视范围内视觉污染净化工程，打造一批充分展示地域文化特质的入口门户，重点抓好省际入口门户整治提升； ④推进特色街道整治提升专项行动，优化城市路网结构，倡导“小街区、密路网、活街巷”，突出人本化改造、功能提升、活力营造、特色彰显等，通过精细化、一体化设计和管理，统筹街道空间和风貌管控，加快打通“断头路”，改造背街小巷，打造交通组织合理，无障碍环境良好，慢行体验舒适，建（构）筑物、标识标牌、城市家居等要素齐备的高品质街道，进一步完善城市容貌精细化管理标准体系； ⑤推进公园绿地优化建设专项行动，按照“300米见绿、500米见园”要求，加快公园体系建设，到2025年底，城市公园绿化活动场地服务半径覆盖率达到90%以上，老城区结合存量空间有机更新，加快建设口袋公园、体育公园； ⑥推进小微空间“共富风貌驿”建设专项行动，推进城市小微空间提质增效，合理利用边角空间、桥下空间、行政企事业单位可供公众使用的空间等各类闲置或低效的小微空间，以及各类闲置、废弃或功能单一、低效利用的公共建筑，依法依规用作休闲、公共服务、体育健身等功能，打造一批具有示范效应的小微空间更新利用项目，开展“共富风貌驿”设计评选和落地建设； ⑦推进浙派民居建设专项行动，按照“活化利用一批具有历史价值的传统民居，改造提升一批体现地方特色的存量民居，新建呈现一批浙派民居”的思路，联动土地综合整治、“一村万树”示范村建设等工作，以浙派民居建设为主抓手，坚持文物保护原则，持续改善乡村生态环境，统筹推进美丽宜居示范村建设、传统村落保护利用、浙派民居打造，全面整治提升农村住房风貌，鼓励率先在县域风貌样板区中落地一批浙派民居特色村； ⑧推进美丽廊道串珠成链专项行动，联动土地综合整治，打造一批美丽田园，推进美丽廊道道路沿线环境清乱和架空线路序化，加强水环境综合治理，倡导驳岸与河床生态化改造，注重沿河景观廊道的休憩功能、服务功能、文化功能植入

（3）浙江省住房和城乡建设厅历年工作总结

多年来，浙江省住房和城乡建设厅一直致力于推动城乡建设高质量发展，提升居民生活品质，打造宜居城市新范本。通过回顾历年工作，我们可以看到浙江省城市更新政策上的变化与发展。浙江省住房和城乡建设厅紧紧围绕省委、省政府的决策部署，坚持稳中求进的工作总基调，积极应对城市进程中的各种挑战，在城市更新方面获得显著工作成效。

2008至2010年，浙江省城市更新的重点建设内容集中在农村。2008年，浙江省住房城乡建设工作总结中提出要加强城市功能建设，城市基础设施要向农村延伸步伐。2010年重点开展农村住房改造建设。省委、省政府召开“千村示范、万村整治”工程暨农村住房改造建设现场会，推动农村住房改造建设，创建了983个美丽宜居村镇，改善农村生活条件，提升农村人居环境（图2-2-4）。[1]

从2011年开始，城市更新的建设逐渐从农村向城市延伸。2011年工作报告中指出着力深化城乡规划体系，以全面实施新一轮《浙江省城镇体系规划》和《浙江省城乡规划条例》为契机，深入实施县（市）域总体规划，加快近期建设规划编制，并且着力加强小城市和中心镇规划编制工作。

2012年住房城乡建设工作总结中提到全面完成农房改造建设任务，且提出加快市政公用基础设施建设。五年来，全省设市城市和县城累计完成市政公用设施建设的固定资产投资超过2953亿元，新建、扩建城市道路5525公里。针对日益突出的交通拥堵问题，启动治理城市交通拥堵工程，完善城市路网结构，加快快速道路和停车设施建设，提升支路网密度，加快打通断头路，拆除违法建筑。

图2-2-4 诸暨市应店街镇紫阆村

1 数据来源：浙江省科学技术厅．全省科技创新大会召开［EB/OL］.（2023-06-28）［2024-06-16］. https://jst.zj.gov.cn/art/2023/6/28/art_1569971_58933021.html.

图2-2-5 美丽县城临安实景图

2013年是城市更新建设的转折点，首次将美丽县城的建设提上全年的工作总结。根据全省美丽县城建设现场会的部署，要按照典型带动、重点突破的原则，研究制定县城评价体系，加快建设一批现代化美丽县城，重点在优规划、精建设、强产业、细管理、显特色、惠民生、活机制、重保障等八个方面下功夫；发挥县城承上启下的作用，支持有条件的县城建设成为中等城市乃至大城市，加快推进县城经济向城市经济转型（图2-2-5）。

农房改造也再次成为城市建设的重点，以加快推进农村人居环境整治。一是加快推进农村危房改造。二是继续加强农房示范村建设。按照“十二五”期间全省建设1000个示范村的目标，2013年要确保新启动农房改造示范村建设200个村左右，并选择培育15个村创建全国美丽宜居示范村庄（图2-2-6）。三是着力提升村庄规划和农房设计水平。

同时，全省大力推进治污水、排涝水、防洪水、保供水、抓节水的“五水共治”，以及以创建“无违建县（市、区）”为重点，加快推进“三改一拆”工作。此外，在具体工作中也提到了狠抓“改造利用”的字眼，注重腾出空间的规划引领，控制性详细规划、城市设计、建筑设计等工作要及时跟上；提出要用出效益，加快拆后土地的利用，对拆出来的土地做好分类处置，做到宜耕则耕、宜绿则绿、宜建则建，做到即拆即清，但也要防止盲目即拆即用。

从2014年开始，旧改步入了城市建设更新的舞台。在2014年住房城乡建设工作总结中提到了对94个旧住宅小区进行停车位改造，新增小区停车位1.2万

图2-2-6 美丽乡村桐庐实景图

个。另外，大力推进美丽宜居示范村建设。研究制定《关于进一步加强村庄规划和设计工作的若干意见》，承担省政府《关于改善农村人居环境规划》课题研究。新启动220个美丽宜居示范村建设。

2015年，住房城乡建设工作总结中提到强势推进“三改一拆”。全年全省拆除违法建筑1.58亿平方米，实施旧住宅区、旧厂区和城中村改造2.16亿平方米，分别完成目标任务的176%和240%；拆违涉及土地面积14.49万亩，“三改”涉及土地面积16.90万亩。

2016年住房城乡建设工作总结中提出小城镇环境综合整治的概念，工作机构全面建立，要素保障政策措施基本到位，整治规划有序推进。按照省委、省政府的部署，对全省的小城镇围绕六个方面进行综合整治。全年列入整治范围的小城镇有1191个。另外，在人居环境优化也取得新突破，新、改建城市道路180公里，新增停车位18.7万个，公共自行车系统实现县级全覆盖。

2017年的城市更新重点工作蔓延到了城中村，在这一年住房城乡建设工作总结中提到全省861个城中村改造全面推开，完成城中村拆迁31.84万户共计7903万平方米，一年完成全省一半以上城中村拆迁改造任务（图2-2-7）。

2018年住房城乡建设工作总结中提到提升城乡功能取得新成效，开始打造风貌特色；围绕山水相依、城乡互融、自然与人文相得益彰，大力推进美丽城乡建设；高度重视城乡人居环境提升，全面启动高水平推进农村人居环境提升三年行动，一批重点项目有序展开；广泛开展城市生态修复、城市修补、“四边三

图2-2-7 杭州拱墅区上塘街道瓜山新苑城中村改造（上）

图2-2-8 杭州滨江区长河街道长江小区电梯加装实景（下）

化”行动和国家园林城市系列、美丽宜居示范村创建活动。

2019年，浙江省对旧城区改造又有了新的提升，其中加装电梯成了全年的话题（图2-2-8）。全省共开工改造小区393个，涉及6231幢、1335万平方米，惠及居民14.6万户；既有住宅新加装电梯845台，竣工509台。

从历年住房和城乡建设的工作报告中可以清晰地看到城市更新发展的脉络和趋势。这些报告不仅记录了城市更新的历程，也揭示了城市更新在完善城市功能、提高群众福祉、保障改善民生、提升城市品质、提高城市内在活力以及构建宜居环境等方面起到了重要作用。

首先，城市更新的范围和内容在不断扩大和深化。早期的城市更新主要关注旧城区的改造和重建，以解决城市基础设施落后、环境脏乱差等问题。随着城市化进程的加速和人们对生活品质要求的提高，城市更新的内涵也逐渐丰富，不仅包括物质环境的改善，还涉及文化保护、社区发展等多个方面。通过城市更新“妙笔生花”，以多样包容的城市空间、生活场景和生活方式，既保留城市的乡愁与记忆，延续城市人脉，同时又与时俱进，激发城市活力。

其次，城市更新的方式和方法也在不断创新。传统的城市更新往往采用大规模的拆除重建模式，这种方式虽然可以快速改变城市的面貌，但也容易造成资源浪费和社区断裂。近年来，越来越多的城市开始探索采用渐进式、微更新的方式推进城市更新，注重保护社区的原有肌理和人文环境，通过小规模、渐进式的改造提升城市的品质和功能。同时，也更加注重与居民的沟通和协商，让居民参与到城市更新的过程中，增强居民的归属感和满意度。可以预见的是，随着政策的深入实施，会有更多的老旧小区焕然一新，更多的居民生活将得到质的提升，整个社会的宜居水平也将随之提高。

此外，城市更新还注重与产业发展、社会治理等相结合。通过城市更新，可以优化城市的空间布局和产业结构，促进产业升级、带动共同富裕。同时，也可以通过改善城市环境、提升公共服务水平等方式，增强城市的吸引力和竞争力，推动城市的社会治理创新，稳步提升市民满意度。

总的来说，随着浙江省城市更新工作的开展，其内涵日益丰富，相关工作逐渐走向常态化，成为与每一位市民和相关利益人紧密相关的日常内容。城市更新工作持续创新基础理论、技术方法以及制度机制，进一步走向科学化、常态化、系统化和制度化，为城市的可持续发展注入新的动力。

2.2.2　杭州政策背景

面向新时期高质量发展要求，杭州城市建设高度关注城市品质的综合提升、城市治理方式的现代化转型，其依托丰富的自然景观资源和厚重的历史文化遗存，在更新体系构建、城市功能完善、产业创新、环境品质提升、公用服务品质改善、数字化改革、文化传承和生态修复等方面进行了诸多有益的探索，成为城市有机更新的先行实践者，构建了较为完整的城市有机更新体系。

杭州市的更新实践始于改革开放后，主要经历了1978—1999年的旧城拆除重建更新阶段、2000—2012年的物质空间更新阶段和2013年至今的城市全要素有机更新阶段。据统计，自1998年以来，杭州市共出台了59项涉及城市更新的相关政策（图2-2-9）。从更新政策出台的时间来看，2003—2007年以及2012—2018年这两个时段较为集中，而面向国土空间规划改革新时期的相关政策仍相对缺失；从更新侧重点来看，早期着重于城中村的拆迁和改造，进入21

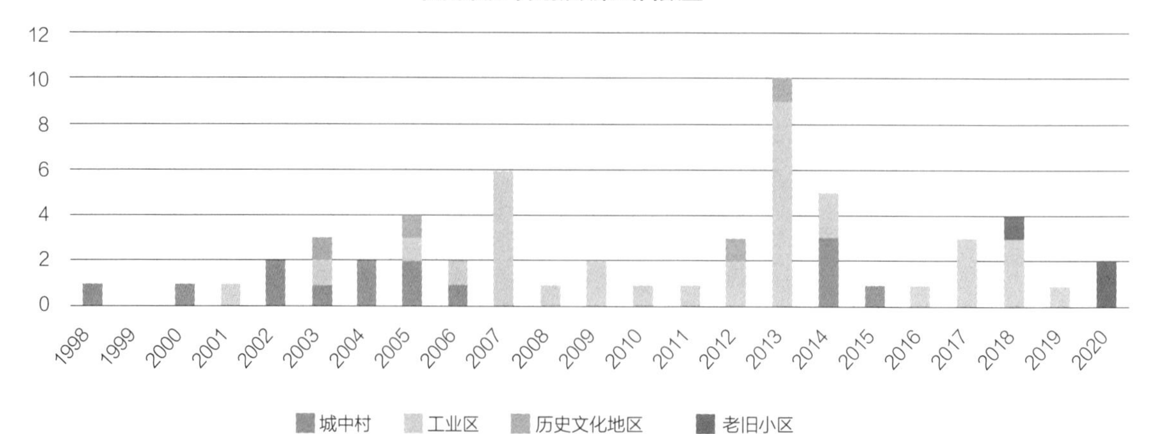

图2-2-9　杭州历年更新政策出台数量一览
（图片来源：王喆妤，谢晖，周子懿. 新时期杭州城市更新政策与规划体系优化探讨［C］. 人民城市，规划赋能——2023中国城市规划年会论文集，2023: 954-961.）

世纪后着重于工业区不同方向的更新，期间穿插着对历史文化地区的保护，近年来随着人民生活品质的提升，着眼点转向老旧小区的改造。

（1）杭州城市更新历程

旧城拆除重建更新阶段（1978—1999年）

改革开放之后，杭州开始了现代意义上的大规模的城市更新。杭州城市的发展中，一直被定位在江湖之间，东、南边受制于钱塘江，西面受制于西湖群山和西溪湿地，形成了“三面环山，一面环城”的城市空间形态。这种背山、临湖、倚江的空间格局，导致杭州城市只能在“螺蛳壳里做道场”，城市建设只能“摊大饼”。城市现代化生活方式和工业化生产方式的转变，以及为解决经济高速发展带来的住房紧缺问题，杭州城市建设表现为粗放式发展，城市更新表现出对传统历史文化的忽视和对外来文化的引进吸收，进行大规模的旧城拆除重建。

这一阶段，杭州一方面开展对西湖的环境整治，另一方面集中改造旧城区域。这一时期，杭州集中大量财力用于旧城改造，对老城区进行大规模拆迁，在城市近郊建设古荡、朝晖、景芳等约10个大型居住区，逐步建立新城区，实现旧城区即环西湖区域的人口疏散，奠定了杭州“环湖发展”的城市格局，开展了中河中路、庆春路、延安新村、清河坊改造等工程。

物质空间更新阶段（2000—2012年）

进入21世纪后，随着城市化的加速推进，杭州迎来完善城市空间形态、保护历史文化名城、保护城市生态环境、缓解交通“两难”问题、解决“城中村”和农民工问题、弘扬“城市美学”、彰显城市特色、实现城市管理现代化等八大挑战，对城市更新理念提出了新的要求。

这一阶段，杭州主要以老旧小区、自然景观、城中村、城市道路与河道、历史文化遗产等为主要对象，通过遗产保护、环境改善、交通治理等带动城市多方更新与整治，激发城市活力。如针对20世纪六七十年代甚至更早时期建设的老旧小区相继开展背街小巷改善、危旧房改善、庭院改善、物业管理改善等综合改造工程；继续加强改善西湖景区环境质量，实施西湖“景中村”改造工程，推行“西湖西进”工程；推动城市交通治理，实施“一纵三横”道路整治工程，推广TOD交通模式，规划建设地下铁路；重视京杭大运河流域文化遗产保护与沿河的保护和更新整治工程，开展了较大规模的历史文脉保护及配套的空间治理措施，如拱宸桥西搬迁与小河直街、大兜路历史街区改造工程等。

城市全要素有机更新阶段（2013年至今）

随着城市化进程的推进，杭州进入城市化水平增长趋缓至停滞的后期阶段，既面临着城市规模与地域空间的增长需求，又面临着城市建设质量的提高和城市空间用地结构的调整。空间、产业、环境、社会等方面存在的诸多问题都成为制约城市发展的瓶颈，杭州城市发展模式从规模扩张型为主逐渐向质量效益型转变。在“生态文明”“高质量发展”的新时代背景下，杭州城市发展更加关注城市综合品质的提升，实施多目标多模式更新，实现城市综合治理。

这一阶段，杭州城市更新演化为城市功能完善、产业创新发展、风貌特色塑造、公共服务设施完善、人民生活品质提高、文化传承和生态环境修复等多元目标协调统一的城市有机更新模式。

（2）杭州城市更新实践

杭州市的城市更新主要围绕不同时期总体规划的发展重点、国家及浙江省的要求制定相应的法规政策并展开城市更新实践。从杭州城市更新的对象来看，主要包括城中村、历史文化街区、产业用地、特色小镇和老旧小区等多个方面（图2-2-10）。

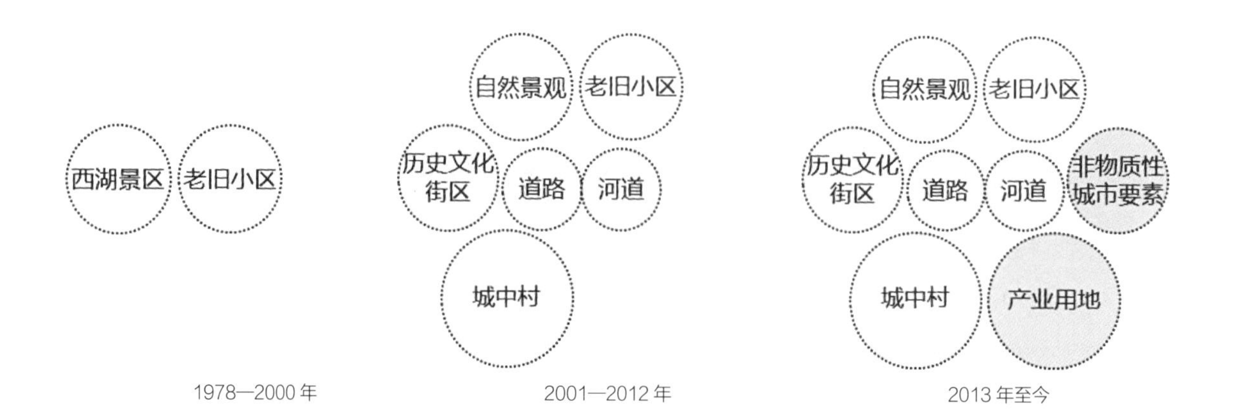

图2-2-10 杭州市城市更新发展历程中的更新对象演变示意图（图片来源：于萍萍. 面向高质量发展的城市更新转型探讨——杭州城市有机更新实践[C] 面向高质量发展的空间治理——2021中国城市规划年会论文集，北京：中国建筑工业出版社，2021: 153-161.）

其一，城中村改造。自1998年开始实施大规模撤村建居改革试点以来，杭州市主城区共有246个行政村被纳入城中村改造范围。截至2018年底，杭州市主城区共有215个行政村完成整村征迁或整治。在推进过程中，通过政府统一主导、多主体实施的创新机制，坚持以大项目带动，以道路、河道整治带动，以西湖综合整治带动城中村改造的推进模式，取得了明显成效，形成了城中村改造的杭州模式。

其二，历史文化街区更新。1982年，杭州成为全国第一批公布的24个历史文化名城之一。2003年，杭州按照“保护第一、应保尽保”的指导思想实施历史文化名城的全面保护，形成了“点、线、面”结合的历史文化遗产保护体系，包括160个市级以上文物保护单位、250个市级文物保护点、26处历史保护街区、8个地下文物重点保护区、西湖风景名胜区内5个特色文化保护区等。截至2024年，杭州市区共有历史文化街区（地段）26处，主要集中于上城区，占地面积530公顷。杭州的历史文化遗产保护与利用成为一项面向城市战略发展与旧区复兴等多元目标协调统一的综合行动，探索出了一套极具特色的历史保护工作实施方法，以城市综合保护工程为抓手，通过保护遗产、打开公共空间、修复营造景观、疏解人口与产业、治理生态环境、彰显山水特色等多方面的更新策略，打造出南宋御街、清河坊等在全国范围内有示范意义的历史文化街区更新项目（图2-2-11）。

图2-2-11 杭州南宋御街

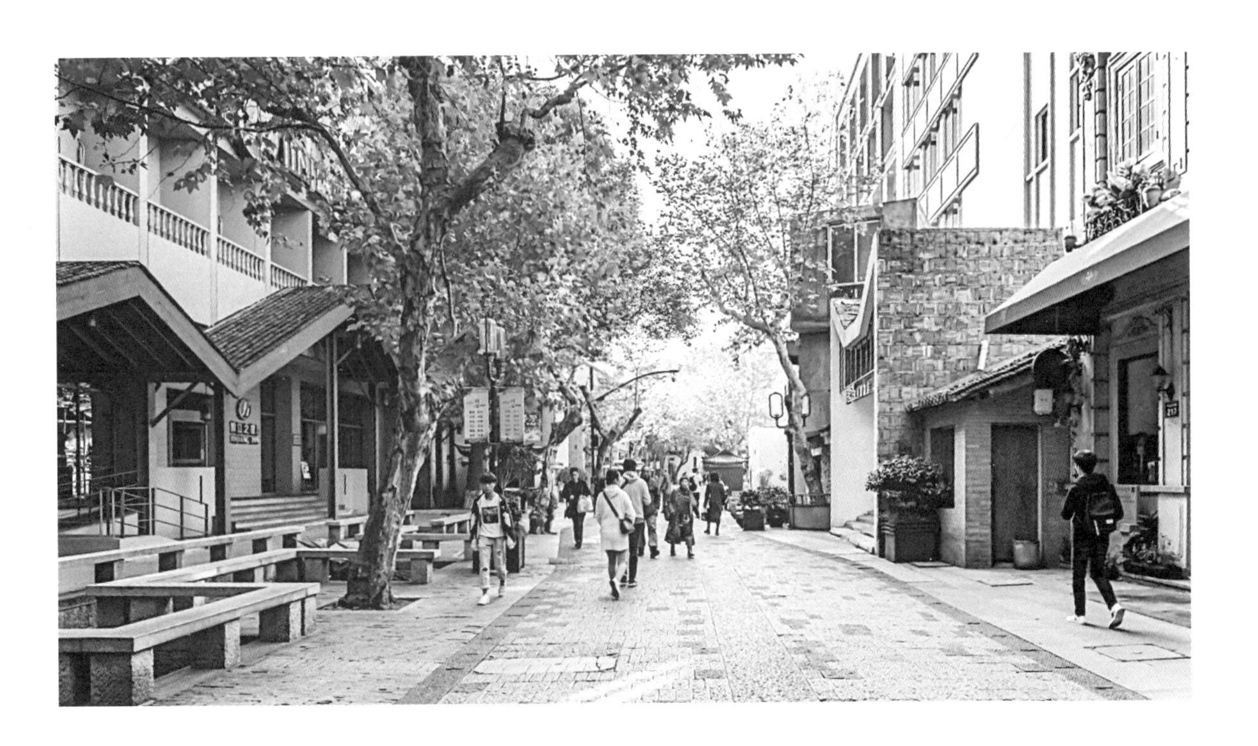

其三，产业用地转型升级。据统计，2015年杭州市区现状工业用地为171.61平方千米，呈现“大集中、小分散”的空间布局形态，是杭州实体经济发展的空间基础。[1]为盘活低效建设用地、优化产业发展空间、推动产业转型升级，杭州市开展了多项工作，包括打造创意园、“特色小镇”建设、城市产业空间布局及相关专项的规划研究、产业发展单元规划编制、多项支持产业用地转型升级的相关政策制定等。

其四，特色小镇建设。特色小镇是对城市粗放型产业空间再利用的一种方式，助力城市转型升级，是实现城市更新的重要途径。特色小镇目前仍然处于经验积累和路径探索阶段，涉及的主要是“小规模存量”部分，但其代表了治理模式的一种转型升级方向（图2-2-12）。

其五，老旧小区更新。由于老旧小区建成时间早，原建设标准不高，在配套功能、居住环境、长效管理机制等方面存在诸多短板，与居民对美好生活的向往有较大差距，居民要求改造的意愿十分强烈。2019年的《政府工作报告》中提出城镇老旧小区量大面广，要大力进行改造提升，更新水电路气等配套设施，随后国务院常务会议也部署了老旧小区的改造工作。杭州紧跟中央号召，同年发布了《杭州市老旧小区综合改造提升工作实施方案》等政策，并配套出台了《杭州

图2-2-12 杭州云栖小镇

1 数据来源：杭州市人民政府. 杭州市信息经济发展规划（2015—2020年）[EB/OL].（2015-12-04）[2024-06-16]. https://www.hangzhou.gov.cn/art/2015/12/4/art_1228974780_13935419.html.

市老旧小区综合改造提升技术导则（试行）》，积极推动老旧小区的升级改造，促进人居环境的高质量转型发展。

2.2.3 杭州政策与建设实践

（1）“四位一体”为引领的城市道路有机更新

2002年以来，杭州坚持通过“道路有机更新”推动道路沿线环境综合整治、自然和人文生态保护、城中村改造、新农村建设、土地开发利用以及“四化”长效管理，坚持城市快速路、主次干道、支小路、背街小巷“四位一体”，先后实施“33929”（33条道路、9座桥、2个隧道和9个入城口）“三口五路”“一纵三横”“五纵六路”“两口两线”“背街小巷”等一系列道路建设及整治工程（图2-2-13），加快城市路网建设，推广TOD交通模式，规划建设地下铁路并取得了显著的成效（表2-2-2）。

图2-2-13 杭州市博奥路南伸改造

杭州市城市道路更新相关建设文件 表2-2-2

发布时间	文件名称	主要内容
2004年	《杭州市人民政府办公厅转发市建委市城管办关于加强“三口五路”及街容达标示范路长效管理工作实施意见的通知》	城市洁化：环境卫生全天保洁覆盖率（含人行道）达到95%，道路（含人行道）市政设施完好率、覆盖率达到98%； 城市绿化：绿地泥土裸露率低于2%，绿化成活率达到98%； 城市亮化：公共照明亮灯率达到98%，店牌店招完好率达到98%，重大节日和双休日晚景观亮灯率达到98%； 城市序化：道路两侧消除“十乱”（乱搭乱建、乱吊乱挂、乱堆乱放、乱贴乱画、乱笃乱停）和“两摊”（倚门设摊、违章占道设摊）现象

续表

发布时间	文件名称	主要内容
2005年	《杭州市人民政府办公厅关于实施背街小巷改善工程的若干意见》	背街小巷改善应与架空线上改下或多杆合一、截污纳管、低洼积水治理、平改坡、精品小区建设、拆违、公交优先、交通改善、解决“两难”问题、商业广告、路牌及城市家具设置、无障碍设施整治、市政设施改善和配套等专项计划相结合（原有专项计划政策不变），力争以有限资金发挥最大效益
2005年	《杭州市人民政府办公厅关于印发杭州市区一纵三横道路综合整治工程实施方案的通知》	整治内容为道路平面结构布局调整、交叉口渠化、行人（自行车）地下过街设施设置、交通标志标线整治、智能交通设施设置、公交港湾式停靠站改造、公交电车线调整、建筑立面整治、城市家具统一配置以及亮化、绿化、广告、店招店牌整治和架空线“上改下”等

（2）“山水共荣”为引领的生态景观有机更新

针对自然人文景观的有机更新，自2002年以来，杭州政府采取了一系列重大措施，实施了西湖综合保护、西溪湿地综合保护和“一湖三园”建设等项目，探索出了一条独特的自然人文景观更新之路。为了实现“保护西湖、申报世遗”的目标，杭州连续七年实施了西湖综合保护工程，并连续六次推出“新西湖”项目。此外，围绕打造国家湿地公园的目标，杭州政府连续六年实施了西溪湿地综合保护工程。同时，杭州还结合举办2006首届中国杭州世界休闲博览会的机会，实施了湘湖保护与开发工程，成功建成了“一湖三园”，即浙江湘湖旅游度假区和杭州世界休闲博览园、杭州东方文化园、杭州世界休闲风情园，并成功举办了2006首届中国杭州世界休闲博览会。

为彰显“五水共导”的城市特色，杭州先后实施了运河（杭州段）综合整治与保护开发、市区河道综合整治与保护开发两大工程，以“河道有机更新”带动了整治、保护、改造、建设、开发和管理的全面推进，探索出了一条新的城市有机更新之路。通过连续7年的运河综合整治与保护开发工程，杭州政府不断强化了运河的生态、文化、旅游、休闲、商贸和居住“六大功能”，并先后两次推出“新运河”，使运河的生态环境和城市面貌得到了显著改善（图2-2-14）。

此外，杭州政府还按照“流畅、水清、岸绿、景美、宜居、繁荣”的目标，对市区河道进行了综合整治与保护开发，通过河道有机更新带动了周边环境的改善和城市的发展。这些工程的实施，不仅彰显了杭州“五水共导”的城市特色，也推动了城市的有机更新和新陈代谢，为杭州打造了众多世界级的旅游景点和休闲胜地，进一步提升了城市形象和国际影响力（表2-2-3）。

图2-2-14 京杭大运河（杭州段）改造

杭州市生态景观更新相关建设文件 表 2-2-3

发布时间	文件名称	主要内容
2014年	《杭州“五水共治”三年行动计划》	以系统治理为导向，坚持以“水清、流畅、岸绿、景美、宜居、繁荣”为整治目标，旨在通过治理污水、防洪水、排涝水、保供水和抓节水等工作，推动资源节约型和环境友好型的发展道路，实现人与水的和谐共处
2015年8月	《杭州市人民政府办公厅关于印发杭州市“两路两侧”“四边三化”问题专项整治实施方案的通知》	“四边三化”，即是对公路边、铁路边、河边、山边等区域的洁化、绿化、美化专项行动；通过对“两路两侧”“四边三化”存在问题的整治，在2015年年底前全面解决“两路两侧”脏乱差问题，显著提升洁化、绿化、美化水平，明显改善城市环境面貌；通过建立和落实长效管理机制，巩固整治成果、防止问题反弹，把公路、铁路沿线打造成环境优美的景观带、风景线和生态走廊

（3）“多方参与”为引领的历史街区有机更新

杭州于1982年被列入全国第一批公布的历史文化名城，至2003年已设立重点保护的历史文化街区10处，并拟推需要保护的历史文化街区13处。2003年，杭州市十届人大常委会第十一次会议审议通过《杭州历史文化名城保护规划》，次年起，杭州市出台了《杭州市历史文化街区和历史建筑保护办法》《杭州市历史文化街区和历史建筑保护办法实施细则》《杭州市人民政府关于加强我市历史文化遗产保护的实施意见》等辅助保护规划的实施。

杭州市政府以危旧房改造工程为抓手，于1999年10月通过居民外迁全面保护了清河坊历史文化街区，实施了大量的历史文化街区（地段）的保护和更新整治工程。自2005年的小河直街历史文化街区保护工程开始，政府实行了“鼓励外迁、允许自保”的政策，探索形成了政府、市场、居民等多方共同参与的保护模式，这一政策在之后的五柳巷、拱宸桥西、留下、中山路等历史街区的保护实施中得以延续和发展。

在历史文化名城保护理念的引导下，政府强调以遗产保护带动城市的更新改造，提升区域发展价值。以桥西历史街区为例，政府在更新改造中发挥着关键性的主导作用，以避免纯市场化运作的短期行为对街区有价值的历史风貌产生破坏（图2-2-15）。具体做法是由政府出资，动员住户全部搬迁，住户自愿回迁，最大限度地保留地方原有的“老街小巷”文脉与居民关系。在对桥西历史街区的功能利用方面，形成了圈层式的保护利用结构：核心内圈层功能以城市公共服务为主，对工业遗产建筑进行功能置换，建设了中国伞博物馆、扇博物馆、刀剪剑博物馆等一系列博物馆群，留存人文气息，突出公益性；中间圈层为商业圈层，即以工业遗产为核心，形成商业综合体、商业街区，提升周边城市区域土地价值，如以运河船厂为核心，打造了以影视文化为主题，集主题餐饮、IP体验店、时尚互动体验区为一体的运河七区商业综合体；外圈层即产业圈层，以历史街区周边地区的联动发展，塑造特色业态品牌（如中医养生集聚区），带动更大范围的都市产业提升。

在老街老巷的保护更新方面，杭州按照“洁化、绿化、亮化、序化”和“人

图2-2-15 杭州桥西历史街区实景

性化、人文化”的要求，实施背街小巷改善工程，并全面启动危旧房改善工程，为城市的历史文化遗产保护和城市环境改善做出了积极的贡献。此外，还开展了较大规模的历史文脉保护及配套的空间治理措施，如拱宸桥西搬迁与小河直街、北山街、大兜路历史街区改造湖滨综合整治二期等工程（表2-2-4）。

杭州市历史街区更新相关建设文件　　表2-2-4

发布时间	文件名称	主要内容
2005年1月25日	《杭州市历史文化街区和历史建筑保护办法》	①历史文化街区和历史建筑的保护，应当遵循统一规划、分类管理、有效保护、合理利用、利用服从保护的原则； ②市规划行政主管部门负责历史文化街区和历史建筑的规划管理工作； ③各级人民政府应当加强对历史文化街区和历史建筑保护工作的领导，动员各种社会力量参与历史文化街区和历史建筑的保护工作，将历史文化街区和历史建筑保护工作纳入国民经济和社会发展规划以及城市总体规划，并提供必要的政策支持和经费保障； ④市、区人民政府设立历史文化街区和历史建筑保护专项资金，用于历史文化街区和历史建筑的保护
2007年6月22日	《杭州市人民政府办公厅关于加强杭州市历史文化街区历史建筑保护和危旧房改善工作的若干意见》（杭政办〔2007〕31号）	①历史文化街区、历史建筑保护和危旧房改善坚持保护优先、改善为主，坚持市区联动、以区为主，坚持多元筹资、共同负担； ②被搬（拆）迁人选择货币补偿且不需搬（拆）迁单位提供安置房源的，搬（拆）迁单位可以给予被搬（拆）迁房屋价值5%~10%的奖励，具体奖励标准由各项目单位根据实际情况自行确定； ③被搬（拆）迁房屋建筑面积小于48平方米（在本市另有住房的，应一并计算）、被搬（拆）迁人选择货币补偿且不需搬（拆）迁单位提供安置房源的，原房屋建筑面积部分按照评估价给予货币补偿，原房屋建筑面积与48平方米建筑面积差额部分凭有房证明或购房发票按评估单价的70%~90%进行货币补贴，货币补贴后，搬（拆）迁单位应将相关货币补贴资料报市住房制度改革领导小组办公室备案
2014年2月27日	《杭州市人民政府关于印发杭州市历史文化街区和历史建筑保护条例实施细则的通知》（杭政函〔2014〕26号）	历史建筑的维护与修缮工程，根据其修缮的范围和内容分为五类： ①应急抢修工程，指因历史建筑突发危险或濒危，或保护责任人不明等原因，为确保历史建筑的安全而采取的临时加固、排危措施； ②日常养护工程，指对历史建筑进行的日常的、有周期性的、不改动历史建筑现存结构形式、内外部风貌、特色装饰的保养维护工程； ③局部整修工程，指因风貌保护、结构安全或功能使用需要，对历史建筑内、外部风貌，主体结构或特色构件等进行的局部加固补强、修补拆换、装饰装修工程； ④全面整治工程，指对历史建筑主体、附属设施及周边环境进行的以恢复历史建筑整体风貌、合理使用为目的的全面的、保护性修缮整治工程； ⑤迁移保护工程，指因公共利益需要进行建设活动，对历史建筑无法实施原址保护、必须迁移异地保护的工程
2019年7月10日	《仇保兴代市长谈杭州历史文化继承和发展》	杭州作为我国第一批审批的历史文化名城，应比其他的历史文化名城更加重视历史文化的继承和发展。从建设上，一是历史文化名城古老的风貌与现代文明要高度协调。二是地方特色文化与国际流行文化应该相协调。建筑是文化的凝聚，既要反映地方特色的吴越文化，又要与国际接轨，符合现代的审美观。对本地区的特色文化来说，应是重在历史，重在文化，重在特色，重在保护。 古都风貌应有三个层次来进行保护：第一个层次是绝对保护区，不仅仅是保护几座古建筑，更重要的是保护整个区域。第二个层次是风貌保护区，其范围一直延伸到西湖、灵隐及其周围全部风景区，以及古城遗址。适当恢复改装已建的建筑，分流控制过分拥挤的人口。第三个层次是比这个范围更大的风貌控制区，从古城到现代化的城区之间形成风貌过渡地带

总体而言，较之其他区域，历史街区的更新较为复杂，需要达到的是统筹核心区职能保障、老城整体保护与改善人居环境的综合绩效目标。杭州的实践探索表明，要破解这一难题，必须妥善处理好国家、市场与社会三者之间的关系，以区级政府为主体，积极争取上级政府支持，引入市场机制，激发社会活力，着眼于街区保护和发展的长效机制，构建多元治理体系。

（4）“特色小镇”为引领的城市产业有机更新

2014年，浙江省率先在全国建设特色小镇，将其作为驱动城市产业创新发展的重要载体，实现城市更新的目标。2015年10月，《中共中央关于制定国民经济和社会发展第十三个五年规划的建议》中明确提出加快培育中小城市和特色小镇。“特色小镇”在全国范围内引起建设热潮。

杭州市分批次持续建设大量地域特色鲜明、历史文化气息浓厚、生产生活功能齐全的特色小镇。大批特色小镇的出现为经济产业转型升级增添动力，同时，众多优势企业投资入驻，为地区创新创业提供支持。为推动特色小镇高质量发展，杭州市发展和改革委员会起草了《关于促进杭州市特色小镇高质发展的实施意见》，旨在打造一个具有强大产业竞争力的特色小镇体系，营造一个充满创新创业活力的环境，并在功能规划和生产要素融合的基础上，建立一个具有强大辐射推动力的特色小镇示范区。经过多年的实践，杭州市积累了数量众多的特色小镇实践建设成果，截至2020年，共有省级特色小镇4个，市级特色小镇53个，其中，西湖云栖小镇、余杭梦想小镇等成为特色小镇建设的全国样板（图2-2-16）。

图2-2-16 杭州梦想小镇特色小镇实景

然而，在特色小镇发展规模迅速扩大的同时，不可避免地出现部分特色小镇在规划建设过程中与当地资源、特色产业结合得不够紧密，丧失自身特色，大多小镇照搬套用成功小镇的建设经营经验，导致缺乏地域扎根性等问题。为此，国家发展改革委于2018年发布关于特色小镇高质量发展机制的通知，指出特色小镇应努力实现高水平、高标准和高质量发展。2021年，杭州市政府根据《国务院办公厅转发国家发展改革委关于促进特色小镇规范健康发展意见的通知》（国办〔2020〕33号）等文件，结合杭州具体发展情况，制定了《杭州市促进特色小镇高质量发展实施方案（2021—2023年）》，以促进特色小镇健康可持续发展，全力打造产业更有特色、创新技术更强、体制建设更优、建设形态更美的2.0版特色小镇，为全国特色小镇建设与发展提供现实参考（表2-2-5）。

随着小镇发展进入转段迭代的关键期、高质量发展的新阶段，要求我们从增量思维转向存量思维，从“重数量”转向“重质量”，从“重创建”转向“重运营”。杭州将持续推进特色小镇高质量发展，促进老旧厂房、低效产业园区、老旧低效楼宇提质增效，为杭州产业结构优化升级注入强劲动能。

杭州市城市产业更新相关建设文件　表2-2-5

发布时间	文件名称	主要内容
2015年	《杭州市人民政府关于加快特色小镇规划建设的实施意见》（杭政函〔2015〕136号）	①产业定位：每个特色小镇要根据杭州市“一基地四中心”的城市定位和支撑浙江省未来发展的七大产业，聚焦信息经济、旅游休闲、文化创意、金融、健康、时尚、高端装备制造、环保等重点产业，兼顾茶叶、丝绸等历史经典产业以及地域特色产业，并选择一个具有当地特色和比较优势的细分产业作为主攻方向，使之成为支撑特色小镇未来发展的大产业，鼓励各区、县（市）重点发展以制造类、研发类产业为主体的特色小镇； ②规划引领：每个特色小镇要按照节约集约发展、多规融合的要求，充分利用现有区块的环境优势和存量资源，合理规划产业、生活、生态等空间布局，规划区域面积一般控制在3平方公里左右，核心区建设面积控制在1平方公里左右为宜，鼓励有条件的小镇建设3A级以上景区，旅游产业类特色小镇要按5A级景区标准建设； ③投资效益：坚持高强度投入和高效益产出，每个特色小镇均要谋划一批新的建设项目，市级特色小镇3年内固定资产投资一般应达到30亿元以上（不含商品住宅和公建类房地产开发投资），金融、文创、科技创新、旅游等产业以及茶叶、丝绸等历史经典产业类特色小镇投资额可适当放宽，县（市）级特色小镇投资额完成期限可放宽到5年，申报省级特色小镇的投资额原则上提高到50亿元

续表

发布时间	文件名称	主要内容
2021年	《杭州市促进特色小镇高质量发展实施方案(2021—2023年)》	聚焦五大领域，以产业基础高级化、产业链现代化为总方向，将特色小镇2.0版打造成为高能级产业集群和创新创业平台。 ①打造高能级产业集群，以示范应用延长产业链条，以数字赋能培育新业态新模式，以龙头引领培养企业梯队，以产业生态推动产业集聚； ②打造高水准创新创业主平台，支持特色小镇建设制造业创新中心、产业创新服务综合体，构建创新创业生态服务圈，精准掌握特色小镇产业链人才需求，大力引进国际国内顶尖人才和团队； ③打造高能级辐射带动平台，推广“数字+制造”“孵化+转化”“金融+实体”“创意+传统”等多种模式，推动特色小镇品牌和服务输出，提升内外开放水平； ④打造高品质“三生融合”空间，推动用地集约，支持特色小镇优先纳入下一轮国土空间规划编制，塑造特色小镇整体新风貌，围绕15分钟生活圈，完善生活配套； ⑤打造高效能精准服务样板，针对各地加强政策扶持和精准服务的诉求，提出全面加强规范管理，提升管理水平，严格考核淘汰机制，坚决淘汰一批质效低、发展预期差的特色小镇，对已验收和年度考核合格的特色小镇，其新增财政收入市级留存部分，在原有“三免两减半”政策基础上，扶持年限再延长3年

(5)“未来社区”为引领的老旧小区有机更新

2019年启动老旧小区改造至今，杭州累计出台实施意见、党建引领、资金管理、综合考评、绩效评价、工程审批、开竣工管理、现场管理、管线迁改等40余项，建立了一整套实施机制，保证了老旧小区改造顺利有序高效推进(表2-2-6)。近年来，杭州进一步加强城镇老旧小区改造项目建设管理和工地文明施工规范，进一步明确了各方责任和细节流程，构建“五个一”现场推进体系，规范“五个阶段”的项目推进要求，推动老旧小区改造全过程的动态化管理，有效提升项目规范管理水平，切实将旧改各类问题化解在萌芽阶段，做到一般问题不出街道、突出问题不出区、县(市)。

截至2023年底，全市旧改小区已累计盘活行政事业单位、国有企业存量用房324处，面积9.6万平方米，新增养老托幼、文化活动等公共服务场地13.51万平方米。[1]旧改工作开展以来，全市旧改小区新增停车位19368个、序化停车位27117个，完成垃圾投放点及分类设施改造1478个，完成架空缆线上改下875千米、水

1 数据来源：澎湃新闻. 国家发展改革委发布最新经济政策[EB/OL].(2023-06-14)[2024-06-16]. https://www.thepaper.cn/newsDetail_forward_23537545.

杭州市老旧小区更新相关建设文件 表 2-2-6

发布时间	文件名称	主要内容
2019年3月	《关于扎实推进全市老旧小区设施增配改造工作的通知》(杭消安委办〔2019〕9号)	将消防车通道、消防给水管网、电气线路、消防设施(器材)配置、电动自行车管理、微型消防站等作为重点整治内容
2019年7月	《杭州市老旧小区综合改造提升技术导则(试行)》	以完善基础设施为切入点，统筹考虑“水、电、路、气、消、垃”等内容，适度提升公共空间，增加配套设施，营造平安、整洁、舒适、绿色、有序的小区环境，达到“六个有”目标，即有完善的基础设施、有整洁的居住环境、有配套的公共服务、有长效的管理机制、有特色的小区文化、有和谐的邻里关系，市民群众的获得感、幸福感、安全感明显增强
2019年8月	《杭州老旧小区综合改造提升四年行动计划(2019—2022年)》	通过综合改造提升，打造更多“六有”宜居小区，即有完善设施、有整洁环境、有配套服务、有长效管理、有特色文化、有和谐关系，使市民群众的获得感、幸福感、安全感明显增强
2019年8月	《杭州市人民政府办公厅关于印发杭州市老旧小区综合改造提升工作实施方案的通知》(杭政办函〔2019〕72号)	以《杭州市老旧小区综合改造提升技术导则(试行)》为指引，实施“完善基础设施、优化居住环境、提升服务功能、打造小区特色、强化长效管理”等5方面的改造，重点突出综合改造和服务提升；对影响老旧小区居住安全、居住功能等群众反映迫切的问题，必须列入改造内容，确保实现小区基础功能；结合小区实际和居民意愿，实施加装电梯、提升绿化、增设停车设施、打造小区文化和特色风貌等改造，落实长效管理，提升小区服务功能；加大对老旧小区周边碎片化土地的整合利用，可对既有设施实施改建、扩建，对有条件的老旧小区，可通过插花式征迁或收购等方式，努力挖潜空间，增加养老幼托等配套服务设施
2020年3月	《关于进一步做好老旧小区综合改造提升有关工作的通知》(杭旧改办〔2020〕1号)	在《杭州市老旧小区综合改造提升技术导则(试行)》的基础上，推进既有住宅电梯加装、小区智慧安防、应急防控、5G基础设施建设，及加强旧改文明施工管理等工作，努力提升人民群众的获得感和幸福感。 在意见征求阶段，做好居民意见、建议的征集，摸清居民改造需求，取得居民的理解支持。在项目方案设计及联合审查阶段，加强与公安、民政、卫健、邮政、信息数据、房管、生态环境、通信运营商、铁塔公司等相关单位的沟通对接，统筹考虑考虑电梯加装、5G基础设施建设、智慧安防、应急防控能力等各单项工作，尽可能将各方建设需求统一纳入改造，力争做到“综合改一次”。在项目实施阶段，要统筹建设时序，做好相关改造内容的有机衔接，尽量减少对居民生活的影响
2021年1月	《杭州市老旧小区住宅加装电梯管理办法》	老旧小区住宅需要加装电梯的，申请人应当征求所在单元全体业主意见，经本单元建筑物专有部分面积占比三分之二以上的业主且人数占比三分之二以上的业主参与表决，并经参与表决专有部分面积四分之三以上的业主且参与表决人数四分之三以上的业主同意后，签订加装电梯项目协议书；拟占用业主专有部分的，还应当征得该专有部分的业主同意；老旧小区住宅加装电梯应当坚持因地制宜、安全适用、经济美观、风貌协调的原则，尽量减少对底层住宅以及相邻建筑的不利影响，尽量减少对小区公共道路和绿地绿化的占用，不得侵占城市主要道路，不得影响城市规划实施，不得增加或者变相增加与加装电梯无关的空间

续表

发布时间	文件名称	主要内容
2022年2月	《杭州市人民政府办公厅关于全面推进城镇老旧小区改造工作的实施意见》(杭政办函〔2022〕10号)	主要采取综合整治模式，按照《杭州市老旧小区综合改造提升技术导则(试行)》要求，实施基础设施、居住环境、服务功能、小区特色、长效管理等5方面的改造，重点满足居民基本生活需求和生活便利需要，丰富社区服务供给；加强智慧安防小区建设，提升改造小区安防设施；积极推进相邻小区及周边地区联动改造，加强公共服务、公共空间共建共享，充分融入未来社区场景，加快构建社区生活圈；积极探索拆改结合模式，对房屋结构安全存在较大隐患、使用功能不齐全、适修性较差的城镇老旧小区，坚持发挥居民主体作用，按照自愿有偿、规划补缺的原则，在符合国土空间规划和相关规范的前提下，可对部分或全部房屋依法进行拆除重建

气管网改造1064千米、智慧安防小区改造527个。[1]同时，逐步完善“5—10—15分钟”公共服务圈，新增新能源汽车充电桩966个、电动自行车充电桩21281个，加装电梯1403部(预留加梯位2348个)，完成无障碍及适老性设施改造4012处，确保老旧小区改造项目真正符合民生需求导向、切实提高居民生活品质(图2-2-17)。[2]

2019年1月，浙江省《政府工作报告》提出“未来社区”创新理念，其被视为继特色小镇之后浙江“十三五”期间最具比较优势、最能带动旧城全局更新、

图2-2-17 杭州临平区东湖公寓实景

1 数据来源：杭州市人民政府．杭州市“十四五”时期高质量发展规划［EB/OL］.(2021-12-02)［2024-06-16］. https://www.hangzhou.gov.cn/art/2021/12/2/art_812269_59045382.html.

2 数据来源：杭州市政协．杭州市政协2023年度工作总结［EB/OL］.(2023-12-26)［2024-06-16］. https://www.hzzx.gov.cn/cshz/content/2023-12/26/content_8665659.htm.

最具创新意识的老旧小区改造的重大创新举措之一。未来社区是以人民美好生活向往为中心，聚焦人本化、生态化、数字化三维价值坐标，以和睦共治、绿色集约、智慧共享为内涵特征，突出高品质生活主轴，构建以未来邻里、教育、健康、创业、建筑、交通、低碳、服务和治理等九大场景创新为重点的集成系统，打造有归属感、舒适感和未来感的新型城市功能单元。2019年6月27日，浙江省发展和改革委员会公布了首批24个未来社区试点创建项目建议名单，杭州有7个。未来社区试点项目以改造更新类为主，选取20世纪70年代至90年代的老旧小区，鼓励采取全拆重建和插花式改（修）建等方式进行改造。

在全域推进未来社区建设中，杭州提出以人民对美好生活的向往为中心，以公共服务普惠共享为重点，以特色文化彰显为内核，以数字赋能为引擎，致力打造高质量发展、高标准服务、高品质生活、高效能治理、高水平安全的共同富裕现代化基本单元。为此，杭州在《关于高质量全域推进未来社区建设的实施意见》中提出多条原则，如盘活社区资源，构建创业就业服务体系和新型社区慈善互助体系；以5~15分钟公共服务圈为服务半径，完善社区公共服务配套；重点关注“一老一小”等重点人群，极力解决群众急难愁盼问题；着力推进社区长效运营模式，建立全覆盖的物业管理和健全的社区治理机制，以社区经济反哺社区公共服务改造提升等（表2-2-7）。到2023年底，杭州市已累计创建未来社区300个以上、覆盖不少于20%的城镇社区，受益居民超过250万人，累计建成未来社区100个（其中省级项目62个），建成数量与质量蝉联全省地市首位（图2-2-18）；到2025年底，全市预计将创建未来社区约500个、覆盖约40%的城镇社区。[1]

通过充分发挥老旧小区地理位置优越、人文底蕴较好等优势，杭州竭力打造“有完善设施、有整洁环境、有配套服务、有长效管理、有特色文化、有和谐关系”的“六有”宜居小区，努力将老旧小区建成杭州争当浙江高质量发展建设共同富裕示范区城市范例的鲜活样板。未来，杭州将积极探索老旧小区长效管理新方法新路径，不断完善社区治理新举措新模式，不断“改”出群众满意度、幸福感。

（6）“大事件”为引领的风貌提升有机更新

成功的城市事件可以让城市在短期内发生嬗变，极大地促进当地社会经济的发展，实现城市功能复兴与竞争力的提升。党的十八大以来，G20峰会、亚运会等重

1 数据来源：澎湃新闻. 重大项目落地，推动区域经济发展［EB/OL］.（2023-06-01）［2024-06-16］. https://www.thepaper.cn/newsDetail_forward_23979389.

杭州市未来社区建设相关政策文件 表 2-2-7

发布时间	文件名称	主要内容
2019年12月	《杭州市人民政府办公厅关于高质量推进杭州市未来社区试点建设的实施意见》	完善社区居民24小时生活服务供给，一般按每百户不少于100平方米的标准落实社区配套用房面积比例，鼓励邻里中心一站式集约配置服务空间，建立未来社区公共文化空间等建设标准化体系； 未来社区作为数字经济“一号工程”创新落地单元，优先推广物联网、大数据、第五代移动通信技术（5G）等新一代信息技术应用，落实未来社区实体建设和数字建设孪生理念，实行基层事务数字化、精益化统筹管理； 支持成立或引进连锁机构进行社区相关服务标准化管理，优化运营机制，有关公共设施可通过产权移交、授权委托等方式由政府部门和专业机构统一维护管理，鼓励采取特许经营权等方式，积极引进社区综合能源供应商，创新应用装配式超低能耗建筑，加快探索形成产业联盟支撑的可持续建设运营模式； 加快推广应用社区信息模型（CIM）平台，集成数字化规划、设计、征迁、施工运营、维护管理，汇集各阶段数字资产数据，提升试点项目建设质量和效率，加快建设应用社区智慧服务平台，实行全过程供应链数字管理，探索社区居民依托平台集体选择有关配套服务，探索“时间银行”等养老模式，推广“平台+管家”物业服务模式，鼓励共享停车，推进社区智慧安防建设
2021年6月	《“百社示范、千社提升”未来社区创建工作方案》	以推动人的全面发展和社会的全面进步为出发点，聚焦人本化、生态化、数字化三维价值坐标，以和睦共治、绿色集约、智慧共享为内涵特征系统营造未来社区场景建设，深度融合数字经济、城市大脑、创新创业等特色优势，高质量推进杭州市未来社区建设，形成更具宜居性、未来感、可持续的杭州市未来社区特色范式，努力打造引领全省的未来社区杭州样本； 深刻把握未来社区是绿色低碳智慧的“有机生命体”、宜居宜业宜游的“生活共同体”、资源高效配置的“社会综合体”，以及数字社会城市基本功能单元系统的内涵特征，坚持四个属性，科学有序推进未来社区创建
2021年7月	关于印发《杭州市已建成住宅小区居家养老服务用房配建工作方案》的通知	坚持以人民为中心的思想，构建完善居家社区机构相协调、医养康养相结合的养老服务体系，有计划、有步骤地推进已建成住宅小区居家养老服务用房配建工作；其中，已建成住宅小区按照服务圈内每百户建筑面积不少于二十平方米、每处不少于二百平方米的标准集中配置；新建的住宅小区按照每百户（不足百户的按百户计）建筑面积不少于三十平方米、每处不少于三百平方米的标准集中配建
2023年7月	《杭州人民政府办公厅关于高质量全域推进未来社区建设的实施意见》	工作目标：探索全域高质量推进未来社区建设和运营的“杭州模式”，总结形成一批可复制可推广的“杭州经验”，交出一份共同富裕现代化基本单元建设的“杭州答卷”，让未来社区成为有归属感、舒适感、未来感的新型城市功能单元，成为共同富裕和省域现代化“两个先行”的标志性成果，成为杭州全民可及、全域可见的普遍形态； 重点工作：通过高起点构建规划体系、高质量推进项目建设、高水平开展运营服务、高效能实现整体智治、高标准完善政策支撑等五大重点工作，以未来社区创建三年行动计划、年度建设计划推动“三化九场景”为标志的优质公共服务设施，从局域供给向全域覆盖布局；重点聚焦“一老一小”、党建智治，达到基本公共设施完善、便民商业服务设施健全、市政配套基础设施完备、公共活动空间充足、物业管理全覆盖、社区管理机制健全的建设标准要求；新建类、旧改类未来社区分类优化建设审批流程、评定流程，充分发挥杭州数字赋能特长，建立多元化资金筹措机制，合法合规优化社区公共服务和普惠服务空间配置

图2-2-18 杭州杨柳郡未来社区实景

大事件的举办，“三改一拆”、城乡风貌整治、未来社区、共同富裕示范区等相关重大政策的出台，对于杭州的城市发展和更新起到了长远性、全局性的推动作用。

“三改一拆”和小城镇环境综合整治

2013年年初，在“八八战略”和“绿水青山就是金山银山”理念的指引下，浙江省委、省政府着眼于破解发展难题、创造发展空间、厚植发展动力，以“改造旧住宅区、旧厂区、城中村，拆除违法建筑”为抓手，掀起了“三改一拆”和小城镇环境综合整治行动，推进提升城乡环境品质、优化城乡空间布局、改善城乡居民的居住条件（表2-2-8）。

杭州市环境整治相关建设文件 表2-2-8

发布时间	文件名称	主要内容
2012年	《杭州市人民政府办公厅关于印发杭州市“三改一拆”三年行动计划（2013—2015）的通知》	以党的十八大精神为指导，围绕打造东方品质之城、建设幸福和谐杭州的总体目标，坚持突出重点、改拆结合、以拆为主、统筹推进的总体思路；以旧住宅区、旧厂区和城中村改造促进违法建筑拆除，以拆除违法建筑推动旧住宅区、旧厂区和城中村改造；通过三年努力，全面推进旧住宅区、旧厂区和城中村改造，拆除违法建筑，遏制违法建筑行为
2016年	《市委办公厅 市政府办公厅关于印发2016—2019年杭州市小城镇环境综合整治行动实施方案的通知》	力争用3年时间完成全市149个乡镇（集镇、街道）的环境综合整治任务，改善环境质量，增强服务功能，提高管理水平，使小城镇成为人们向往的幸福家园；整治行动分为四个阶段实施，包括抓机制、树样板，抓推进、求突破，抓提升、出成效，抓巩固、强管理；到2019年12月底前，各类整治项目全部完成，各项目标任务全面实现，脏乱差现象全面消除，全市乡镇（街道）全面通过考核验收

杭州深入贯彻以人民为中心的理念，坚持生产、生活、生态、生命“四生”理念，以拓展城市空间、推动经济转型升级、建设“美丽杭州”、改善民生作为“三改一拆”工作目标，以“无违建”创建为龙头，坚持拆旧控新、改拆结合、应拆尽拆、拆用并重，为老旧小区改造和城中村改造拆出空间，为公园广场、文化体育设施等公共设施拆出品质，为低小散企业转型升级拆出高效。

截至2018年，全市已累计完成“三改”15619万平方米，拆除违章建筑12204.8万平方米，实现土地利用率77.9%；成功创成1个“无违建县（市、区）”和5个“基本无违建县（市、区）”；新创省级卫生乡镇（街道）34个，新创市级卫生乡镇（街道）11个，完成“道乱占”整治点1万多处；“低小散”问题企业整治提升4000余家。[1]同时，全市小城镇综合整治工作逐步形成“特色乡镇+全域景区+产镇融合”的杭州模式，成效明显。全市乡镇秩序、环境面貌大幅提升，基础设施和公共服务配套得到完善，产业集聚进一步加强，居民群众获得感显著提升。

“三改一拆”和小城镇环境综合整治行动，拆出了城市发展的新空间、新平台，同时也进一步加快了杭州城市国际化进程，加速了城市有机更新和“低小散”企业提升改造。未来，杭州将继续以改促提质、以拆促新建，从有限的土地资源中挖掘广阔的发展潜力，形成政府有为、集体和村民获益、产业升级的“三方共赢”局面，夯实城乡共富基础。

G20峰会和亚运会

从G20峰会到亚运会，杭州紧紧抓住时代赋予的历史机遇，努力通过高品质硬件设施建设，提升城市软实力，精心打造一座可提供持续发展动力的“亚运之城”，秉承“人民至上”理念打造一座和谐宜居的“大美之城”。G20峰会和亚运会对杭州推进城市更新的影响体现在多个方面，它们在提升杭州城市基础设施水平的同时，还推动了城市经济、文化和社会的发展，为城市高质量发展奠定了坚实的基础。

G20峰会的举办为杭州的城市更新注入了强大的动力。为了迎接这一国际盛

1 数据来源：杭州网. 杭州市发布2018年度政府工作报告［EB/OL］.（2018-12-28）［2024-06-16］. https://hznews.hangzhou.com.cn/xinzheng/swwj/content/2018-12/28/content_7123701.htm.

会，杭州市在城市规划、基础设施建设、环境整治等方面进行了大量投入。例如，城市的道路、桥梁、隧道等交通设施得到了全面改善，为市民和游客提供了更加便捷、高效的出行条件。同时，峰会还促进了杭州在信息化、智能化等方面的建设，使得城市更加现代化、智能化（图2-2-19）。

亚运会作为一场大型国际体育赛事，对杭州的城市更新产生了深远的影响。为举办亚运会，杭州市在城市基础设施、场馆建设、环境改善等方面进行了大量投入。亚运会的场馆建设不仅提升了城市的体育设施水平，还为市民提供了更多参与体育活动的机会（图2-2-20）。同时，亚运会还推动了杭州的城市规划和空间布局的优化，使得城市的整体形象和品质得到了提升。

G20峰会和亚运会共同促进了杭州的城市经济发展。这两个盛会都吸引了大量的国内外游客和投资，为杭州带来了丰富的旅游资源和经济收益。同时，它们还推动了杭州相关产业的发展，如建筑业、旅游业、服务业等，为城市的经济增长提供了新的动力。此外，它们也提升了杭州的城市知名度和国际影响力。这两个盛会的成功举办，让更多的人了解了杭州，也让杭州在国际舞台上展现了自己的魅力和实力。这有助于提升杭州的城市形象和品牌价值，为未来的城市发展和国际合作创造了更多机会。

城乡风貌整治提升行动

城乡风貌整治提升是2003年“千万工程”、2016年小城镇环境综合整治、2019年美丽城镇建设等工作的迭代升级。2021年3月，在新时期进一步抓好城乡风貌提升的命题被提出，明确“整体大美、浙江气质”的总体目标；9月，《浙

◣图2-2-19 杭州G20峰会会场实景

◢图2-2-20 杭州亚运会场馆实景

江省城乡风貌整治提升行动实施方案》正式印发，一场从思想理念到具体行动的创新变革和精准实践在杭州全域开展。

杭州市以“自然、传统、现代、和谐”八字方针为理念引领，紧紧抓住这一提升城市发展能级的历史性机遇，将城乡风貌整治提升工作作为推动共同富裕的“试金石”、提升城市品质的“关键招”。通过系统梳理杭州山水与城市相融相生的自然风貌特征，以及吴越、南宋、运河等悠久文明与现代特色数智文化交织的人文风貌特征，结合从“西湖时代”到“钱塘江时代”再到“拥江发展时代”城市格局变迁形成的建设风貌特征，融入亚运等丰富鲜明的时代元素，提出打造“东方韵味的世界名城”和“活力创新的共富窗口”的总体定位，锚定塑造“湿地水城、诗画江南、风雅钱塘、创新天堂”的“杭州意象”整体风貌新目标。

在工作机制上，杭州坚持“一体化”实施城乡风貌整治提升行动，统筹联动推进城乡风貌样板区、未来社区、未来乡村、美丽城镇、老旧小区和绿道等城乡重要节点建设，形成以城带乡、以镇带村、处处联结的城乡一体化发展格局。同时，以“一盘棋”思维联动规资、文旅、农业农村等部门，推进城乡规划、产业发展、基础设施、公共服务、生产生活、社会管理等深度融合，加快形成“整体大美、浙江气质、杭州意象”的“大风貌”新图景（图2-2-21）。

以“风”统“貌”、以“意”绘“象”，城乡风貌整治提升既是改革创新，又是发展目标，更是民生福祉。厚植高质量发展本底，致力于有机更新和整体提升，杭州市城乡风貌整治提升行动落地见效，在高质量发展建设共同富裕现代化基本单元的实践中实现了率先破题、示范先行。

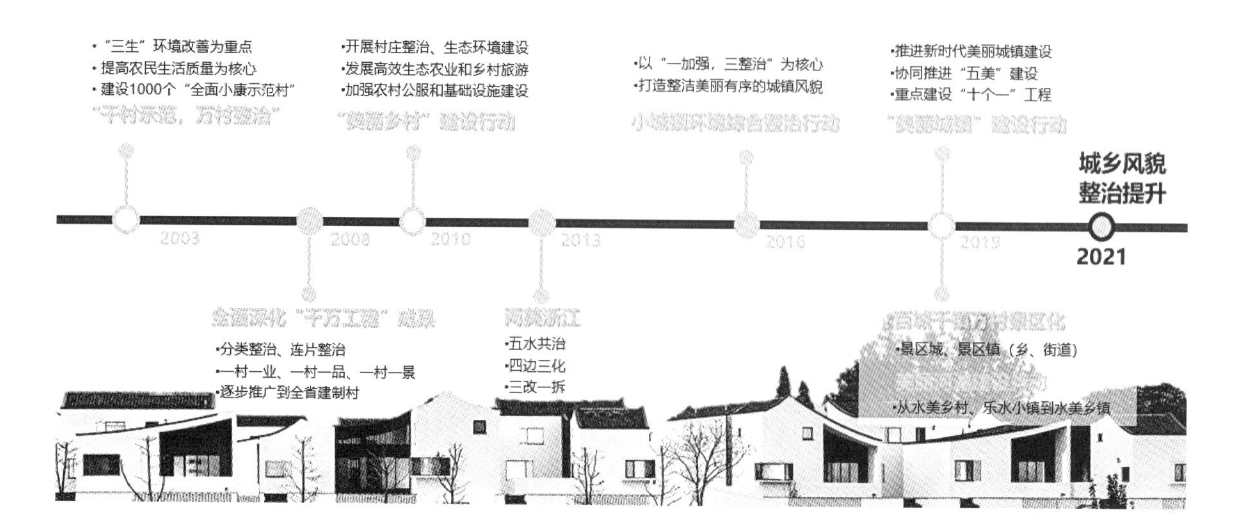

图2-2-21　美丽浙江建设历程发展图
（图片来源：中国城市规划学会城市设计分会．理论研究 | 赵栋：浙江省城乡风貌整治提升思考与实践［EB/OL］．）

在城乡风貌整治提升工作中，杭州不断探索跨地协调、抱团发展、共同富裕的路径，通过“蓝图共绘、机制共建、交通共联、产业共兴、服务共享、文化共融”“六共”机制，推出跨区、跨县、跨市风貌样板区，为全市域、全省域集成打造同一个风貌样板区夯实基础。例如杭金衢“明清古韵·浙硒莲盟”县域风貌区，地处杭州、金华、衢州三市交界处，经济社会发展相对落后，为突破发展困境，建德、兰溪、龙游三地以明清古村落文化禀赋为纽带，充分挖掘富硒土地和莲子产业两大特色资源禀赋，联动推进自然空间、历史人文空间和建筑风貌集成突破，实现环境、功能、产业、人文、治理、服务综合提升。

截至2024年，杭州累计建设65个风貌样板区试点，其中创成省级风貌样板区39个，数量位列全省第一，累计完成项目建设516个，累计投资额112.74亿元，涉及48个镇街，覆盖面积约39630.97平方公里，惠及居住人口约104.83万，服务人口约1302.44万。[1]2025年计划累计建设城乡风貌样板区125个以上，建成风貌示范点1000个以上，基本形成全市域1.68万平方公里的“杭州意象”。[2]

“十大专项”行动领航“实践跑道”

2022年1月，杭州市城乡风貌整治提升工作专班发布《全市城乡风貌“百千万”工程暨十大专项行动实施方案》，围绕可观可感的“杭州意象”风貌元素，在全省率先谋划并启动了城乡风貌“十大专项行动”，包括“邻睦睦”“老乐乐”“房整整”“路美美”等10项行动任务，把握规律、以点带面、协同发展。

着眼城乡建设实践中的痛点、难点、堵点，“十大专项”行动内容涵盖与风貌相关的方方面面。如“老乐乐”旨在加强城乡社会福利设施建设，推动社区老年服务设施（老年服务站）、老年食堂、活动中心等建设，以及特困家庭和老年群体服务长效机制形成；“房整整”则要求大力推进农房整治及庭院美化，优化生产生活生态空间，加强城乡风貌引导；“线拉拉”则要求对样板区内主干道、次干道、重要街道、重要区块等线缆进行序化美化，实现美观有序、融线入景。

1 数据来源：杭州市城乡建设委员会．杭州市人民政府办公厅关于印发《杭州市城中村改造工作实施意见》的通知［EB/OL］.（2023-01-17）［2024-06-16］．https://cxjw.hangzhou.gov.cn/art/2023/1/17/art_1692516_58916292.html.

2 数据来源：杭州市政协．市政协部署加强和改进调查研究工作［EB/OL］.（2023-03-02）［2024-06-16］．https://www.hzzx.gov.cn/cshz/content/2023-03/02/content_8482236.htm.

截至2023年底，杭州集中开展了“十大专项”行动各类项目3270个，其中开展“老乐乐”“邻睦睦”等活动1700多次，实施“路美美”“房整整”等项目780个。

公共服务场景是建设出来的，更是运营出来的。“十大专项行动”从“小切口、大场景”入手，靶向破解“老、弱、难”痛点难点，鼓励各地结合实际，抓好核心需求、个性指标落地见效，形成个性鲜明、整体协调的城乡风貌；从“精提升、强运营”入手，精准理解“以人为核心”的内涵外延，强调建设好基本单元，是基础设施与公共服务同步提升的建设，更是物质世界与精神世界共同富裕的建设，其宗旨是人的现代化，考核评价的标准就是人民群众的幸福感和获得感。

有行动出成效，也要有深度成体系。杭州将在专项行动推进过程中提炼和总结出一批可复制、可推广的优秀做法和案例，以机制创新、理论创新推进实践，力争城乡风貌提升在实践和理论层面继续全面领跑全省。

共同富裕示范区

2021年5月,《中共中央 国务院关于支持浙江高质量发展建设共同富裕示范区的意见》中，浙江省被赋予了重大使命。杭州市作为浙江省省会城市，夯基垒台、积厚成势，努力探索破解发展不平衡不充分问题的有效途径，争当浙江高质量发展建设共同富裕示范区的城市范例，实现扎实开局、良好起步。

发展是实现共同富裕的前提，共享是共同富裕的核心要求，发展和共享的可持续是实现共同富裕的保证。杭州确定以“构建共建共享公共服务体系、市域一体规划建设体系、市域高效联通交通网络体系、全域统筹保障支撑体系”等四大专项计划，为争当共同富裕城市范例提供实质性、突破性抓手（表2-2-9）。

1）共建共享公共服务体系专项计划。杭州重点破解公共服务供给不平衡问题，着力推动公共服务优质共享。专项计划包括教育、医疗、住房、社保、养老、文旅和保障措施等七个方面。如推进跨区域跨层级的名校集团化办学，鼓励市属优质高中与县（市）高中组建紧密型教育集团，推进市属优质高中建分校；优化调整省属、市属医院布局，谋划新（改）建高水平综合性医院，确保每个“星城”都有一所三级甲等综合性医院；积极推进共有产权住房，推动租购住房在享受公共服务上具有同等权利；建立提高基础养老金标准的机制，全面做实基本医

杭州市共同富裕示范区建设相关文件 表2-2-9

发布时间	文件名称	主要内容
2021年7月	《杭州争当浙江高质量发展建设共同富裕示范区城市范例的行动计划（2021—2025年）》	到2025年，城市新型空间格局持续优化，以数字化改革撬动共同富裕体制机制创新实现重大突破，区域差距、城乡差距和收入差距不断缩小，共建共享的公共服务体系、市域一体的规划建设体系、高效联通的交通网络体系、全域统筹的保障支撑体系"四大体系"更加完善，"大杭州、高质量、共富裕"的发展新局加快形成，基本达到生活富裕富足、精神自信自强、环境宜居宜业、社会和谐和睦、公共服务普及普惠，取得"先富引领、共富示范"的阶段性标志性成果
2021年12月	《关于推进民政事业高质量发展打造共同富裕示范区城市范例民政样板行动方案（2021—2025年）》	持续高水平打造精准保障、和谐治理、温暖城市、幸福养老、移风易俗、智慧民政"六大示范区"，到2025年，构建形成制度衔接、部门合力、社会参与、智慧高效的"助共体"，新时代"1+8+2"大救助体系更加成熟定型；构建形成以"邻里中心"为载体、"五社联动"为抓手的"社共体"，党组织领导下的城乡社区治理制度更加健全；构建形成人人参与、人人可为、人人有为的"益共体"，温暖城市示范区建设全面成形；构建形成以"家门口养老"为特质、以"颐养社区"多元融合为载体的"养共体"，具有杭州特色的大养老服务体系基本建成；构建形成多样群体覆盖、社会力量参与的"帮共体"，基本社会服务能力走在全国前列；构建形成政府主导、居民共享、社会参与的"智共体"，便民惠民的大智治体系日臻完善

疗保险市级统筹，稳步推进社会救助均等化；着力提高核心城区养老机构水平，在每个"星城"合理布局不少于1家以护理型为主的公办养老机构；鼓励优质文化资源向"星城"拓展，建成社区文化家园800家以上、杭州书房100个以上。

2）市域一体规划建设体系专项计划。杭州重点破解市域空间失衡，着力加强市域规划统筹，打造高品质建设新空间，构建"一核九星"多中心、网络化、组团式、生态型的特大城市新型空间格局。该计划包括明确目标定位、坚持规划统筹、推动规划落地、打造宜居空间、强化要素保障、加强用途管制和提升规划实施显示度等七个方面。如杭州提出到2025年地区生产总值达2.3万亿元，其中核心城区常住人口400万人左右，地区生产总值达到1万亿元，成为国际大都市的会客厅；同时，建成"产城融合、职住平衡、生态宜居、交通便利"的九大星城；实行开发强度与人口相挂钩，实行容积率差别化管理；加快公园城市建设，构建郊野公园、城市公园、社区公园、口袋公园四级城乡公园体系，实现"300米见绿，500米见园"。每个"星城"至少拥有1个综合性体育运动中心和1座市级文化场馆。

3）市域高效联通交通网络体系专项计划。杭州重点建设"都市可达、全市快联、多心加密、组团互通"的高效联通交通网络体系，提出"建设一个系统，构建五大网络，实施三大工程”的宏伟蓝图。其中，“一个系统”指建设高效衔接的多层级综合交通枢纽系统，如推进杭州萧山国际机场国际门户枢纽升级改造，将机场打造为集高铁、高速公路、城市轨道交通、城市快速路等多种交通方式于一体的大型国际门户枢纽，构建萧山国际机场省域、市域“1小时交通圈”。“五大网络”指都市可达的铁路网、内联外通的公路网、互联互通的快速路网、高效便捷的城市轨道网、通江达海的内河水运网。“三大工程”指打通“断头路”工程、数智交通工程、公交提质工程。如公交提质方面，每年新增定制化公交线路不少于20条，鼓励开展适应乡村出行需求的个性化客运服务，打通“九星”乡村居民出行最后一公里。

4）全域统筹保障支撑体系专项计划。围绕资金、土地、人才、技术、数据、产业六大方面，杭州将完善创新生态共营、资源要素共配、基础设施共建、公共服务共享、宜居环境共保、全民聚力共创的体制机制。如组建千亿元以上规模的创新引领母基金，建立规范化、市场化、专业化运作机制，招引和服务重大产业项目落地；以工业用地为重点，推进低效用地再开发，支持低效工业用地在满足一定条件的基础上，通过提高容积率、土地置换、分割转让、政府收储等途径，实现二次开发；实施“春雨计划”，5年内向乡村人才提供500亿元信贷资金；产业方面，建设和运用“智慧投资”全周期管理系统，优化项目跟踪服务机制，常态化推动专班运行，实现总投资亿元以上项目全流程跟踪协调服务。

在全市上下争当共同富裕示范区城市范例的生动实践中，杭州涌现出了一批具有示范性、引领性和普遍意义的实践案例。例如杭州高新区（滨江）以龙头企业为主链，构建“产业链+创新链”协同发展新模式；萧山区深化“萧滨一体化”模式，打造区域协作共富升级版；临平区探索工业用地有机更新一体化开发运营新模式，打造都市产业新社区；淳安县依托一流生态，打造百亿水产业。

2.2.4 政策启示

城市更新是一项系统工程，是对城市物理空间形态、经济增长方式、社会发展结构以及人居环境质量提升完善的综合性行为。杭州充分认识实施城市更新行动的系统复杂性和局部差异性，推进城市更新的相关立法，构建差异化的城市更新政策体系，完善城市更新行政规范性文件和相关技术标准，强化城市更新规划与行动计划管理，重视和加强城市更新政策储备，并开展了大量城市更新实践，为打造宜居城市、推进共同富裕积累了丰富的经验。

（1）未来社区、特色小镇等新理念领衔城市有机更新

杭州不断探索和创新城市更新理念与方法，如未来社区和特色小镇等，树立杭州标杆，在全国范围内引起重要反响和建设热潮。

其一，创新城市更新模式与理念。未来社区和特色小镇的理念为城市更新提供了新的发展模式和方向。未来社区强调以人为本、生态宜居、智慧共享，注重社区的可持续发展和居民生活质量的提升。特色小镇则注重产业特色、文化魅力和生态环境，打造具有独特魅力的城镇空间。这些新理念为城市更新提供了更加多元和创新的思路，推动了城市更新从简单的物质更新向更加注重人的需求和社区活力的方向发展。

其二，促进城市空间优化与功能完善。未来社区和特色小镇的建设要求对城市空间进行更加科学合理的规划和布局。通过优化城市空间结构、完善城市功能、提升城市品质，实现城市空间的高效利用和可持续发展。例如，在未来社区的建设中，注重公共服务设施的配套和绿色空间的营造，提升居民的获得感和幸福感；在特色小镇的打造中，注重产业集聚和文化传承，形成具有特色的城镇风貌。

其三，推动产业转型升级与经济发展。特色小镇作为产业转型升级的重要载体，通过培育新兴产业、发展现代服务业、提升传统产业等方式，推动区域经济的持续健康发展。未来社区的建设也促进了相关产业的发展，如智慧家居、绿色建筑等产业的兴起，为城市经济注入了新的活力。这些新理念的实施，不仅推动了城市更新的进程，也为浙江省的经济发展提供了新的动力。

其四，提升城市文化软实力与形象。未来社区和特色小镇的建设注重文化传承和创新，通过挖掘和保护地方文化特色，提升城市的文化软实力和形象。这些新理念的实施，使得城市更新不仅仅是物质层面的更新，更是文化层面的提升和传承。通过打造具有独特魅力的社区和城镇，提升了浙江省城市的整体形象和竞争力。

综上所述，未来社区、特色小镇等新理念对浙江省的城市更新产生了积极的影响，推动了城市更新的创新发展、空间优化、产业转型和文化提升。未来，随着这些理念的深入实施和不断完善，浙江省的城市更新将取得更加显著的成效。

（2）专项行动指引推进城市有机更新实践

为应对城市化转型带来的诸多挑战，打造“生活品质之城”，杭州先后实施了危房改造、背街小巷改造、西湖“景中村改造”“西湖西进”“一纵三横”道路整治、京杭大运河保护与治理、历史街区改造等20多项专项行动，由点到面、由线到片，形成了丰富的“杭州经验”。

其一，明确方向与目标。省市级专项行动指引为城市有机更新提供了明确的发展方向和目标。这些指引通常基于城市发展的整体战略，结合城市实际情况，制定出具有针对性和可操作性的更新目标和任务。通过明确方向和目标，城市有机更新工作能够更有针对性地进行，避免了盲目性和无序性。

其二，强化政策保障与支持。省市级专项行动指引通常会出台一系列政策，为城市有机更新提供有力的保障和支持。这些政策可能包括财政补贴、税收优惠、土地供应等方面的措施，旨在降低更新成本，提高更新效率。同时，通过政策引导，可以吸引更多的社会资本参与城市有机更新，形成多元化的投资主体和更新模式。

其三，优化资源配置与利用。省市级专项行动指引注重优化城市资源的配置和利用。通过科学规划和合理布局，实现城市空间的高效利用和资源的共享。在更新过程中，注重保护历史文化资源，传承城市文脉，同时充分利用现代科技手段，提高城市管理的智能化水平。

其四，推动产业转型升级与创新发展。城市有机更新不仅是物质空间的更新，更是产业结构的优化和升级。省市级专项行动指引通常会结合城市产业特点和发展趋势，推动传统产业的转型升级和新兴产业的培育发展。通过更新改造老旧工业区、商业区等区域，引入新的产业元素和创新资源，推动城市经济的持续发展。

其五，提升社会参与与共建共享。省市级专项行动指引强调社会参与和共建共享的理念。通过加强政府、企业、社区等各方力量的协同合作，形成合力推动城市有机更新的良好氛围。同时，注重听取居民意见和建议，充分考虑居民需求和利益，确保更新成果惠及广大市民。

综上所述，省市级专项行动指引对推进城市有机更新实践具有重要的影响，能够明确方向与目标、强化政策保障与支持、优化资源配置与利用、推动产业转型升级与创新发展以及提升社会参与与共建共享。这些影响共同促进了城市有机更新的顺利进行和城市的可持续发展。

（3）政策引领与规划先行城市更新行动

政策引领能够为城市更新提供明确的方向和目标。通过制定一系列相关政策，政府可以明确城市更新的重点任务、实施路径和预期目标，为各级政府和相关部门提供操作指南。这有助于确保城市更新工作的有序进行，避免盲目性和无序性。

规划先行确保城市更新的科学性和合理性。通过加强规划编制和实施，政府可以综合考虑城市的历史、文化、环境、经济等多方面因素，制定出符合城市实际和发展需要的更新规划。这有助于避免城市更新中的短视行为和资源浪费，实现城市的可持续发展。

政策引领与规划先行还有助于协调各方利益，形成合力推动城市更新。在城市更新过程中，政府、企业、居民等各方利益诉求可能存在差异。通过政策引领和规划先行，政府可以明确各方职责和权益，促进各方之间的沟通与协作，形成共同推动城市更新的强大合力，这有助于提升城市更新的社会认可度和满意度。通过公开透明的政策制定和规划编制过程，政府可以广泛征求居民和社会各界的意见和建议，增强城市更新工作的透明度和公信力。同时，通过有效的政策宣传和规划展示，政府还可以让居民更加了解和支持城市更新工作。

综上所述，政策引领与规划先行在城市更新中具有不可或缺的作用。它们能够为城市更新提供明确的方向和目标，确保城市更新的科学性和合理性，协调各方利益形成合力，以及提升城市更新的社会认可度和满意度。因此，在城市更新工作中，我们应始终坚持政策引领与规划先行的原则，确保城市更新工作的顺利进行和取得实效。杭州始终践行人民城市理念，勇当转变城市发展方式的先行者，不断提升城市人居品质和安全韧性水平，进一步增强公众对城市的认同感、归属感，在奋力推进城乡建设事业高质量发展中勇攀高峰、勇毅前行。

2.3 临平行动

杭州市临平区地处长江三角洲圆心地，坐落于G60科创大走廊和杭州城东智造大走廊的战略交汇点，区域面积286平方公里，辖7个街道、1个镇，常住人口157余万人，是杭州东北门户[1]。临平悠久的历史、深厚的文化积淀、繁荣的商业与工业以及优越的地理位置，在新时代下形成了其独特的城市特征：位置上已然融杭接沪，强势的智能制造业进一步发展，传统的服装业逐步向时尚产业转型，城市配套的逐渐完善使得临平更加宜居，以可持续和包容的方式提高经济增速和创造就业。

本篇临平行动列出了临平在城市发展和更新历程中遵循的战略以及未来几年采取的政策，以促进城市高质量发展，实现全民共享的发展成果，旨在开辟一条可持续的、包容性的、温情共富的发展模式，确保城市短期和中长期增长在面临突发情况时更具韧性、更可持续，能更大力度地支持经济发展，更加凸显出城市治理的气度、精度与温度。

2.3.1 发展历程

临平自古繁华，临平之名在东汉时便已见诸史册，其范围内上塘运河是杭州历史上第一条人工河。临平是上塘河水路东出杭州的必经之地和第一大埠。5000多年的玉架山遗址、2000多年的运河文化和1000多年的超山梅花文化在此融合，涵养了“兼收并蓄、开放包容、拼搏进取”的人文精神。

（1）文明星火的起源——玉架山遗址

临平的文明史可以追溯至良渚文化时期。良渚文化占据着史前文明的制高点，杭州市西北郊的良渚遗址群是其重要的中心。近年来随着考古工作的开展，杭州市东北部的临平遗址群也逐渐向世人展现。临平西面的皋亭山、超山和临平山，海拔分别为361、265和217米，临平遗址群即坐落于这三座孤丘之间的区域，方圆约30平方千米。其中玉架山遗址位于杭州市临平区临平街道原小林村北侧，现已归属临平经济开发区，西距良渚遗址群20余千米。

玉架山遗址于2008年开始抢救性挖掘至2011年结束，“浙江余杭玉架山史前聚落遗址”成为2011年度全国考古十大新发现。玉架山遗址之所以地位高，

1 杭州市政府. 关于开展2023年度杭州市重点生态功能区保护和恢复工作的通知 [EB/OL]. (2023-09-21). [2024-07-19]. http://www.hangzhou.gov.cn/art/2023/9/21/art_812262_59087690.html.

是因为发现了6个环壕单元组成的环壕聚落群。这6个环壕彼此邻近，个别环壕之间还有水路连通，说明它们之间既相对独立又有内在联系，可以视为一个大的有机整体。6个环壕构成一个完整聚落，每个环壕代表了一个基本社会单元，6个环壕组合成更高一级的社会单元。它为了解良渚文化基本社会单元的组织结构和人口数量提供了独特的样本。从墓葬随葬品来看，玉架山环壕群的使用年代，从良渚文化早期一直延续到良渚文化晚期。六大环壕构成的聚落群内的墓葬，涵盖了良渚文化早、中、晚各个时期，是目前所见唯一贯穿一千年良渚文明兴衰历程的遗址（图2-3-1）。

除去六大环壕所在的良渚文化玉架山遗址，在其周边约20平方千米的范围内，经调查和发掘的良渚文化遗址已有20多处，其南边是发现良渚文化水稻田的茅山遗址、西南面则是发现了贵族墓葬的横山遗址。众多遗址的发现，表明临平山的西、北部地带存在着一个较大规模较高等级的仅次于良渚古城地区的良渚文化的次级中心聚落。而随着良渚申遗成功，这代表国际上正式承认了中华文明的五千年历史。

文化是一座城市的独特印记，正如玉架山文化对于临平而言，是基因是脉搏也是标签。城市更新需要借文化之势，赋产业之能，做好自上而下的顶层设计。在公共空间的更新上，玉架山考古遗址公园就是临平上古文化至今的典型代表，是集遗址保护、文物展示、市民休闲等功能，含室外遗址公园和室内博物馆为一体的城市文化公园。玉架山考古遗址公园不仅是一处文化遗产的保护地，更承载着深厚的社会意义，该公园的建立让人们更深刻地理解中国传统文化，为文化传承和社会发展贡献力量。

图2-3-1 玉架山遗址

在当今高质量发展的背景下，回到城市更新的底层逻辑，旧城是一个复杂的系统，涵盖经济、社会、建筑、基础设施、空间格局、历史遗产、文化传承等一系列物质及非物质要素。城市发展的诉求不断从物质层面转向精神与文化层面，人们对于城市文化空间的追求也转向以多层次、多元化、高品质、重内涵为主导。因此，在城市更新改造中，探索如何传承和发展城市文化特色、促进文化对于城市发展的带动作用、营造具有地域文化意境的城市空间，具有重要的现实意义。

（2）南宋繁荣的见证——南宋古都副城

纵观历史长河，两宋是中国封建社会文化发展的辉煌时期，无论是文化的普及、文学艺术的繁荣，还是学术思想的活跃、宗教的兴盛、科学技术的进步和社会生活的丰富多彩等方面，都达到了前所未有的程度。宋代城市化程度明显提高，城市规模的扩大和人口的增加，标志着近代城市雏形已经出现。当时的南宋首都临安府是人口超过百万的国际大都会，周边形成了15个镇，类似于环绕都城的卫星城镇，临平旧称馀杭县就是其中之一，临平宋韵文化也源起于此。

北宋端拱元年（公元988年），临平正式建镇，并成为重要的政治文化场所。这里商贾云集，市场兴旺。南宋时期，杭州作为京畿之地，临平成为北出杭州的运河码头，也是南宋最发达的地区之一。隋代大运河贯通，在临平穿境而过，航运船进入上塘河，一路向西经许村、临平入杭。上塘河成为南北纽带，公家漕粮，源源北运，私行商旅，往来不绝。

临平镇不仅经济繁荣，文化也同样昌盛。作为南宋名镇，临平还是多处宋韵文化的发祥地，如苏轼八过临平、韩家军大战临平、文天祥明因寺谈判、赵希言筑堤及设立班荆馆、韦太后回銮、宋高宗赵构曾多次驻跸临平。大批文人雅士如苏轼、杨万里、陆游也在临平留下足迹。诗篇“谁似临平山上塔，亭亭。迎客西来送客行”就是苏轼在临平塔上的感叹。“风蒲猎猎弄轻柔，欲立蜻蜓不自由。五月临平山下路，藕花无数满汀洲。”这首千百年来传颂的《临平道中》，便是宋代诗僧道潜途经临平旅游胜地藕花洲时所作。

临平区的主要历史文化资源是以“中国大运河南源首镇塘栖”为代表的运河文化资源和宋代副都为代表的宋韵文化资源。宋韵文化是临平区十分重要的地域文化品牌，是临平区的重要文化基因和精神密码，也是当代临平文化的重要精神来源。在现今城市建设与城市更新的过程中，枝桠千万的宋韵文化，已经逐步浸润到公共空间与文化产业中。为了打造“古都副城，宋韵临平”的城区品牌，精准研究挖掘宋韵文化，以宋韵文化节为引领，高质量办好宋韵杭式生活节、两宋论坛等有影响力的节展活动，深度解码38个宋韵重点元素，打造宋韵文化体验区，临平区充分借力省市平台智库接力宋韵文化传世工程，将宋韵文化融入城市更新中。

临平同时开展了上塘河宋韵文化带建设三年行动计划（2022—2024年），实施文化地标建设、文化理论研究、文化品牌塑造、文艺精品创作、文化产业提升、公共文化服务提质、文旅融合发展、文化遗产保护等八大工程。产业链层面上，保持传统优势行业的同时，进一步覆盖中医药养生、特色美食、制作技艺，催生一系列雅致生活体验馆和雅致产业，进一步提升业态类型。

（3）诗画江南的传承——名山名湖名镇

临平因水而兴，以水闻名，近年来，临平依托名山、名湖、名镇资源，以区级河道内排港为中轴线，陆续实施完成内排港河道综合整治工程、塘栖村河道综合整治工程，建成了丁山湖至大运河13公里的“最美绿道”——塘超小径将超山、丁山湖和皇国山公园等节点串珠成链，擦亮江南水乡生态底色。

名山——超山赏梅

杭州赏梅胜地众多，如西湖孤山、植物园灵峰、西溪湿地等，名气和规模大者当属临平超山。超山梅花历史悠久，有“十里梅花香雪海”之誉，从晚清民国之际开始声名远扬，至今已成为杭州赏梅的不二之选，甚至有“中国观梅第一山”之称。王庆主编的《超山志》记载：夏同声，字容伯，诸生，塘栖夏之城长子。尝筹建栖溪书院，迁筑唐玉潜祠于马鞍山，参与重修栖里梵刹、古迹。王同的《塘栖志》也有记载：光绪二十五年（1899年，笔者注）正月，林纾与高凤岐、陈希贤同访夏同声于其草堂，陪游超山而观宋梅。

林纾发出的“以生平所见梅花，咸不如此之多且盛也”这句感慨，广告效应立竿见影，随着这篇游记的广泛传播，不少读者对超山梅花趋之若鹜，由此开启了超山梅花的声誉日隆之路。夏同声作为林纾的导游者，自然功不可没。

夏同声之父夏之城（1814—1884年），字超墅，号寄龛，仁和人，候选国子监典簿，后经商致富，晚年以山水诗酒为乐，著有《超山别墅草》,《塘栖志》卷十有其传。夏之城在超山海云洞留有一方摩崖诗刻，释文曰：超山梅花以“古、广、奇”三绝而名扬天下，中国的楚、晋、隋、唐、宋五大古梅，超山便有其二——唐梅和宋梅。旧时二三月，赏梅人络绎不绝，不乏文人墨客，为超山留下大量的诗文书画 摩崖石刻，积淀了丰厚的人文历史底蕴。已故金石书画大师、西泠印社首任社长吴昌硕先生生前就酷爱超山梅花，曾留下千古佳句：“十年不到香雪海，梅花忆我我忆梅，何时买棹冒雪去，便向花前倾一杯。”

今天的超山风景区已成为杭州市风景名胜的一个重要组成部分，其丰富的自然景观和历史文化内涵吸引了众多游客前来游览。在这里，游客们不仅可以欣赏到“古、广、奇”三绝的梅花，领略到六瓣梅花的独特魅力，还可以探寻历史人物的足迹和文化遗产。每当初春二月，花蕾爆发，白花平铺散玉，十余里遥天映白，如飞雪漫空，天花乱出，重现“十里梅花香雪海”之盛景，为江南三大探梅胜地之一。

名湖——丁山湖湿地

丁山湖湿地位于塘栖古镇，紧靠超山风景区。一湾清澈的湖水，湖面平静如镜，倒映着蓝天白云和绿树。湖岸桑柳芦苇郁郁葱葱，美不胜收，让人仿佛走进画卷之中。清代的大诗人还专门作诗夸奖过丁山湖，“曲曲波洄面面汀，乱流如玉碎玲珑；烟消月上渺天际，何处闻呼小洞庭。”

丁山湖湿地是临平区最大的生态湿地，朝山面水，林田环绕，运河穿镇而过，群塘汇水而入，这里水陆网络发达，将烟雨江南的意境和现代完善的基础设施完美结合。过去的丁山湖就像戴着面纱的羞涩女子，藏在深闺人不识。如今，一条塘超小径，不仅连接起了北面的塘栖古镇和南面的超山，还串联起丁山湖这片秀美之地，让更多人能够欣赏到这里的四季美景，体会“春有百花秋有月，夏有凉风冬有雪”的意境，领略美不胜收的水乡风韵。

名镇——塘栖古镇

一条大运河，半部华夏史。运河沿线古镇是最具代表性的大运河文化标识之一，也是各地区特色文化和民俗风情的展示窗口。京杭大运河水系从三个方向流经临平——古运河上塘河居中、京杭大运河在西、运河二通道在东，形成了三面环绕、中线贯穿的地理空间结构，使临平成为杭州乃至浙江“运河资源”最为丰富的区域之一。2022年9月，在杭州举行的首届中国大运河古镇发展研讨会上，由41个古镇组成的中国大运河古镇联盟正式成立，联盟成员以“大运河”为纽带，携手共促大运河沿线古镇的繁荣与发展。

作为中国大运河古镇联盟的发起地，临平区正以“大运河”为核心全面开启新时代文化临平工程，以“塘栖古镇”为中心全面推进大运河国家文化公园建设。塘栖始建于北宋，京杭大运河穿镇而过，这座小镇子成为苏、沪、嘉、湖的水路要津，凭借大运河的舟楫之利，自古以来便是繁华的水运码头、商贸重地。千年间，塘栖见证了古今运河两岸人民的辛勤劳作与美满生活，也由传统的江南水乡转变为现代化特色新型城镇（图2-3-2）。

2021年以来，以“塘栖古镇”为中心，临平全面启动大运河国家文化公园（临平段）建设，以大运河临平段世界文化遗产的核心资源为依托，建设范围涉及覆盖主河道40公里（含杭州塘29公里和上塘河11公里）以及京杭运河二通道等沿线区域，主要有崇贤、塘栖等8个镇（街道），并辐射全区。临平围绕大运河绿道贯通、美丽节点综合整治、景观公园串珠成链、基础设施配套提升、数智科创赋能、文化传承利用等工程体系，开展包括景区及周边交通提升、三大园区改造、水系河道整治、美丽乡村整治、景观绿化提升等在内的多项工程，全面推进全域景区化，给临平品质之城注入新活力。

如今，这条承载了千年底蕴的大运河，以“世界文化遗产”之姿，成为浙江文化高地上临平浓墨重彩的一道风景线，大运河临平段沿途城镇间的生态人文景

图2-3-2　塘栖古镇

观和历史文化民俗已然串珠成链。在功能上，大运河临平段也承担起更多的使命，作为浙江大通道建设行动计划十大标志性项目之一，不仅将提升临平在浙江内河水运中的地位，也将给临平带来更多繁华。

（4）品质幸福的新城——浙江最年轻的区

临平是浙江省最年轻的区。2021年3月，根据《浙江省人民政府关于调整杭州市部分行政区划的通知》，杭州市进行行政区划优化调整，将原余杭区以运河为界，分设临平区和新的余杭区。撤销杭州市原余杭区，设立新的杭州市余杭区。设立杭州市临平区，以原余杭区的临平街道、东湖街道、南苑街道、星桥街道、运河街道、乔司街道、崇贤街道、塘栖镇的行政区域为临平区的行政区域。至此临平区成为独立城区，区域面积286平方公里，户籍人口58.34万人，实际服务管理人口约157.61万人。

长期以来，临平老城区作为原杭州余杭的中心城区，城市功能日趋完善。2003年，“八八战略”重大决策部署中提出，进一步发挥浙江的区位优势，主动接轨上海、积极参与长江三角洲地区合作与交流，不断提高对内对外开放水平。临平作为“融沪桥头堡”和“杭州北门户”，凭借着区位优势和产业优势，强力推进创新，开放提升，全力打造深度融沪桥头堡、产城融合示范区。

设区以来，临平区坚持“数字经济+新制造业”双引擎驱动，加快推进国家级经济技术开发区、临平新城、大运河科创城三大区域建设，高质量推进共同富裕新篇章。临平区委、区政府以“数智临平・品质城区”作为战略总目标，提出了“水秀山青，文化临平”的城市形象主题口号。以“运河”和“时尚”两大关键词为内核，临平区通过充分挖掘和利用大运河文化资源，发挥时尚产业中的家纺服装产业链、数字互联网、智造物联网、创新传播等优势，打造并擦亮“古今运河・时尚临平”的城市文化品牌。

2.3.2 城市特征

（1）融杭接沪要地

临平地处长江三角洲圆心地，坐落于G60科创大走廊和杭州城东智造大走廊的战略交汇点，是杭州融入长三角、接轨大上海的第一桥头堡，具有优越的区位条件。境内的沪杭高铁、沪杭高速、杭浦高速、申嘉湖杭高速等多条快速通道与长三角地区直接联系，拥有京杭大运河、运河二通道等独一无二的航运资源。

临平交通便捷，拥有“一绕三射”的高速路网（绕城、沪杭、杭浦、申嘉湖杭），“四横三纵”的快速路网，“八铁交会”的轨道路网——2条高铁（沪杭高铁、即将开建的沪乍杭高铁）、4条地铁（3号线、9号线、即将开建的15号线、18号线）、2条城际线（杭海城际、规划中的苏杭城际穿境而过）。此外，这里还拥有大运河、运河二通道、上塘运河等独一无二的航运资源，可实现江河联运、通江达海。2022年6月，望梅高架路二期和东湖高架路二期两条快速路全线正式通车；8月，沪杭高速公路临平段改建工程全线通车；10月，秋石高架路的延伸段320国道快速路二期通车。“三路一环”快速路网体系全面贯通，让临平区成为浙江省首个拥有快速路环线的区县。从临平出发，半小时内直达萧山机场，40分钟内直达上海，形成四通八达的“1小时省际交通圈”。

临平区的区位特征在德清、桐乡和海宁与杭州一体化发展中能够起到融通的作用。在空间距离不可更改的情况下，通过各种方式缩短时间距离，强化交通的连接性，可降低各种交通成本；通过临平将杭州城区与外围地区的各种资源要素加以整合，例如促进德清与杭州的同城化，推进杭州与海宁、桐乡乃至长三角核心地带的一体化，包括交通一体化、公共服务一体化。临平作为杭州市区的一部分，与杭州发展时刻保持同步发展、同频共振。

（2）智能制造高地

临平区是传统的工业重镇，具有坚实的产业基础。2022年临平区的GDP破千亿元，完成财政总收入229.93亿元；2023年，临平区的GDP达到1067亿元，增长率是6%，财政总收入为253.79亿元，比上年增长10.38%。[1]

临平大力发展区内三大产业平台——临平国家级经济技术开发区、临平新城和大运河科创城，并确立了以数字经济为核心、新经济为引领、实体经济为支撑的产业发展整体战略；全力构建“3+1+X”的现代产业体系，打造千亿级高端装备制造、八百亿级生命健康、五百亿级时尚产业三大主导产业集群，大力培育工业互联

1 数据来源：杭州市统计局．杭州市2023年国民经济和社会发展统计公报［EB/OL］.（2024-03-15）［2024-06-16］．https://tjj.hangzhou.gov.cn/art/2024/3/15/art_1229279682_4246532.html.

网产业集群，加快布局新一代人工智能、5G生态、半导体等战略性新兴产业、未来产业；打造了省级生物医药高新园区、工业互联网小镇、机器人产业园等一批创新孵化和产业园区，集聚了阿里云supET工业互联网创新中心、工信部服务型制造研究院、浙大基础医学研究院等一批创新平台，培育了老板电器、春风动力、贝达药业等一批产业链龙头企业。经过多年培育，形成了以高端装备智造、生物医药、新材料为主导的特色优势产业。截至2022年底，全区拥有规上企业698家，产值100亿元以上企业2家、50亿元以上企业4家、10亿元以上企业25家、亿元以上企业224家。截至2022年，全区已有上市企业27家。4家企业入选浙江省“未来工厂”，数量居全省第一。数字化改革正有力地推动着制造业高质量发展。[1]

2021年10月30日，临平区全面启动大运河国家文化公园（临平段）建设，大运河科创城围绕平台能级跃升，积极谋篇布局深耕细作，坚持以国家文化公园建设为光荣使命，以超山生态人文为发展基底，以科创兴城为核心方向，加速融入大城北一体化发展，奋力建设“大运河文化新廊道”“贯通杭州北部的后花园”“接轨城西科创大走廊桥头堡”。2023年，大运河科创城完成区重大项目集中签约23个，外出招商20场，招引亿元以上项目8个，招引20亿元项目1个；新增省科技型中小企业115家，在库累计294家；新增市场主体7664家，累计约3.63万家；聚焦营造浓厚的青年人才集聚氛围，大运河科创城组织举办第二届大运河杯大学生创新创业大赛、鼎湖高层次人才创新创业活动等人才活动12场；2023年以来，已通过区高层次人才项目评审14个，新认定市A—E类人才145名，新增首次来杭青年大学生2380名。

未来，临平区将锚定“聚力打造先进制造业集群体系，再造工业新临平”奋斗目标，通过5年努力，实现战略性新兴产业增加值、数字经济核心产业增加值、企业研发经费投入、专精特新企业数、科技型企业数“五个倍增”，成为长三角新型工业化示范区。

（3）数字时尚圣地

纺织服装是临平的传统优势产业，近年来依托“设计+”“数字+”“科技+”，逐步向时尚产业转型。人文气息浓厚、环境优美的艺尚小镇如同一捧馥郁的蝴蝶

1　数据来源：浙江省经济和信息化厅．数字化改革推动制造业高质量发展成效显著［EB/OL］.（2022-10-26）［2024-06-16］．https://jxt.zj.gov.cn/art/2022/10/26/art_1229600052_58929429.html.

兰，绽放在杭州临平这片钟灵毓秀的土地上。3平方公里的艺尚小镇（图2-3-3），实现了从一片农田到时尚地标的华丽转身，它集聚了丰富的时尚资源，鼓励企业共同协作发展、推动产业兴盛，催生了不少精彩蝶变。

艺尚小镇以时尚产业主阵地，抢跑“数字时尚”赛道，通过数字化改革为企业赋能，主攻以服装为主的时尚产业，着力打造“一中心四街区”布局。文化艺术中心满足歌剧、话剧等不同演出类型，时尚文化街区、时尚艺术街区、时尚历史街区、时尚潮流街区合力形成设计师研发群落、时尚产业链集群、休闲消费步行街区。历经多年发展，艺尚小镇的目标定位很明确，剑指世界级时尚圣地，打造五百亿级时尚产业集群，这是临平区的雄心壮志，更让艺尚小镇走向世界时尚版图中心的步伐越发坚定。

目前，艺尚小镇已经成长为省级特色小镇，先后招引和集聚国内外顶尖服装设计师30名、时尚类企业800余家，是全国首批纺织服装创意试点园区以及中国服装杭州峰会、亚洲时尚联合中国大会永久会址。浙江理工大学时尚学院、中国服装科创研究院等一批时尚创新载体落户艺尚小镇。瑞丽轻奢街区、奥特莱斯等一批高端消费街区使得艺尚小镇的现代时尚气质日益凸显。

（4）温情宜居福地

城市是人们赖以生存的聚居所，城市建设必须把温情宜居放在首位，城市的发展应当“以人为本”。临平城区的规划发展着重于完善城市功能，治理城市环境，改善城市质量，提高城区生活品质。

在深度挖掘城区自然环境资源和人文环境资源的基础上，临平提出了“水秀

图2-3-3 艺尚小镇

山青，文化临平”的城市形象主题口号，从总体风貌结构、风貌特色区、风貌节点三个层次构建城区的“一核、一湖、一环、二轴、四区”。一核即建设临平自然生态公园，形成城市的生态绿核。一湖即在城市东部运河二通道与上塘河交汇处开挖水面，形成临平城最大湖泊，恢复临平历史上曾经有过的“东湖”。一环指临平城外围的快速干道（东、西连接线以及星光路）两侧环城绿化景观带，通过保持道路两侧线形空间的连续贯通，形成环绕临平城区的景观走廊。二轴即上塘河历史文化轴、迎宾路现代都市文化轴。上塘河历史文化轴结合上塘河沿岸滨河绿地以及开放空间，将具有历史文化内涵的要素通过“以河串点、以河带面”的方法，建立滨河历史文化特色风貌序列区段和节点，具体展现临平历史文化风貌和文化特色。迎宾路现代都市文化轴通过整合道路、绿化开放空间建筑等关系，优化道路沿线景观，把迎宾路打造成为体现都市繁华、具有时代特征的景观廊道。四区即新江南水乡文化特色风貌区、老城历史文化风貌区、东部新城现代都市文化风貌区、西部新城现代都市文化风貌区。

随着大剧院、亚运场馆等一批公共服务设施相继建成，时尚潮流街区、奥特莱斯等一批消费街区的落户，以及杭州跑步中心、东湖公园等一批高颜值休闲场所陆续建成使用，临平焕新为兼具古风韵和现代感的时尚新都市。杭州地铁四期正加速建设，临平区一举争取到了18号线、3号线北延、9号线北延以及15号线崇贤段，共计4条地铁的新建或延伸，这也让临平新城核心区到杭州主城的距离进一步拉近。全区拥有幼儿园、基础教育学校等近200个，浙江大学医学院附属第二医院临平院区等优质医疗资源等100余家，各类居家养老服务机构等240余家。交通的便捷以及与生活品质密切相关的教育医疗配套设施的加持，让居民切实感受到生活品质的提升，临平不仅要成为数智中心、产业中心，更应是人们宜家宜业的生活中心。

图2-3-4 杭州市第七次人口普查数据各区、县（市）常住人口
（图片来源：杭州统计局）

杭州市人口	11936010		
地区	人口（人）	比重（%） 2010年	比重（%） 2020年
上城区	1323467	11.87	11.09
拱墅区	1120985	12.39	9.39
西湖区	1089229	9.08	9.13
滨江区	503859	3.67	4.22
萧山区	2011699	15.47	16.85
余杭区	1226673	6.69	10.28
临平区	1175841	6.76	9.85
钱塘区	769150	5.47	6.44
富阳区	832017	8.25	6.97
临安区	634555	6.51	5.32
桐庐县	453106	4.67	3.8
淳安县	328957	3.87	2.76
建德市	442709	4.95	3.71
西湖风景名胜区	23763	0.34	0.2

（5）引力磁场热地

2021年5月17日，杭州市第七次人口普查数据公布（图2-3-4），至2020年11月1日，临平区常住人口已达117.58万余人，相比2010年第六次人口普查时的58.81万人相比增长99.84%，15~59岁青壮年人口比例

74.8%，远高于杭州全市37%的增长率，临平区占比从6.76%上升至9.85%，是杭州市人口涌入最快的城区之一。

在临平，“民生”二字重若千钧。当地通过实施一系列民生工程，努力让工作生活在临平的人有强烈归属感。临平区锚定“深度融沪桥头堡、产城融合示范区”的战略定位，以绝佳的基础配套吸引人才安家落户，临平正在成为越来越多“新杭州人”的家。

临平区全力推动全区安置房建设及老旧小区改造提质增效。2022年以来，全区开工安置房项目52.05万平方米，竣工备案118.12万平方米，完成安置3794户；完成老旧小区综合提升改造31.5万平方米；完成老旧小区住宅加装电梯80台。[1]

临平区大力发展“全域、优质、均衡”的临平高质量教育事业，这也是临平区吸引人才安家落户的重要原因。杭州市户籍新政实施以来，新落户至临平区且报名就读当地公办幼儿园的幼儿共计660人，其中小班新生398人，相比去年同期增加240人，增幅达151.89%，中大班插班生262人，比去年同期增加212人，增幅达400%以上。为进一步做好婴幼儿照护服务，临平启动了托幼一体化持续扩面工程。截至2023年秋季，全区已新增托幼一体化托位1880个，其中公办幼儿园（含普惠性民办园）托位超1000个。学校里新居民子女占比很高，教育需求更加多元，临平区教育部门积极推进合作办学，与华东师范大学、中国美术学院、杭州师范大学、杭州高级中学等正式签约合作，共同托举区域基础教育高质量发展。

临平的医疗卫生事业取得了长足进步。近年来，在临平区委、区政府的正确领导下，在市、区卫健部门的关心指导下，临平区的医疗卫生健康事业取得了长足的发展，尤其是开展医共体建设以来，通过优化资源配置、改革机制体制、创新服务模式，各镇街的基本医疗和基本公共卫生服务能力得到了显著加强，先后获得“浙江省百强社区卫生服务中心”、国家级“优质服务示范社区卫生服务中心”等多项创建成果。2022年，浙江大学医学院附属第二医院与临平区人民政府签订医疗合作协议，进一步深化双方合作，临平区第一人民医院正式更名为浙

1 数据来源：杭州市人民政府. 杭州市人民政府关于印发《杭州市国土空间规划编制工作方案》的通知［EB/OL］.（2022-02-18）［2024-06-16］. https://www.hangzhou.gov.cn/art/2022/2/18/art_1229063382_1812986.html.

江大学医学院附属第二医院临平院区。这意味着，临平新城乃至临平区真正意义上拥有了属于自己的首家三甲医院。

2.3.3 重点工作与实践举措

在宏观城市更新政策的指引下，基于临平自然山水、历史人文、城乡发展特征，临平区城市更新的重点工作聚焦民生与发展两大主题，不断科学谋划“民生需求”的各类更新行动，明确实施时序，延续城市人文气质，实现“有温度的城市更新”，逐步实现整体富裕，人间烟火、便利生活和时尚产业得以紧密结合，让老百姓有实实在在的获得感（表2-3-1）。

重点工作与实践举措　　表 2-3-1

三路一环大会战	秋石高架路北延
	留石高架路北延（世纪大道）
	东湖高架路北延
	临平环线快速路（望梅高架路）
老城有机更新	山水慢行环：文化艺术长廊工程
	多点：口袋公园建设
	一山：新建临平山绿道工程
	一园：临平山西侧运动休闲公园
东部崛起行动	公园提升工程
	道路提升工程
	绿道建设工程
	疏通城市“血管“工程
共富单元行动	未来社区
	城乡风貌整治
	未来乡村
品质城区行动	运营前置
	差异化的公共服务配套
	文化临平工程三年行动

（1）三路一环大会战

交通建设，事关民生福祉，事关经济高质量发展，事关城市竞争力。临平与市区之间，一直缺乏直接联系的快速通道，临平到杭州市区虽然只有25公里左右的距离，但随着临平新城的发展，世纪大道车流量越来越密集，早晚高峰经常饱和。而且，东湖快速路只连通到外翁线；秋石路北延线与疏港大道连接，但和秋石快速路并不能无缝连接。再加上地面交通受到诸多条件限制，导致大量快速交通连接需要通过收费的高速公路实现，交通问题日益凸显。由于临平南侧与西南侧的翁梅、乔司以及星桥板块发展落后，加上与东侧的海宁之间存在行政壁垒，加剧了临平融杭缓慢的现状。

为破解“交通孤岛”的难题，临平区通过“三路一环（图2-3-5）”交通基础设施大会战，以“一环串三路”的交通路网格局，拉开城市快速路网框架。“三路一环”的快速路网总长约29.5公里，其中，“三路”指的是秋石高架路北延、留石高架路北延（世纪大道）、东湖高架路北延，“一环”指的是临平环线快速路（望梅高架路）。

2016年底，临平“三路一环”快速路启动建设，2018年建成东湖高架路北延、秋石高架路北延、望梅高架路，2019年建成留石高架路北延，2020年建成望梅路互通。“三路一环”快速路网的全面建成（图2-3-6），一方面与主城区快速路网无缝衔接，实现到市中心30分钟、到城北15分钟，为临平副城全面融入主城奠定基础，进一步推动杭州“一主三副六组团”城市空间格局的形成和城市综合能级的提升；另一方面也加速了临平区全面接轨大上海的步伐，提升了城

图2-3-5 临平三路一环快速路示意图

图2-3-6 建成后的临平快速路网组图

市功能品质，延伸城市发展框架。同时，快速路网辐射海宁、桐乡、德清等杭州周边区域，促进了临平与周边区域的交流合作，对临平经济社会高质量发展、区域协同发展具有重要的意义。

（2）老城有机更新

临平老城区自古便是繁华之地，北大街、东大街和西大街一带以及小斗门、干河罕、木桥浜、史家埭等都是当时方圆数十里内的商业中心，大小店铺不下400家。但随着城市融合加速推进，城市发展日新月异，老城区的布局、设施已跟不上经济社会的发展和百姓对于品质生活的需求，出现了公共设施不全、环境脏乱差、停车难上加难、居民大多想“逃离”老城等众多现实状况。2017年，余杭区委、区政府启动了“美丽余杭”建设，临平老城区有机更新项目作为“品质城市建设”专项，列入美丽余杭“10+X”专项行列，老城“复兴”工程由此拉开了建设的大幕。

老城更新以遵循减法和公益为原则，打通城市山水视线，创造更多的城市生态系统。通过恢复城市中富有记忆的重要功能区域，植入新的文化和艺术活动，唤醒街区活力。平衡传统风貌和当代社区精神，将城市居民的获得感放在第一位，创造充满人本精神的场所空间。

临平老城区有机更新项目东至临东路、南至世纪大道、西至望梅路、北至星光街，总面积约12平方千米，以“山水慢城、精致生活”为规划愿景，以花园城市作为空间营造的载体，以精致城区作为品质提升的目标，打造成为全国品质慢生活城区。规划总体形成“一环多点一山一园”的空间结构。其中“一环”即为文化艺术长廊；“多点”即为口袋公园，包括九曲营文化园、市集文化园、牛拖船记忆园、榨油厂旧址公园、大园井文化园、洋园春晓园、火车站旧址园等；“一山一园”中“一山”即临平山，“一园”即临平山两侧运动休闲公园。

山水慢行环：文化艺术长廊工程

文化艺术长廊位于临平山东侧，余杭区政府以北区域。该工程用地范围北至一馆三中心，西至景山路—为民弄，南至木桥浜路（原余杭区政府），东至景园路—朝阳西路，用地面积约5.06公顷。通过艺术文化长廊的建设，将山水相连，形成一条别具特色的生态通廊。在长廊中，打造形、音、书、画四大艺术区，融入运动、休憩、戏曲交流、文化展览等一系列功能，形成一条山水文化艺术轴线串联的山水慢行环（图2-3-7）。

多点：口袋公园建设

口袋公园工程通过对场地进行梳理，重塑人居环境，激发创新活力，传承历史文脉，更新老城发展，成为临平一颗颗闪亮的“翡翠”，点亮老城生机和活力。该工程包含绿化景观设计、老旧建筑拆除后新建配套用房、建筑立面整治、市政管线整治、配套设施、历史文化挖掘、地下停车等内容的设计。

图2-3-7 文化艺术长廊

依据临平的历史文化及场地记忆，口袋公园主要分为历史事件、名人胜景及市井文化三个主题类型，具体分为13个地块建设，分别是九曲营文化园、市集文化园、牛拖船记忆园、榨油厂旧址公园、大园井文化园、洋园春晓园、火车站旧址园、大园弄地块、九曲营文化园、康养文化园、缸甏弄口袋公园、瓶山文化园、东湖十景园，总建设用地面积达30498平方米（图2-3-8）。

一山：新建临平山绿道工程

临平山绿道全长约16.1千米，其中原有山顶环形步道约5.5千米，新建步道约10.6千米，其中步行道、骑行综合道长约9.8千米、宽4.5米，架空段长约430千米、宽4.5米，新建步行登山步道长约1480米、宽1.5米。在场地原有肌理和属性的基础上，保留场地特色，赋予场地新功能，增加场地新活力，充分展现临平山周边现状资源特征，将其分为生态休闲段（5.5千米）、运动康体段（1.9千米）、滨水休闲段（1.5千米）、宜居生活段（1.7千米）、有氧体验段（5.5千米）五个特色主题段。临平山北侧绿道贯穿北侧山体景观轴，连接起八大节点，将生态休闲、健身运动各功能区块串联成一个宁静且跃动的绿道景观（图2-3-9）。

图2-3-8 口袋公园——洋园春晓

图2-3-9 临平山绿道

一园：临平山西侧运动休闲公园

临平山西侧运动休闲公园围绕临平山西侧原有的山谷、河流、植物而建，生态环境优美，西临星光街，南靠望梅路和宝幢路，总用地面积约61466平方米，景观绿化面积达55838平方米，建有运动场馆、驿站、游客服务中心等项目设施。其中，运动场馆包括有游泳馆、瑜伽馆、射箭馆、击剑馆、室内篮球馆等多个场馆，室外公园包括5人制足球场、室外篮球场、绿道、樱花谷、儿童游乐区、水上栈桥、水系等区域及设施。

由于老城改造涉及人员多、房屋类型复杂，加上区域周边场地狭窄，施工建设难度很大。在规划之初，临平区住房和城乡建设局明确“分批拆迁、分步建设、分块实施”原则，确保各个节点项目有序进场，有序开工。

临平老城有机更新分成两期推进，力争实现老城“复兴”之梦。其中一期主要包括山水慢行环西段——文化艺术长廊、7个口袋公园及临平山西侧地块，总用地面积约24.2公顷。其中文化艺术长廊范围涉及为民弄—景山路至一馆三中心，总长约600米，用地面积约5.06公顷。口袋公园7个地块，涉及临平街道6个口袋公园及南苑街道1个口袋公园，用地面积约1.80公顷。临平山西侧地块主要为星光街以南、望梅路以东、宝幢路—安平路以北地块，用地面积约17.34公顷。

二期主要包括山水慢行环二期工程、口袋公园二期工程、临平山二期工程，总用地面积约41.74公顷（图2-3-9）。其中，山水慢行环二期工程主要为北临星光街，南至河南埭路，东至北大街，西侧到沿山路，用地面积约13.03公顷；口袋公园二期工程主要为5个口袋公园及大园弄二期地块，用地面积约4.41公顷；临平山二期工程主要为星光街以南、望梅路以东、宝幢路—安平路以北，沿山路以西地块，用地面积约24.30公顷。

经过“有机更新”的老城核心区域，临平成为一个融山水、环境、配套服务于一体的品质慢生活城区，600多米长的文化艺术长廊百花争艳，口袋公园各具特色，老旧街道变身整洁宽敞的商业街区。这些街巷的“蝶变”，与大拆大建无关，而是通过温情规划为临平区推进适时、有度的城市有机更新添加的又一注脚。

（3）东部崛起行动

城市形象，事关生活品质的高低、高端人才的去留、产业项目的优劣，决定发展动能的强弱、经济社会的进退、城市未来的兴衰。2019年9月，余杭发布了《打造杭州接轨大上海融入长三角桥头堡暨靓城行动——推动“东部崛起”工作方案》，召开“靓城行动——推动东部崛起”动员会（图2-3-10），围绕“三个全域”建设，以及“打造杭州接轨大上海融入长三角桥头堡”要求，部署临平片区“靓城1618”具体实施方案。在临平大地上掀起一场轰轰烈烈的“环境大整治、品质大提升、全域大美丽”革命，全面促进城市“美化、序化、洁化、亮化、功能化、显文化”，努力实现城市提能级、发展拓空间、环境更靓丽、民生得改善，全面助力“东部崛起”。

该行动范围包含临平片区的临平新城、余杭经济开发区亮点平台和塘栖镇、运河街道、东湖街道、临平街道、星桥街道、南苑街道、乔司街道、崇贤街道8个镇街，总面积289平方千米，部署包括征迁拆违工程、老旧小区及背街小巷改造提升工程、老城有机更新工程、道路综合整治提升工程、城市绿道及公园建设工程、大运河文化带建设工程、上塘河文化带建设工程、农贸市场及社

图2-3-10 “靓城行动——推动东部崛起”动员大会
（图片来源：余杭发布. 城市再提质，能级再提升！“靓城行动”在临平片区打响揭幕战！[EB/OL].）

会停车场等配套设施完善工程、垃圾分类工程、美丽城镇及美丽乡村建设工程、多杆合一及标识标牌整治工程、杆线“上改下”工程、工地标准化工程、“五水共治”工程、城市亮灯再提升工程、城市敞亮工程、智慧城市建设工程等项目。

公园提升工程

经过靓城行动，临平山公园、东湖公园、丰收湖公园、体育公园……越来越多的公园落成，仲夏时节，临平处处绽放浓浓绿意，闲暇时，市民漫步其间，尽享沉浸在大自然里的美妙体验。作为临平新城“靓城行动”的一个缩影，丰收湖公园工程于2019年6月10日正式开工。丰收湖公园东至杭海路，西至九华路，北至出让地块，南至科城街，总用地面积约203亩，其中中央湖区面积90亩，绿化面积85亩，广场园路铺装面积28亩。丰收湖公园是九乔区域靓丽的景观核心，公园设计精于形、胜于意，通过地面、水面、空中多维游线交织交错，体现“人在画中、画在人中”的诗画园林空间（图2-3-11）。

道路提升工程

迎宾大道是贯穿经济开发区、临平老城区、临平新城核心区、乔司片区的主干道，也是临平城区一条重要的景观风情大道，承担着城区重要交通功能和社会服务功能。

图2-3-11 丰收湖公园

迎宾大道北延隧道工程起点为藕花洲大街与迎宾大道交叉口，通过西洋桥跨过上塘河后与邱山大街平交，然后下坡进入隧道，隧道下穿沿山路、星光街、沿山河后上坡，终点为荷禹路与振兴西路交叉口，路线全长2150米。其中隧道全长1265米，山岭隧道长625米，山岭隧道南端明挖隧道长257米，北端明挖隧道长383米，接线道路总长885米。隧道规模为双向4车道（不设人行道和非机动车道），地面主线为6～8车道。

迎宾大道北延隧道工程于2018年10月25日正式开工建设，山岭隧道于2019年3月28日开始爆破掘进施工，于2019年11月7日实现南北贯通。迎宾大道北延隧道工程项目极大改善了迎宾路至荷禹路段的交通通行能力，方便了临平山南、山北区块居民的交通出行，为临平经济、社会发展做出重要贡献。

绿道建设工程

截至2021年，临平全区绿道总里程达135千米，已初步形成塘超小径、超山环线绿道、临平山绿道、上塘河绿道、东湖绿道为骨架的绿道网络体系，为广大市民提供了休闲健身、观景游憩的绿色空间。

临平山绿道东起杜鹃园，西至临平山运动休闲公园，全长16.1千米。绿道全线掩映在山林中，植被葱郁，空气清新。沿途还建有设施中心、休息平台、雨水花园、健身广场等节点驿站，于富氧境地供居民体验趣味休憩空间。2020年，临平山绿道获评第四届“浙江最美绿道”。

塘超小径绿道起于古镇八字桥，分东、西两线，两线汇于超山北园，全长约16千米，其中滨水步道9.9千米。结合塘栖江南水乡特色，塘超小径将塘栖古镇—丁山湖—超山风景区有机串联，打造塘栖“名山、名湖、名镇”旅游中轴线，形成一条原生态的滨水步道和山林步道，极大提升区域环境品质和市民生活品质。沿途的丁山湖，被评为省级“美丽河湖”，风光秀美，市民常常能在此见到白鹭翩飞的美景。

上塘河绿道西起天都城，东至临东路，全长约11千米，绿道沿河而建，全线滨水，沿途经过星桥、临平、东湖、南苑等多个街道，贯穿临平副城东西，是临平区绿道“慢行系统”建设中的重要一环。绿道工程将场地内大乔木均予以保留，并合理增加了色叶类及开花类乔木，对中下层绿化进行梳理和更新，形成了水清岸美、环境优雅的独特风景线。

疏通城市“血管”工程

临平城区内老旧住宅居多、水网密布，雨污管线老旧破损情况严重。雨污废水改造，目的是从根源上把雨水与污水分开，做到“泾渭分明”。根据“污水零直排”要求，通过对建筑单独增设天台雨水立管，对破损的地下管网进行改造，将阳台废水与天台雨水彻底剥离，减少其对排水管网的冲击，从而大大缓解临平老城区大市政污水系统及下游污水处理厂压力，同时提高污水收集率和处理质量，减少对河道的污染。

临平于2019年率先启动“污水零直排”，全面开展道路雨污废水管网改造提升、住宅建筑阳台废水改造、立面管道改造和区域内各类排水设施改造提升。深入推进“五水共治”改善居民居住环境，助力临平“靓城行动”。通过前期排摸确定14个社区、125个生活类小区、1300余家沿街店铺，其中餐饮业商铺近300家。在开工前，全面实施生活小区及沿岸违章建筑拆除，清除河道垃圾，劝离沿岸垂钓，排查商铺隔油设施安装，强化排水口标示牌管理等工作，为雨污废水改造项目工程实施做好基础工作。

在污水零直排项目推进中，临平充分发挥“一社一品”作用，确保项目顺利实施。庙东社区发挥“红凳子议事会”作用，召集党员、组长、居民代表等，就居民反映的工程开挖影响部分停车位等问题，开展民主协商，确保了项目在30天之内全部完成。此外，位于沪杭高速与东湖路互通匝道内的“临平净水厂（全地埋式）”已全部竣工。该净水厂的投用也将进一步提升余杭城市污水承载能力，改善供水质量。

（4）共富单元行动

2021年7月14日，临平区召开区委一届二次全体（扩大）会议，提出“争当高质量发展建设共同富裕示范区样板”目标，审议通过了《临平区高质量发展建设共同富裕示范区样板实施方案（2021—2025年）》。方案提出，在争创共同富裕示范区样板过程中，临平要精心锻造“五个样板”，唱响产业美、生活美、人文美、生态美、治理美的幸福篇章。“五个样板”，即着力经济高质量发展，打造两业深度融合样板；推进高品质城区建设，打造优质生活共享样板；弘扬新时代精神文明，打造特色文化展示样板；建设全域美丽大花园，打造人居环境优化样板；构建橄榄型社会结构，打造全域社会治理样板。

为实现“五个样板”，临平全力实施“十大行动”：制造业高质量发展行动，包括实施“3521”制造业数字化转型行动，实施低效工业用地有机更新行动等；现代服务业扩容提质行动，包括壮大数字经济、现代金融、商务服务等生产性服务业，实施“以楼聚产”工程；中心城区品质提升行动，包括推进核心区域建设，加快推进老城区域有机更新等；幸福通道畅通行动，包括打造全方位立体交通体系，推进城市基础设施向农村延伸对接等；“学在临平”建设行动，包括实施学前教育“青蓝工程”、初中“提质强校”行动、普通高中高水平发展攻坚计划等；“健康临平”建设行动，包括完善医疗卫生资源布局，实施名医名护“双百”计划等；新时代文明实践中心提升行动，包括打造新时代文明实践“15分钟文明实践圈”“融合发展临平模式”等；大运河国家文化公园（临平段）建设行动，包括谋划布局大运河科创城等（图2-3-12）；强村富农建设行动，包括大力发展高质高效现代农业产业，实施新一轮“强村富农”政策等；“临平工匠”培育行动，包括创新技能人才培养模式，加大社会工作人才培育力度等。

共同富裕现代化基本单元是在共同富裕和省域现代化先行的大场景下谋划推进的一项具有前瞻性、引领性、系统性的工作，包括打造未来社区、城乡风貌样板区、未来乡村三大基本单元。

未来社区

未来社区作为共同富裕现代化城市基本单元，是“两个先行”从宏观谋划到

图2-3-12 大运河国家文化公园（临平段）

微观落地的变革抓手、集成载体、民生工程、示范成果，也是高质量发展建设共同富裕示范区的引领性工程、战略性工程、标志性工程。在首批杭州市级未来社区验收通过名单中，临平区龙兴、海珀、梅堰、杭海路共4个未来社区榜上有名。

南苑街道龙兴未来社区充分发挥民主议事协商机制，有效推动邻里、教育、健康等九大场景落地见效。社区于创建之初便成立党建综合体，针对居民集中反映的停车、养老、公共服务等问题，联合周边5个社区、8家共建单位和行业系统成立社区“邻里汇”党建联盟，通过推出邻里守望互助、“时间银行”养老服务等，切实解决居民需求痛点。同时，龙兴未来社区统筹多主体空间助力未来场景落地，将龙兴公园内一处闲置管理用房纳入建设，打造成为惠民“健康汇”。另外，引入心巢公益和浙江大学社会学系，提供公益项目孵化、公益组织孵化、社区志愿者培训、文化公益服务等服务内容，为社区社群、达人组织、志愿者团队的健康发展提供技术支撑（图2-3-13）。

东湖街道海珀未来社区现已建成九大场景并投入使用，直接受益居民超15000人。在创建过程中，海珀未来社区以“满足人民美好需求”为出发点，坚持系统重构、探索创新变革，提出“三社联创”概念，以海珀社区为主体，带动小林、映荷社区共创未来社区，通过实施“机制融、生活融、数字融”的“三融”策略，找寻破题“最优解”，建设集“党建引领新高地、民生服

图2-3-13　龙兴未来社区

务示范地、数字改革实践地、创新创业孵化地”于一体的“幸福生活共同体”（图2-3-14）。

临平街道梅堰未来社区地处临平老城核心区域，辖区内有临平第二幼儿园、临平第二小学及临平第三中学，教育资源丰富，“5分钟生活圈”内基本具备配套生活所需的服务功能和公共活动空间。在创建未来社区过程中，梅堰小区以党建为引领，以项目为抓手，把未来社区建设与老旧小区改造有机结合，积极推动老旧小区功能完善、空间挖潜和服务提升，逐步化解难题，提升人居环境，努力实现“全龄安康，数字治理”的美好社区生活愿景（图2-3-15）。

图2-3-14　海珀未来社区24h共享书房

图2-3-15　梅堰未来社区

乔司街道杭海路未来社区搭建了社区数字治理平台系统，加入智慧党建共建、智慧商业共建、垃圾分类管理、流动人口管理、社会组织管理和民生服务类模块，创建办事“杭海一码通”，做到“码上知、码上督、码上办”，形成线上线下高效处理机制闭环。平台可以把信息汇总，居民通过手机端进行意见反馈、事件上报、活动签到，让整个信息流通反馈更加高效便捷（图2-3-16）。

城乡风貌整治

临平区以开展城乡风貌整治提升为契机，对全区9个入城口进行了综合提升，有的以物造景，再现古海塘历史文化；有的打造立体花卉，扮靓城市门户形象；还有的规划设置鸿运来“临”雕塑，喜迎八方来客。除城市入口外，临平区还在道路和地铁口整治、河湖治理、公园绿道建设、标识牌提升、商业配套完善等方面下功夫，截至2022年8月，已完成3个首批省级城乡风貌样板区试点内的整治提升项目约30个。

2022年以来，临平区持续推动“门户客厅·艺尚小镇”“未来工厂·小林板块”“未来共富·海珀社区”3个省级首批城乡风貌样板区试点建设，高质量打造共富基本单元，逐步实现城乡风貌整体大美、人居环境宜居宜业、公共服务优质共享、城乡融合整体智治，成为展示浙江高质量建设共同富裕示范区的生动缩影。

“未来工厂·小林板块”风貌样板区建立了覆盖195公顷土地的地下管网数字

图2-3-16 杭海路未来社区

化生态系统，动态把控污水管网建设与运维情况，及时检测计算路面安全指数并标识风险，直观展示污水处理情况和路面安全状况。该系统自运行以来，已分析出21处高中风险点，各行业部门和建设单位齐抓共管，累计完成近105万次闭环处置。

“未来共富·海珀社区”风貌样板区依托海珀未来社区数字化平台开发的“宜来客”小程序，实现预约车位、房屋出租、报名活动、反馈意见等随时随地网上通办，不仅方便居民参与社区共治共建共享，还有效提升基础服务治理能效。

除了地面风貌，临平区还将风貌管控的触角延伸至“看不见”的地方。临平“门户客厅·艺尚小镇”风貌样板区采用三维辅助决策系统（图2-3-17），将区域每一栋建筑、每一处场地的信息都纳入平台，提供多视角的城市空间分析和感知模拟，通过匹配城市设计方案，使规划内容与周边环境相协调，更好地实现城乡风貌全域全要素整体管控。

未来乡村

未来乡村以“一统三化九场景”为总体架构，集成推进“美丽乡村+数字乡村+共富乡村+人文乡村+善治乡村”建设，着力构建引领数字生活体验、呈现未来元素、彰显江南韵味的乡村新社区，进一步加快缩小城乡差距、促进农民农村共同富裕。在“八八战略”城乡统筹发展思想指引下，临平区始终坚持以人为本推进乡村建设，深入践行“千万工程”，全面推动乡村振兴落地见效（表2-3-2）。

临平区未来乡村　表2-3-2

塘栖镇	塘栖村
	丁河村
运河街道	双桥村
	杭南村
	新宇村
崇贤街道	鸭兰村
	大安村

图2-3-17 “门户客厅·艺尚小镇”风貌区三维辅助决策系统大屏

塘栖村以“水韵塘栖·富美未来”为发展目标，充分展现优越的江南水乡风貌，拓展枇杷产业链条，带领村民真正实现共同富裕。塘栖村着眼“江南味”“村民情”“未来感”等发展要求，突出水乡、枇杷、文化、数字等特色要素，按照“1+1+10+N”模式，即1个共建共治共享平台、1个“水韵枇杷”创新特色场景、10个实用性未来场景、N个创新落实举措，以党建统领未来乡村建设，全力打造基层社会治理新样板、农业农村现代化新蓝图和共同富裕新示范。

双桥村以“薪火双桥·运河田园”为总定位，在农业研学旅游产业中寻得发展的方向，延续长征大队精神，打造双桥共富阵地。双桥村在“三化九场景”建设架构的指引下，聚焦智治、智富、智游，提高村庄数字化营运能力。推出“双桥共富”，借力乡村运营平台和“乡村四千红盟”运行机制，推动本村和周边村民共富。推出“双桥一机游”，以打造双桥全产业链为核心目标，丰富数字农业应用，自主制定游玩路线，预约研学课程。推出“稻穗银行”，根据村规民约量化每个奖惩行为的稻穗数量，补充6个奖惩指标，整合5大志愿者服务应用，以数字化手段推动“乡风文明”。

丁河村通过加大乡贤引育、强化产业招引、打造“鱼鹰团”供应链等途径，重点打造产业场景，实施共享工坊，成立乡产运营公司，探索丁河特色的共富之路。丁河村以共同富裕示范点建设为契机，打造集“食、宿、行、学、娱、赏”六大体验于一体的未来乡村丁河样板，围绕“整治、建设、提升”三大类进行建设，提升公共服务设施，突出“一老一小”、文化礼堂等场景建设。注重数字赋能，构建丁河数字文旅场景，打造“鱼鹰共富平台”场景。聚焦水上鱼鹰IP，打造乡产供应链，探索“特色+农产品+社区团购”的共富新模式。

鸭兰村充分发挥“中共杭州市第一个村支部”的红色文化资源优势，建设成集“学、食、住、行、游、购”于一体的红色研学全产业链体系发展模式，打造未来乡村“鸭兰样板”。鸭兰村以未来乡村建设为契机，以三化为价值坐标，提升认同感、获得感、幸福感，以特色场景指引生活、生产、生态的“三生融合”，以“革命红、数智蓝、生态绿”三色布局，立足鸭兰红色革命老区特色，打造富有红脉水韵特质的宜居、宜业、宜游的未来鸭兰。通过个性化、特质化、精品化、智慧化打造，改善生产生活条件，培育乡村新型业态，加快乡村发展。通过线下三中心+线上三平台建设，共同打造未来智慧乡村+农文旅产业融合的新型经济共同体。

新宇村以打造“追随总书记脚步”精品实践教育基地为核心，坚持农业绿色转型之路，大力发展生态高效农业，聚焦共同富裕，打造宜居、宜业、宜游的现代化乡村。新宇村以“1+2+4+10+N”模式作为新宇未来乡村建设的重要抓手。“1”即一个建设远景——“心莲新，共富宇”；“2”即共富研学、农业生产两大发展引擎；“4”即产、居、景、服四大提升方向；“10”即十大实用性未来场景；“N”即多个落实举措，在场景营建的同时，促进规划、设计、建设、管理、运营、维护和服务等方面的创新探索，创新构建盒马村、千亩荷塘、未来旅游等场景，助力未来乡村的可持续发展。

运河街道杭南村坚持以“美在自然、富在产业、根在文化、品在生活”为总方向，从乡村“变貌不变心”的基底出发，通过不断努力，成功创建第一批区级美丽乡村建设示范村、浙江省美丽乡村精品特色村。杭南村被评定为浙江省3A级景区村庄，同时还获有“浙江省善治示范村”“浙江省小康体育村”“浙江省民主法治村”等多项省级荣誉。杭南村秉承“绿水青山就是金山银山”理念，持续以“美在自然、富在产业、根在文化、品在生活”为总方向，做好全域美丽乡村扩面提升，推进农文旅融合发展，打造村级IP和品牌建设，共谋村庄村民共富大计，让强村富民梦照进现实。按照人本化、数字化、融合化、生态化、共享化等方面的建设要求，制定发展目标：一是继续提升公共服务配套，增强群众获得感和幸福感；二是积极探索“一老一小”服务新路径、新方法，完善居家养老服务和妇女儿童驿站；三是建成村庄小脑（数字驾驶舱）+小程序+数感终端的数字乡村矩阵。远期发展将实现“满足农民美好生活需要的幸福家园、村民更加向往的养生乐园、寄托人文乡愁的文化家园、人与自然和谐相处的生态家园、数智信息赋能的智慧家园、发展美丽经济的产业家园”六大未来乡村的衡量标准，依托基层党建、数字赋能，实现共同富裕。

崇贤街道大安村不断创新工作机制，夯实基层基础，依托“美丽乡村”“四好公路”等项目契机，扎实走出大安村乡村振兴之路，先后荣获浙江省卫生村、浙江省级民主法治村、浙江省级民主善治村、杭州市爱国卫生先进村、平安家庭示范村、杭州市文明村、杭州市生态村等数十项荣誉。大安村紧紧围绕人本化、数字化、生态化，依靠原乡人、归乡人、新乡人，通过造场景、造邻里、造产业，实现有人来、有活干、有钱赚，体验“乡土味、乡亲味、乡愁味”，构建邻里、文化、健康、低碳、产业、风貌、交通、智慧、治理、党建等未来场景，实现人与自然高度融合的诗意栖居，打造临平区共同富裕样板村。

截至2021年，全区城乡居民人均可支配收入分别达77184元、48705元，年均分别增长8.7%、10.2%，城乡居民收入倍差缩小至1.58：1；村均经营性收入达569.8万元，全面消除经营性收入80万元以下相对薄弱村；与此同时，乡村气质不断提升，创建省美丽乡村示范乡镇2个、美丽乡村特色精品村4个，省市未来乡村5个、精品村33个，获评中国美丽乡村建设示范县、浙江省新时代美丽乡村示范县。

（5）品质城区行动

城，所以盛民也；民，乃城之本也。城市承载着人们对美好生活的向往，也考验着管理者的治理智慧。2021年杭州部分行政区划优化调整后，临平区委、区政府把“数智临平·品质城区”作为战略总目标，制定了“南融、北创、东靓、西优、中兴”的城市发展战略。临平区城市更新政策由原隶属于余杭区单一老旧小区更新为主的策略转变为了涉及配套建设、危房改造、物业管理、“无废城市”建设、可持续运营等不同领域多角度、多方面的策略。

2022年3月，杭州市临平区人民政府办公室印发《临平区住宅小区配套中小学（幼儿园）建设管理暂行办法》，对配套中小学（幼儿园）的规划原则、建设管理和各部门工作职责等都作出了具体的要求指示，进一步建立健全临平区住宅小区配套中小学（幼儿园）建设保障机制。

2022年4月，杭州市临平区人民政府办公室印发《临平区城乡危旧房屋治理改造管理办法》和《临平区老旧住宅小区物业管理改善工作实施意见》,《临平区城乡危旧房屋治理改造管理办法》中提出应根据房屋安全鉴定机构鉴定结果，针对不同危险等级的房屋采取分类处置的方法，切实排除城乡危旧房屋安全隐患，加强城乡危旧房屋管理，保障居住和使用安全，促进房屋有效利用；《临平区老旧住宅小区物业管理改善工作实施意见》中提出了要以习近平新时代中国特色社会主义思想为指导，建立老旧住宅小区“低收费、广覆盖、有减免”的物业管理长效机制，实现有物业管理用房、有专职队伍、有资金保障、有公共保洁、有秩序维护、有停车管理、有设备维保、有绿化养护、有道路保养、有维修服务等“十有”要求，使老旧住宅小区环境美观整洁、配套较为完善、安全防范得到加强，有效提升城市整体形象。

2022年6月，杭州市临平区人民政府印发《杭州市临平区新一轮制造业“腾笼换鸟、凤凰涅槃”攻坚行动方案》，提出攻坚行动的总体要求为对标对表高质量发展建设共同富裕示范区、现代化先行省、碳达峰碳中和新目标新要求，深化

“亩均论英雄”改革，坚决实施淘汰落后、创新强工、招大引强、质量提升攻坚行动，加快质量变革、效率变革、动力变革，全面打响“临平制造”品牌，着力构建“3+1+X”现代化产业体系。同时指出了本方案的主要三大任务：实施低效整治攻坚行动、实施创新强工攻坚行动、实施招大引强攻坚行动，并详细讲述了三大任务下的20条具体措施。

2023年1月，杭州市临平区人民政府印发《临平区深化“无废城市”建设工作方案》，指出了要以习近平生态文明思想为指导，认真贯彻省第十五次党代会精神，落实省市关于全域“无废城市”建设的决策部署，对标打造生态文明高地，完整、准确、全面贯彻新发展理念，统筹城市发展与固体废物管理。以数字化改革为总牵引，以“无废城市”创建为总抓手，充分调动政府、企业和社会三方积极性，突出资源化、协同减量化和无害化，强化全链条治理，注重减污降碳协同增效。全面、系统、整体推进一般工业固体废物、危险废物、生活垃圾、建筑垃圾、农业固体废物等五大类固体废物污染防治，大力推进临平区“无废城市”建设工作，促进形成绿色的发展方式和生活方式，奋力展现“重要窗口”的临平风采。文件中还具体指出了创建“无废城市”的具体工作任务及保障措施。

2024年1月召开的区委一届八次全体（扩大）会议提出了“当好桥头堡、建设示范区”的新使命，在此基础上谋划实施的七大行动进一步将增进民生福祉的理念贯彻到底（图2-3-18）；要举全区之力深入实施“南融”等发展战略，聚焦南片区24.5平方公里核心板块，联动三大平台发展引擎，注重“产城人文”多驾马车齐头并进，全力推进“城东新中心”建设。这是谱写高水平建设“数智临平・品质城区”新篇章，也是建设交通更通达、产业更优质、生活更便利、城乡更美丽、合作更紧密的“双融”示范区的根本所在。

图2-3-18 区委一届八次全体（扩大）会议
（图片来源：今日临平. 在全省勇当先行者谱写新篇章中当好桥头堡建设示范区［EB/OL］）

运营前置

在打造“杭州城东新中心”的过程中，临平将产业规划摆在首位，积极推动临平数智城区等区域快建快成、成片成势，打造城市新地标。在数字经济方面，依托算力小镇、艺尚小镇，临平新城已经形成了数字经济、数字时尚、数字贸易三大重点产业，集聚5G、工业APP、人工智能、云计算、大数据等领域服务商。未来，临平新城仍将持续发力，全力推进阿里云数据中心建设投运，打造一个集数据交易、清洗、行业数据分发于一体的算力中心。

差异化的公共服务配套

为提升公共服务的质量，临平充分挖掘地方特色，打造差异化的公共服务配套，例如通过建设艺尚小镇，打造面料博物馆，展示当地丰富的纺织历史和艺术传统，吸引游客和居民前来参观；又如在全域土地综合整治后，盘活近5000亩集中连片都市中央田园，计划嵌入适合年轻人的文旅项目，以满足年轻人对多样化体验的需求；依托京杭大运河临平段、塘栖古镇等历史文化保护主体，打造“宋韵临平，运河水乡”文化品牌。

文化临平工程三年行动

临平区在赓续历史文脉上塑标识，启动实施新一轮文化临平工程三年行动，深入挖掘以大运河为核心的历史文化资源，推动文化事业和文化产业全面发展，擦亮“古今运河・时尚临平”城市IP。在优化文化供给上显特色，做深做实“后亚运”文章，构建“体育+”产业生态；进一步发展数字文化产业，构建“1+N”数字视听产业集群，打造全国微短剧产业发展高地、杭州北部数字视听高地。在涵养文明新风上创品牌，全域深化文明单元创建，深入实施“浙江有礼・和润临平”“星耀工程”，以文明实践涵养文明新风，以文化主动推进人民精神生活共同富裕。

城市提气质，生活才有品质。作为全省最年轻的市辖区，临平从设区伊始就聚焦“品质”二字，统筹兼顾、分类分步推进自然生态修复和人居环境提升，持续打造美丽临平。2023年更是按下“加速键”：乔司全域土地综合整治与生态修复国家级试点快速推进，近5000亩集中连片都市中央田园精彩亮相；大运河国家文化公园（临平段）郊野段绿道全线贯通，启航创新创业中心正式开园；崇贤入城口获评省级城乡风貌整治提升优秀案例；“未来共富”城市新区风貌区、“运河水乡”县域风貌区获评省级样板区。和美乡村的“临平模样”愈发清晰，品质城区的“临平图景”持续彰显。

城市前行，更新不止。在全省“勇当先行者、谱写新篇章”、全市“勇攀高峰、勇立潮头”新征程中，临平将进一步做优“品质”的文章，深入实施美丽临平品质升级行动、现代文明共建共享行动、共富成果可及可感行动，通过具体而微的举措，让公众真切感受到城市的更多善意和温暖，汇聚全区人民群众的智慧力量，共同将城市建设得更美好。

— PRACTICE

3

实践篇

改造后的星光街实景

城市更新改造是一个复杂的系统工程，更是一项长期的民心工程。更新实践受到多种因素的支配和制约。因此，城市更新实践的类型模式不仅要考虑产业结构等诸多问题，还要在深入了解旧城区的原有城市空间结构和原有社会网络及其衰退根源的基础上，兼顾社会、经济、文化和空间等多种因素影响，针对各地区的个性特点和功能特点，因地制宜，运用多种途径和多种手段进行综合治理和更新改造。

立足于我国城市经济社会发展的现实需求，住房和城乡建设部办公厅发布了首批8类28个城市更新典型案例，即既有建筑更新改造、城镇老旧小区改造、完整社区建设、活力街区打造、城市功能完善、城市基础设施更新改造、城市生态修复、城市历史文化保护传承8类。《杭州市人民政府办公厅关于全面推进城市更新的实施意见》对城市更新划定了“7+1”城市更新类型，即居住区综合改善类、产业区聚能增效类、城市设施提档升级类、公共空间品质提升类、文化传承及特色风貌塑造类、复合空间统筹优化类、数字化智慧赋能类以及市政府确定的其他类。

水乡泽国中诞生的临平，沉淀了江南水乡基因中所蕴含的精致、细腻、温柔、典雅等特色。在历史长河的演化后，其生活艺术化，并最终积淀成临平温情宜居的城市格局。在“城市更新行动”和“共同富裕示范区”双重政策引导下，临平的城市有机更新实践从追求共同富裕的宏大目标出发，由关注民生的温情细节切入。临平城市的管理者、设计者始终聚焦于老百姓的幸福感、获得感和安全感，传承临平记忆，演绎温情场景，营造共富氛围，因此涌现了许多优秀案例，如临平文化艺术长廊更新项目及其相关做法入选中央宣传部、文化和旅游部、国家发展改革委联合遴选的基层公共文化服务高质量发展典型案例；梅堰小区把未来社区建设与老旧小区改造有机结合，盘活整合资源，植入了老年食堂、亲子学堂、日间养老照料中心等功能，同时完成103台电梯加装，“老破小”变身电梯房；乔司至东湖连接线工程获2022—2023年度国家优质工程奖；大运河国家文化公园（临平段）串起城市和乡村，成为新时代的共富廊道……

本书的作者主要来自中国电建集团华东勘测设计研究院有限公司、杭州市临平区住房和城乡建设局、东南大学和浙江华东工程科技发展有限公司。针对临平人民群众对居住、就业、公共服务和文化精神等方面的需求和临平地域的特点，通过深度参与临平城市更新实践，充分结合城市有机更新和共富实践的理论、政策和具体工作，本书精心选择21个典型案例（图3-0-1、图3-0-2），聚焦公共空间品质提升、基础设施改善提升、居住区综合改善、山水资源活化利用、文化传承和特色风貌塑造、产业聚能增效和城乡共富发展7大类型（表3-0-1），全方位展示“温情社会·共富实践”的临平样本。每个案例既有实践内容，又有理论剖析，既从思路上启发，又从模式上借鉴，系统呈现了临平在有机更新取得的突出建设，形成了一批可复制可推广的实践成果，进一步拓宽了临平建设有机更新城市的探索之路，也将为未来进一步更新探索提供重要借鉴。

7 大类型 21 个典型案例　　表 3-0-1

<table>
<tr><th>7大类型</th><th>实践案例</th></tr>
<tr><td rowspan="5">公共空间品质提升</td><td>临平文化艺术长廊</td></tr>
<tr><td>临平沪杭高速入城口</td></tr>
<tr><td>乔司绿道</td></tr>
<tr><td>杭浦绿道</td></tr>
<tr><td>亚运场馆周边环境提升</td></tr>
<tr><td rowspan="3">基础设施改善提升</td><td>乔司至东湖连接线</td></tr>
<tr><td>星光街整治</td></tr>
<tr><td>迎宾大道北延隧道（邱山北园）</td></tr>
<tr><td rowspan="3">居住区综合改善</td><td>保元泽第改造</td></tr>
<tr><td>新城花苑改造</td></tr>
<tr><td>梅堰未来社区改造</td></tr>
<tr><td rowspan="3">山水资源活化利用</td><td>超山一丁山湖综合保护</td></tr>
<tr><td>丰收湖公园</td></tr>
<tr><td>临平西侧运动休闲公园</td></tr>
<tr><td rowspan="3">文化传承及特色风貌塑造</td><td>上塘河滨水公共空间提升</td></tr>
<tr><td>安隐寺遗址公园修复</td></tr>
<tr><td>临平口袋公园</td></tr>
<tr><td rowspan="2">产业聚能增效</td><td>艺尚小镇街区改造</td></tr>
<tr><td>陆家桥工业园改造</td></tr>
<tr><td rowspan="2">城乡共富发展</td><td>新宇村共富实践中心</td></tr>
<tr><td>大运河国家文化公园（临平段）</td></tr>
</table>

3.1 公共空间品质提升

城市公共空间是城市整体的有机组成部分，是城市赖以生存和可持续发展的重要条件。作为城市的“第三空间”，城市空间是反映城市结构和生态的调节器，是生活质量的重要指标。同时，它作为城市的“呼吸之地”，是市民日常生活的舞台，也是城市形象与文化底蕴的展示窗口。在共富实践的大背景下，城市公共空

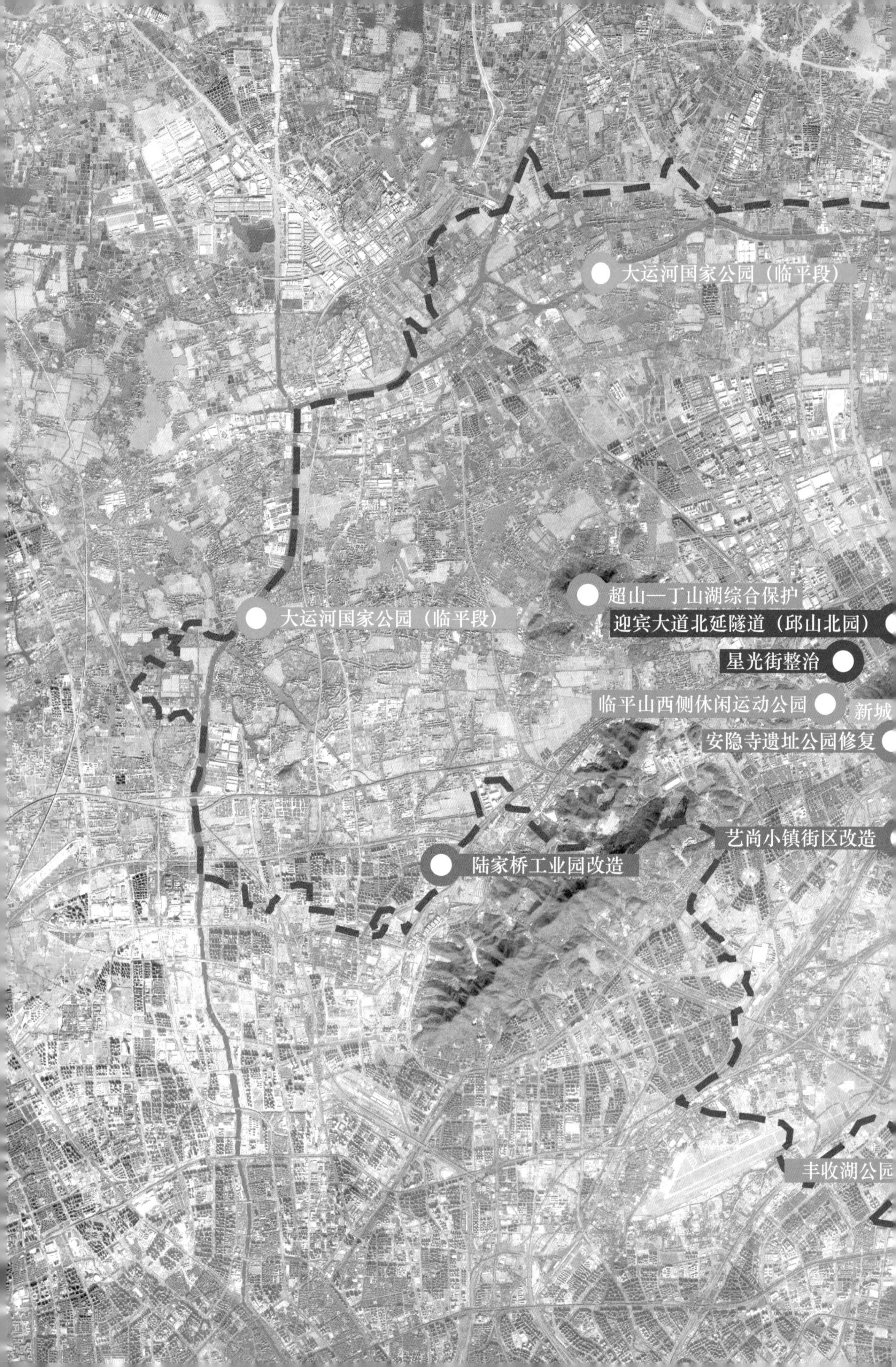

大运河国家公园（临平段）

超山—丁山湖综合保护

大运河国家公园（临平段）

迎宾大道北延隧道（邱山北园）

星光街整治

临平山西侧休闲运动公园

新城

安隐寺遗址公园修复

艺尚小镇街区改造

陆家桥工业园改造

丰收湖公园

新宇村共富实践中心
临平文化艺术长廊
梅堰未来社区改造
口袋公园
上塘滨水公共空间提升
亚运场馆周边环境提升
保元泽第改造
沪杭高速入城口
杭浦绿道
乔司至东湖连接线
乔司绿道
公共空间品质提升
临平文化艺术长廊
沪杭高速入城口
乔司绿道
杭浦绿道
亚运场馆周边环境提升
基础设施改善提升
乔司至东湖连接线
迎宾大道北延隧道（邱山北园）
星光街整治
居住区综合改善
保元泽第改造
新城花苑改造
梅堰未来社区改造
山水资源活化利用
超山—丁山湖综合保护
丰收湖公园
临平山西侧休闲运动公园
文化传承及特色风貌塑造
上塘河滨水公共空间提升
安隐寺遗址公园修复
临平口袋公园
产业聚能增效
艺尚小镇街区改造
陆家桥工业园改造
城乡共富发展
新宇村共富实践中心
大运河国家文化公园（临平段）
图3-0-1　项目分布图

图3-0-2 项目推进时序图

隧道

丰收湖公园 2018.04

沪杭高速入城口 2018.09

乔司绿道 2019.02

改造

上塘河滨水公共空间提升 2020.06

星光街整治 2019.11

临平山西侧运动休闲公园 2019.08

造

超山—丁山湖综合保护 2023.05

安隐寺遗址公园修复 2023.05

艺尚小镇街区改造 2024.01

公共空间品质提升　居住区综合改善　文化传承及特色风貌　城乡共富发展

基础设施改善提升　山水资源活化利用　产业聚能增效

间环境的提升显得尤为关键。这不仅仅是为了美观，更是为了激发城市的景观活力与空间效能。当广场上的雕塑栩栩如生，公园里的绿植郁郁葱葱，街道两旁的建筑风格独特，城市的面貌焕然一新，市民的自信心与归属感也随之增强。这种改变不仅是外在的提升，更是一种内在的触动。优美的环境能够陶冶情操，激发人的创造力，市民们更愿意走出家门，参与到各种文化活动中，与城市共同成长。

临平在城市更新实践中，充分挖潜公共空间，坚持把最优质的公共资源留给人民，并以5—10—15分钟生活圈布局各种公共服务设施和活动空间，切实提升人民群众的幸福感。临平公共空间的提升，不仅是建筑的更新，更是对生活的升华，通过实施一系列项目，如临平文化艺术长廊、临平沪杭高速入城口、乔司绿道、杭浦绿道以及亚运场馆周边环境提升工程等，优化了公共空间布局，串联起优质公共空间，提高了居民的生活品质。

临平文化艺术长廊贯穿老城区，构建上塘河与临平山之间的慢行走廊，为老城居民增加集图书馆、文化艺术交流中心、戏曲交流中心、幼儿园、停车场于一体的公共空间，重新激发老城生机；临平沪杭高速入城口提升了临平的辨识度，也为周边居民提供了一个环境优美的公园；乔司绿道和杭浦绿道则是对城市空间优化利用的典型案例，通过嵌入式体育场地的打造，不仅节约城市空间，也使得绿道功能更加多元化，满足不同人群的需求；亚运场馆周边环境提升工程则是对城市形象的一次全面升级，通过景观环境改造、市政道路改造以及建筑立面改造等措施，为杭州亚运会打造了一个优美的城市环境。

这些典型案例的实施，对于温情社会的营造具有重要意义。优质的公共空间不仅是城市发展的助推器，更是市民幸福生活的保障。临平通过改善公共空间环境，为城市注入更多的文化与艺术元素，使临平真正成为宜居宜业宜游的“乐园”。

3.1.1 老城公共利益的保护尝试——临平文化艺术长廊

“旧时王谢堂前燕，飞入寻常百姓家。”老城，是历史的活化石，静静地伫立在时光的长河中，默默见证着历史的波澜壮阔与沧桑变迁。诚如陈寅恪先生所说，“凡解释一字，即是作一部文化史”。老城是一部无声的史诗，每一砖每一瓦都记载着古人的智慧与品格，每一街每一巷都承载着过去的辉煌与记忆。临平文化艺术长廊项目的设计，正是对历史的致敬，是对文化的传承，更是对美好生活场景的演绎。文化艺术长廊项目将老城区的公共利益与文化保护相结合，通过艺术与建筑的

图3-1-1 临平文化艺术长廊更新前后对比鸟瞰图

完美融合，重塑了历史风貌，唤醒了城市记忆，成为居民的文化生活阵地和“精神家园”，让整个临平如沐春风，焕发精神（图3-1-1）。

（1）项目概况

2016年，G20峰会在杭州召开。杭州向世界展示一个现代化、开放、包容、创新的城市形象。在临平区政府的领导下，中国电建华东勘测设计研究院积极参与临平老城区的更新实践。

临平老城区有机更新项目范围东至临东路、南至世纪大道、西至望梅路、北至星光街，总面积约12平方公里。项目范围内景山路、为民弄位于临平老城的心脏地带，北连临平山，南接上塘河，周边自然资源丰富，同时临平图书馆、临平画院、小百花艺术中心等城市中重要生活功能聚集于此，被称为“临平城市CBD”，作为临平老城核心，见证了临平历史的繁华。然而，截至改造前此区域发展已多年停滞不前，区域内人口密集，建筑密度大，城市配套设施和基础设施陈旧，环境卫生较差，停车难上加难，市民活动的空间极其有限。同时，图书馆、画院等文化生活功能在临平新城建设中逐渐完善，此处的文化功能渐渐消失。临平小百花艺术中心等一大批建筑因功能落后，不能适应新的使用要求。区域内有历史保护价值的建筑，因为年久失修和违章搭建，正在摇摇欲坠，老城居民大多想“逃离”老城。临平区正是按照习近平总书记“人民城市人民建、人民城市为人民”的理念引领，启动临平文化艺术长廊有机更新项目，作为临平城区最核心的更新项目，如何“复兴”老城吸引了各界人士的关注（图3-1-2）。

（2）设计方案

2017年4月，由临平区住房和城乡建设局主持，临平文化艺术长廊有机更新项目正式启动。中国电建华东勘测设计研究院承担了“策划—规划—设计—施工”的全过程工作。怀揣着改变老城生活的抱负，通过长时间的调研、分析以及实践，设计团队并未大拆大建，而是通过在临平老城的核心区域打造一条贯通老城南北、服务于居民的带形公园长廊，以及一系列公共服务建筑，与临平山、上塘河共同形成“一山一水一长廊”的临平区域空间新格局（图3-1-3）。

①余杭教育局（原临平画院）
②余杭疾控中心
③余杭人口和计划生育局
④余杭机关事务局
⑤余杭区文广新局（原临平图书馆）
⑥小百花艺术中心
⑦余杭区文化市场行政执法大队
⑧临平第三幼儿园
⑨机关筒子楼
⑩垃圾中转站

图3-1-2 文化艺术长廊及周边资源分布图

文化艺术长廊北起临平山文化公园，南通上塘古运河，全长600米，东西40~90米，如脊椎般联系老城各个功能区域，辐射周边住宅群、行政机构、商业、学校等，重新激发老城生机，也成为临平全区的网红文化地标。设计以丰富的文化资源和独特的地域特色为基础，以共融为主题，借助现代艺术的表现形式，延续了原临平画院、临平图书馆、小百花艺术中心的文化功能（图3-1-4），营造集丰富的林下空间、低碳环保的绿色建筑、完善的无障碍设施、智慧化的共享生活于一体的绿色生态长廊。

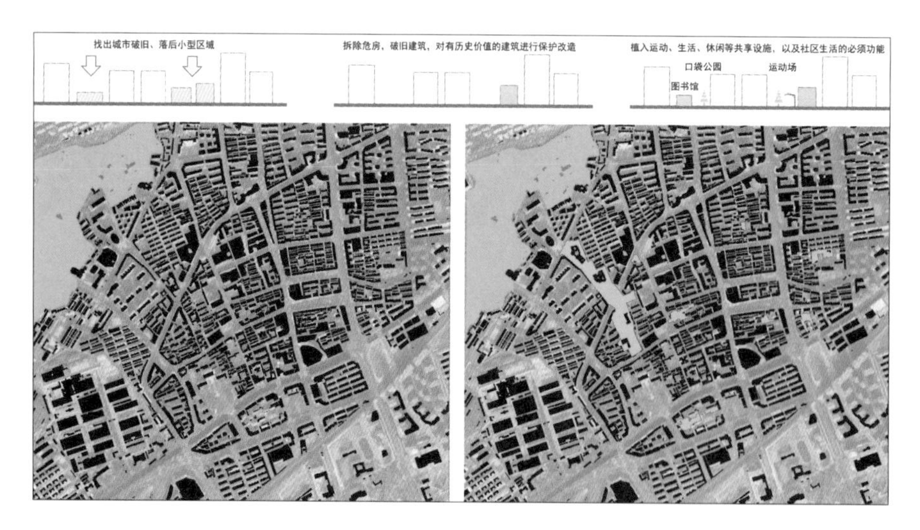

图3-1-3 一山一水一长廊

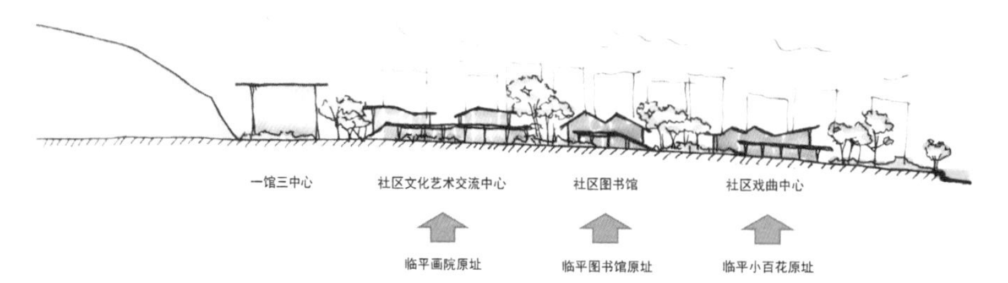

图3-1-4 延续文化功能

在总体空间布局上，文化艺术长廊呈现“一廊四区”的布局。一廊指慢行长廊，通过主要的步行空间将“形”“音”“书”“画”四个公共文化空间进行串联，使各节点凝聚成一个整体，形成富有活力的艺术街区。四个艺术区分别为画之廊区、书之廊区、音之廊区和活力廊区。其中画之廊区位于整个场地北侧，利用临平画院原址原有的浓郁书画文化，将其整合提升，建设文化艺术交流中心，形成新的艺术体验模式，除了定期的大师艺术展览外，更多是和北侧的少年宫、老年大学结合，展示普通居民的书画创作，为社区居民提供了更多的文化交流与展示平台。艺术长廊东北侧，对原有40年的特色建筑进行保留改造，恢复其传统面貌，保留城市形象记忆，同时对整个艺术长廊周围的老旧小区进行特色化的整治和修复。书之廊区由临平图书馆原址建设而来，老馆承载着临平一代人的记忆，本次设计通过景观和建筑的融合，植入山水文化，结合最先进的社区级服务理念，打造成为一个现象级的杭州书房，为周边居民提供了一个愉悦的阅读场所。音之廊区依托小百花艺术中心原址，在40余年的历史中，小百花虽扎根于此，然而长期失修并逐渐失能。在本次设计中，建设了一个新的社区戏曲中心，包括一个可供表演的戏曲大舞台，并植入戏曲茶苑，传统戏曲讲堂等功能，将中国传统戏曲，融合到周围居民茶余饭后中去，成为未来社区的场景之一。活力廊区位于文化艺术长廊南侧，主要以广场活动空间为中心，结合童趣天地、综合球类运动、林荫休憩等功能，满足周边居民休闲运动需求（图3-1-5）。

在交通方面，设计实现快慢交通分流，场地西侧为快速通行步道，中部设置慢行游览线路引导人群至各个活动场地。为了解决老城停车难的问题，用地北侧建设了158个车位的地下停车库，采用了最新的设计技术和施工工艺，并且采用最新科技的停车引导系统，通过有机更新真正去缓解老城区停车难，停车场建设困难的问题。

在建筑设计方面，文化艺术长廊上的建筑群，以庭院、山水、竹木、趣石作

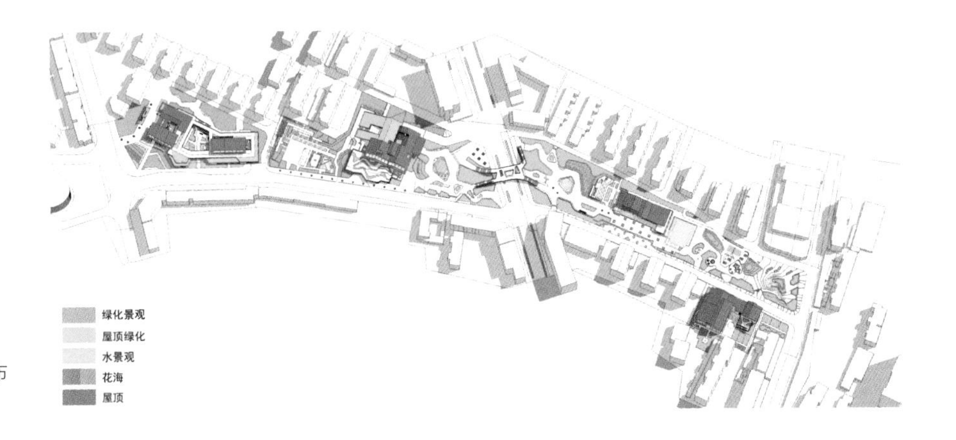

图3-1-5 “一廊四区”总体布局结构

为四组建筑的设计来源，统一采用复折屋顶的形式，展示中国传统建筑和现代建筑结合的魅力；同时对整个艺术长廊周围的老旧小区，也进行了特色化的整治和修复，通过倾听居民的诉求，对已有结构进行修复，增加防水等，不仅提升了形象，也为居民带来温情感受。

图3-1-6　改造后局部鸟瞰图和节点图

在景观设计方面，采用互动性、精致化的设计理念，将城市居民日常的休闲活动融入空间，通过空中廊桥、草阶及台地等形成多样的慢行路径，串联休闲广场、儿童活动空间、户外舞台等活力空间，给人富有趣味的游览体验。在文化艺术长廊的雨水设计中采用了雨水处理系统、光伏系统、海绵城市系统等大量的先进工程技术，打造出一个节能、节水、舒适、智能的临平新绿色长廊，为城市可持续发展提供样板（图3-1-6）。

同时，针对不同群体的公共文化服务需求，深入梳理当地历史，策划了一系列特色化、个性化、多样化的公共文化服务活动，形成了独具特色的品牌活动，从而促进了公共文化服务的更广泛覆盖。

（3）实施效果

2023年2月，由中央宣传部、国家发展改革委、文化和旅游部组织遴选的基层公共文化服务高质量发展典型案例公布，“临平文化艺术长廊：市民身边的品质文化集聚区”项目从全国196个申报案例中脱颖而出，成功上榜。作为老城有机更新的先行者，文化艺术长廊以人文关怀、生态友好和科技数字化为核心价值，开创了未来社区发展的新范式，为未来城市的有机更新发展奠定了坚实的理论和实践基础。

文化艺术长廊的建设也为当地社会带来了丰富的社会效益，为城市的文化建设注入了新的活力。长廊里的戏曲交流中心排练厅已成为不少艺术团的“根据地”，戏迷会、舞龙队等58支民间特色文体队伍长期在此排练演出，年均观众

图3-1-7 艺术长廊基础设施

10万余人次。临平智慧图书馆，则是书粉心目中的网红打卡地，在这里，沉浸式阅读、互联网听书、电子大屏引导等智能服务方便快捷，传统的书架也实现了智能化——在显示屏上输入书名，图书所在书架层会立即亮起蓝色指示灯。在日常运营过程中，临平文化艺术长廊也推出智汇临平讲坛、书林韵事、智慧漫画等一系列本土文化品牌，打造“智慧星”志愿服务品牌，鼓励、动员和组织居民参与公共文化志愿服务，构建起政府、社会、市场共同参与的格局，实现公共文化服务的可持续发展。

如今，临平文化艺术长廊不仅是临平文化新地标，也成了居民群众最受欢迎的文化会客厅，并先后荣获美好生活长三角公共文化空间创新设计大赛“百佳创意空间奖”“网络人气奖”、浙江省公共服务大提升典型案例等一系列荣誉。文化艺术长廊的建成不仅是一项城市建设工程，更是一项带来区域环境提升和社会效益的重要举措，为城市和社区的共同富裕及可持续发展注入了新动力（图3-1-7）。

（4）创新与特色

通过对老城公共利益的保护及改造尝试，临平老城重新焕发了活力，成为市民休闲娱乐、文化艺术交流的重要场所。本项目在从策划到落地的全过程咨询、全专业整合、施工体系、智慧提升都展示了特色和创新。

1）全过程工程咨询能力。在前期策划阶段，将老城更新片区看作一个有机生长、新陈代谢的生命体，采用渐进、适应的改造方法，并营造融合阅读、艺术、展览等多维业态空间。在规划阶段，坚持把最好的空间留给人民，延续了原有地块的肌理和尺度，将山水相连，形成别具特色的生态通道，留住了临平的历史记忆。在设计阶段，进行充分的现场踏勘考察和实验论证，将居民的幸福感放到第一位，并且将新的文化、艺术活动融入其中，创造出充满人本精神的场景空间。施工过程中不仅考虑周围老居民楼的安全问题，还对民生相关的施工工艺进行优化与论证，形成了完善的施工体系。在后续的运营维护，采用“阿里云”系统减少运营成本，增加智慧化体验。

2）全专业整合能力。文化艺术长廊除了有传统的房建工程、景观工程、道路工程，还有大跨度钢结构天桥、立面整治、市政管线更新、夜景灯光、智慧城市等专业工程，几乎囊括了城市建设的所有内容。设计团队对建设整体方案不断优化，强化设计、采购、施工各阶段工作的合理衔接，确保建设项目在进度、成本和质量上得到有效控制。

3）适合老城更新的施工体系。项目位于临平老城中心区域，周围人口密度很大，考虑周围老居民楼的安全问题，对包括围护方案、施工减噪方案、减尘方案等有关民生的施工工艺进行了无数次优化和论证，形成了一套完整的老城更新项目的施工体系，在同类项目中尽可能用最短的工期内完成最高效的品质，减少施工期对周围老百姓的生活影响。

4）构建多样智慧化场景。项目通过数字文化赋能，对长廊进行整体智慧化的打造，采用先进的智慧社区理念，以物联网（IoT）、人工智能（AI）以及云计算为技术基础，对数据进行结构化分析处理，实现上层应用场景智能化联动，提供一个可承载多个应用及运营方案的智慧云平台，打造一个安全、舒适、绿色、高效的智慧社区，包括无人超市、无人值守图书馆、气候环境自动调节、幼儿安全、行车引导系统、智能小屋，数字管理系统等28个场景，使老城居民能随时步行享受文化的熏陶，感受老城生活的乐趣，体验智慧化带来的开放与共享（图3-1-8～图3-1-10）。

创新与特色的设计方案，使得临平文化艺术长廊不仅成为一个艺术与文化的

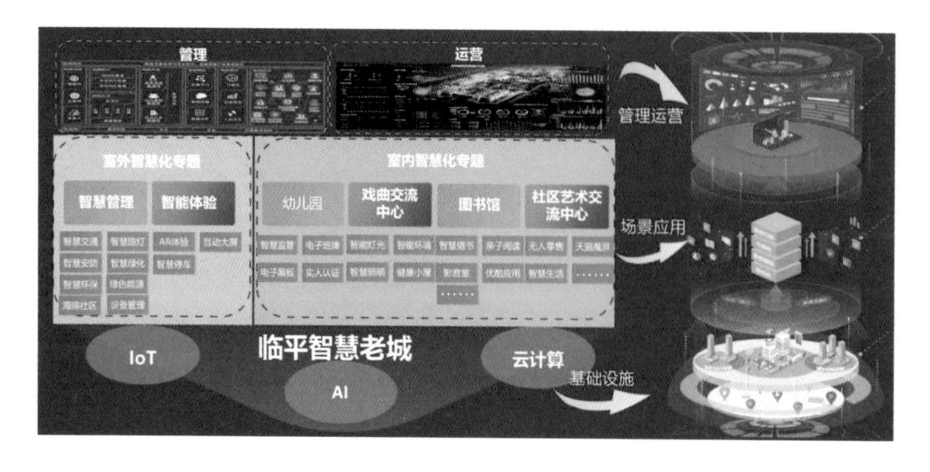

图3-1-8　文化艺术长廊智慧管理系统

图3-1-9 智慧图书馆

图3-1-10 图书馆

展示平台，更是社区文化生活的延伸与扩展，为居民提供了更丰富多彩的生活体验。这里成为临平的新地标，为这座城市带来了文化的润泽，为居民们打造了一个心灵交流的乐园。在这里，人们沉浸在文化的海洋中，感受着艺术的魅力，共同编织着一幅幅温馨动人的温情画卷（图3-1-11）。

图3-1-11 文化长廊建成使用后景观与基础设施

3.1.2 城市第一辨识度——临平沪杭高速入城口

2017年，随着杭州市城市有机更新的推进，临平高速入城口迎来了一次重要的升级改造。作为连接城市与外界的重要通道，高速入城口不仅是城市建设的关键节点，也是展现城市形象的首要窗口。自G20峰会之后，借助城市有机更新的契机，杭州市开启了对入城口整治工程的新一轮推进。临平沪杭高速入城口的改造建设，打造城市第一辨识度，成为杭州市对外交流的重要纽带和展示平台。此次改造不仅提升了城市入口空间的整体面貌，更优化和完善了城市功能，也极大地增强了城市形象的影响力，有效推动了城市的有机更新。这些努力旨在以城市门户的空间提升为驱动，促进城市的全面发展，从而显著提升城市的形象和能级（图3-1-12）。

（1）项目概况

本项目位于沪杭甬高速临平收费站入城口区域，总占地约8.5万平方米，遵循余杭区“全域美丽”和“靓城行动”的城市更新建设目标。项目秉承“绿色门户、城市山林”的设计理念，通过地形改造、植物景观提升、配套设施完善等途径，成功转型为一个“不离繁华而获山林之怡，大隐于市而有林泉之致”的迎宾

图3-1-12 整治后公园俯视实景

图3-1-13 整治前后对比图

公园。这一转变不仅提升了城市的景观价值，也为市民提供了一个兼具自然美景与休闲功能的绿色空间（图3-1-13）。

（2）设计方案

本次改造项目以“绿色门户、城市山林”为总体设计目标，采取了“半面半园”的设计策略，针对地块定位不明确、空间层次单调、配套设施不足、缺乏绿地参与性、绿化品质不佳以及交通组织混乱等问题进行有目的的设计，即通过沿收费站及迎宾路一侧打造入城口形象的展示区域，将北侧腹地改造为可游可憩的城市公园，打造一幅兼具人文景观与自然生态之美的城市山水画卷。

通过掇山理水，遵循“山有气脉、水有源头”的自然规律，搭建“淡烟流水城景幽”的城市山水空间骨架。设计遵照城市山水肌理特征，使用构建山水城市特色空间形态健康发展的途径和方法，对城市发展的综合效果、与周边空间联系的便捷程度、交通组织和城市发展方向高度契合等问题进行统筹思考，融合中国传统园林造园技巧与自然条件，以顺应之势引导，使得人工空间与自然环境得到和谐共融。通过精心设计的“山—水—城”三维空间，展现出宜人的尺度感和美感，赋予城市生动的山水景观及其带来的宁静与活力（图3-1-14）。

为契合地形地貌，广植嘉木。春赏繁花如雪，夏纳积翠繁荫，秋观林泉烟霞，冬看疏林晚照，四时之景不同，在这一方天地间充满诗意与婉转。公园依山傍水，地形曲折多变，设计原则在于营造整体感、连续性和精致性，布局自然而得体。植物季相分明，展现了“樱林漫步、樱海融春、樱飞山林、山水入境、红叶掩映”五大空间序列，形成可观、可赏、可游的特色迎宾氛围（图3-1-15）。

▲图3-1-14 空间及竖向关系分析图组图

◀图3-1-15 园内局部空间效果图

遵循以人为本。所谓“城面园心”，增加公园配套设施，完善交通组织，打破常规入城口功能属性，承载着入口迎宾和休闲观光双重身份。以生态建设、交通安全为优先，以满足城市产业及居民生活需求的绿色共享空间为目标，塑造具有生态属性与在地文化的特色山水园林、历史人文、生态复合型空间，不断提升城市环境质量、人民生活质量和城市竞争力，满足人民群众对城市宜居生活的新期待（图3-1-16）。

（3）实施效果

本次临平高速入城口改造以简洁大气的设计作为整体风格，注重展现地域特色文化，突出入城口的彩化和亮化；采用不同颜色的植物打造色彩韵律感，使入

图3-1-16 分区布局及建成后效果组图

城口更具视觉冲击力和艺术美感；对交通组织进行了重塑，解决道路拥堵等问题，通过优化交通流线、完善交通设施、提高通行效率等措施，提升了入城口的交通疏导能力。这些创新举措共同提升了入城口的整体形象和功能品质，为城市发展和居民的生活带来了积极的影响。

筑一方城市山水，游四时林泉佳境。整治后的入城口风景优美如画、百姓游而不倦，人居环境品质得到显著提升。临平沪杭高速入城口不仅展现了诗意的栖居画卷，更是在完善城市功能配套、提升城市品质方面起到了重要作用，创造了一个生态与环境优美、公共服务完善、交通便利的城市入口形象样板，改变了入城口单一防护绿地的刻板印象，充分融入城市，展示功能，为人们提供了一个温情的城市入口体验。

（4）特色与亮点

本项目新挖水体8500立方米，岸上林泉秀色、水下生机盎然；引入水下森林建构技术，通过水体检测处理、土壤改善、添加生态矿物基等技术手段，栽植四季常绿矮型苦草等沉水植物，投放鱼类和底栖生物，构建水下生态平衡系统，使得水体长年清澈透底（图3-1-17）。

本项目通过有效利用景观湖的调蓄功能，成功应对了场地雨水径流排放问题，减轻周边市政管网压力，消除了望梅路口路面的严重积水现象。此外，该项目还构建了一套“绿色海绵”系统，实现了水资源的资源化利用，将其用于整个园区的绿化灌溉，从而使雨水在综合服务功能中发挥了重要作用（图3-1-18）。

图3-1-17　分区布局及建成后效果组图

图3-1-18 海绵应用分析组图

项目通过复合功能的统筹设计，提出形象展示和功能使用的最佳结合点；在此基础上，遵循土地的集约高效利用原则，重温人文关怀，构建一个复合多元的共通、共融、共享的城市开放空间，以实现园林综合效益产出最大化。

3.1.3 融入自然的绿道空间——乔司绿道

乔司绿道的有机更新是推动城市绿色发展和生态文明建设的动力源。作为九乔区块绿道体系的重要组成部分，乔司绿道与东湖路西侧绿道、方塘埠河绿道、三角港绿道、丰收湖绿道、三卫路绿道等形成贯通的区块网络，共同构建了一个完善的城市绿道体系。这不仅提升了城市的绿化水平，也为市民提供了一个更加宜居、宜游的生活环境。

乔司绿道的有机更新是对城市空间优化利用的典范案例。通过打造嵌入式体育场地，绿道涵盖了足球场、网球场、篮球场、羽毛球场及吊环健身设施等多种体育设施，满足了居民对体育场地的需求。这种嵌入式设计不仅节约了城市空间，也使得绿道的功能更加多元化，满足了不同人群的需求。

改造提升后，乔司绿道项目极大地丰富了群众的休闲娱乐场所。绿道以其独特的设计和丰富的功能，为市民提供了一个既可以漫步、慢跑，又可以健身、露营的优质空间。通过改造提升，绿道两侧的绿植更加丰富，形成了“城市里的森林氧吧”，让市民在繁忙的生活中找到一处可以放松身心的好去处，更是对共富实践的精准落实。绿道充分考虑各年龄段市民需求，通过举办各种文化活动和体育比赛，成为市民交流互动的重要平台，增强了社区的凝聚力和向心力。

（1）项目概况

乔司绿道以串联公共空间、拓展群众休闲娱乐场所的城市绿道，为市民打造一个绿色、健康的生活环境。通过公园景观、配套建筑、景观人行桥、植物绿化等多元化元素的融合，绿道为市民提供了丰富的休闲体验，满足市民对美好生活的向往与追求。

项目位于杭州乔司国际数字商贸城旁，处于杭州城东智造大走廊、G60科创大走廊和钱塘江金融港湾交会的关键节点，是杭州建设世界名城，参与长三角世界级城市群、环杭州湾大湾区建设，融入沪嘉杭G60科创走廊发展，实施杭州城东智造大走廊发展战略上的重要一环。伴随着城市的生长，乔司衍生出待开发的滨水绿地、街头绿地、路侧绿地等城市公共绿地空间约34万平方米。然而，这些公共空间的空白或灰色地带成了乔司居民与城市发展的脱节点，乔司绿道项目的建设是实现居民绿出行、城市文化展示、生态环境提升，公共活动等需求的必要之举（图3-1-19）。

（2）设计方案

乔司绿道有机更新项目旨在将散点状散落在城市内的公共绿地整合规划，使每块公共绿地承担各自服务片区的功能属性，将这些宝贵的公共空间以整体之势助力打造乔司整体城市空间。近年来，绿道成为城市规划与公共空间设置的热门话题，这一现象背后反映了人们对城市户外空间统筹的思考与举措。针对乔司公共绿地的现状特点，设计以绿道空间为概念，通过两大举措整合碎片化场地，形成有序的公共空间体系。

图3-1-19 乔司绿道改造后实景

举措之一是对绿道网进行规划布局。设计通过对城市格局的研读、交通路网的分析以及服务人群的研判，在乔司划定了智慧创新环、邻里生活环和健康活力环三大绿道环线，同时以城市中心的丰收湖绿心为中心点，借由滨水绿地由中心向城市外围辐射文化创意水廊、文艺生活水廊、都市休闲水岸、创意活力水岸等滨水活动空间，并连结三大环形成覆盖乔司全域的绿道网络（图3-1-20）。

举措之二是对公共空间的划分（图3-1-21）。一个城市的魅力在于其独特的城市风貌，乔司绿道规划设计通过对公共空间的组织和梳理，打造城市风貌名片，展现城市独特的气度与品质。设计团队根据场地特征将绿道串联的公共空间划分为滨水绿地、公园节点，入城口及道路绿化四大板块，通过和而不同的设计手法，融入临平和乔司元素来进行统筹设计。

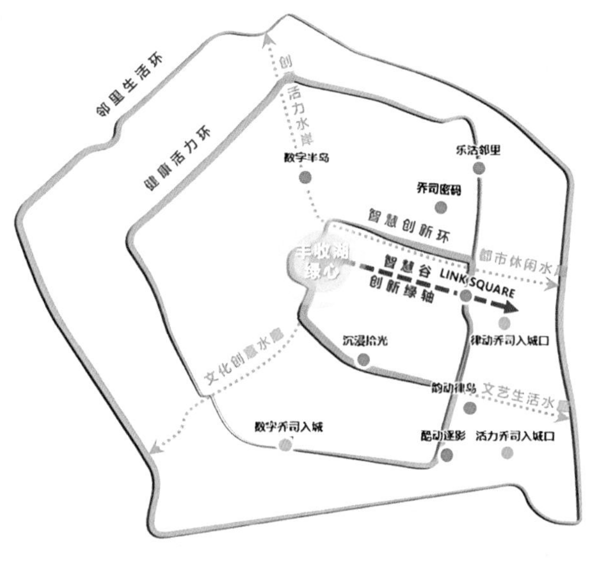

图3-1-20 乔司绿道网规划图

（3）实施效果

乔司商贸城公共空间的设置以定制的形式打造多层次化的、多功能化的场地，以人性化的需求为主导满足周边人群的具体活动需要。2021年至今胜稼公园及九乔绿道一期等地块逐步落成，为居民创造了多处活动空间，受到居民及业主的一致好评。浙江日报、短视视频平台等媒体对其进行推广，为乔司和临平的南融发展打出了知名度。

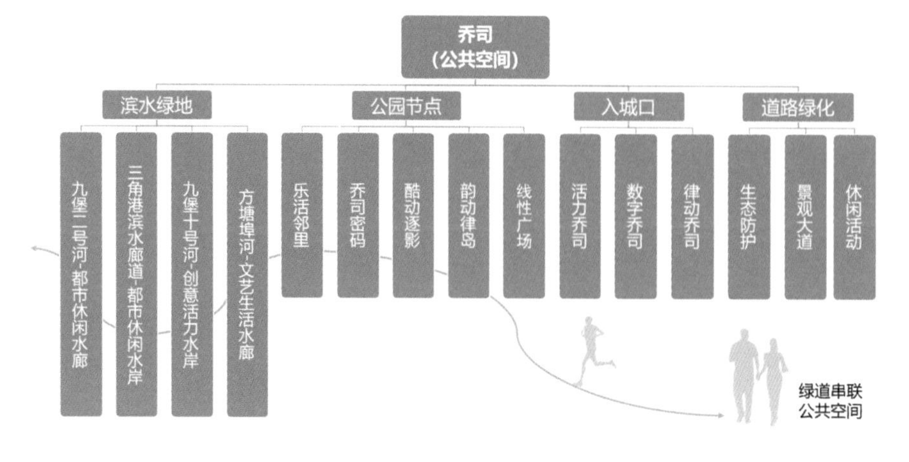

图3-1-21 乔司绿道公共空间的划分

乔司绿道项目体现了公园城市下的绿道创新。公园城市理论的提出与具体实践，是推动城市公共空间建设的重要举措，在公园城市与公共空间体系完善的过程中，乔司绿道作为城市公共利益的重要载体，强调从“空间建造”到“场景营造”的思路转变，旨在深度体现场所精神、充分考虑使用体验、全面营造特色场景。公园城市背景下的乔司绿道设计从居民在社区周边的日常活动出发，合理规划绿道的服务半径，串联城市蓝绿空间，最终融入居民的生活圈之中（图3-1-22）。

1）“未来邻里”场景。乔司绿道作为公共空间，引导人们从封闭的私人领域集聚于开放场所，并通过绿道沿线公共空间中的景观载体植入邻里文化，从而塑造邻里公约共识，建立邻里精神标识，促进邻里文化再生，共同打造邻里精神共同体，最终提升邻里凝聚力。乔司绿道作为一条连接社区各区块的公共道路，能够将原本无关联的邻里个体通过绿道而互相产生联系，间接扩大了未来邻里的作用范围，从而构建起未来邻里场景（图3-1-23）。

图3-1-22 乔司绿道实景人视效果组图

图3-1-23 未来邻里场景组图

2）“未来教育”场景。科普教育设施是传播科普教育信息的载体，乔司绿道在沿途各个公园设置植物主题，同时进行植物的科普介绍，借实地展示植物资源，增加解说设施，对展示设施等进行介绍。乔司绿道沿线公共空间中的科普教育信息化设施，提供对学龄青少年的户外教育，真正服务社区各人群的教育需求，构建为“终身学习”未来教育场景的一部分。

3）“未来健康”场景。乔司绿道建设与体育设施建设相结合，完善社区体育设施，逐步形成“15 分钟运动圈”和“5分钟健身圈”，建设融合自然资源和人文景观环境，打造具有特色的“绿道+健身”绿道系统。同时乔司绿道串联城乡绿色资源，满足现代人亲近自然的渴望需求，提供亲近自然、游憩健身的场所和途径，引导了一种完全开放、全民共享的生活休闲方式，从而不断提升城市幸福感。绿道出行的优越性在于其密路网的特性能够最大限度地分散公共空间的人流，沿线驿站也可起到防灾避难的功能，能够作为城市紧急状态下的避风港（图3-1-24）。

4）“未来交通”场景。乔司绿道设计注重片区型疏导，通过片区间绿道的串联居民可更方便快捷地到达城市中各个目的地；构建“5、10、30分钟出行圈”，使生活圈与城市绿地之间的通行更加便捷；综合考虑社会弱势群体的通行需求，开设一条专用通道满足老人、孩童的通行需求，满足这类群体对公共空间活动的需求。未来随着乔司绿道网络的逐渐完善，城市人行交通系统将会整体降速，人们有更多时间停留于绿道之中，因此绿道沿线产业、功能将会得到快速发展，形成城市特色的慢生活经济。

5）“未来低碳”场景。乔司绿道作为城市生态廊道，有助于固土保水、净

图3-1-24 未来健康场景组图

化空气、缓解热岛等，并为生物提供栖息地及迁徙廊道，具有将城乡生态环境中多样生态基质、斑块连接成网络，促进各生态系统间物质交流，平衡全域生态结构的功能。通过植草沟、雨水花园、下凹绿地等海绵城市理念的实践，改善绿道局部空间的小气候，减少城市内涝，控制汽车碳排放，从而营造出良好的生境条件。乔司绿道以现有资源为基础，并对此进行利用、完善和提升，“因地制宜”地进行建设。绿道建设使用绿色、节能、低碳、环保的新材料、新技术、新设施，减少建设成本，方便后期维护管理，降低维护费用。绿道沿线设施及驿站采用光伏、风能等新型清洁能源，逐步实现能源自给自足。绿道通过发挥其对生态资源的线性连接作用，优化城市结构，减少城市的总能耗，使得绿地等资源均衡分布，提高了资源和景观等的可达性，城市居民可以更高效地利用土地，减少了城市结构不合理导致的碳排放（图3-1-25）。

图3-1-25　未来低碳场景组图

（4）创新与特点

绿道空间的介入类似于融合空间，将人群作为活化因素，融合城市与公共空间，挖掘城市空间特点，开发不同功能、类型的场地，以绿道空间为骨架进行"城市表情"展示。

1）展示城市"生态表情"，助力蓝绿交融城市基底。乔司交错的河道形成乔司良好的生态基底。设计基于这一场地特色进行开发，不仅注重绿化植被的丰富性和多样性，还通过合理的设计，使绿道与周边环境相融合，形成了连续、贯通的绿色网络；通过合理布局水系和绿地，使绿道与周边的湖泊、河流等水体形成了紧密的联系；通过嵌入式体育场地等设计，使绿道不仅满足了市民对休闲娱乐的需求，还提供了健身运动的场所；通过打造高品质的绿化景观和配套设施，使绿道成为展示城市风貌和文化底蕴的重要窗口；通过提升城市绿色空间、促进蓝绿交融、优化城市空间利用以及提升城市形象等方面，为助力蓝绿交融的城市基底发挥了重要作用。

2）展示城市"生活表情"，助力片区融合城市生活。九乔绿道一期、胜稼公园、三卫路公园等场地紧邻居民区，是最具有人气的场所之一，设计通过连接不同的城市空间和功能区，促进了片区的整体融合。绿道沿线设置了公园景观、配套建筑、景观人行桥等设施，为市民提供了丰富的休闲和娱乐选择。市民可以在绿道上散步、骑行、运动，也可以在公园绿地中野餐、露营，感受自然的魅力。场景功能以服务全年龄段人群为目标，在有限空间中复合创造运动健身、儿童活动、老年康养等场地，以聚集活动促进邻里间的交流，借公共空间承载全新生活模式，以片区氛围融合撬动城市活力。

3）展示城市"风貌表情"，助力城市特色展现。乔司商贸城地处杭城东门户，科城街、三卫路等大路将片区相连，设计充分结合了乔司商贸城的地域特色，展示城市独特的商贸文化。在绿道中设置具有商贸元素的景观小品、雕塑或展示区，使市民和游客在欣赏美景的同时，也能感受到乔司商贸城的繁荣与活力。这种融合不仅丰富了绿道的文化内涵，也展现出乔司风貌，增强城市记忆度，提升了城市的文化品位。

3.1.4 嵌入式的体育场地——杭浦绿道

杭州市推行的“嵌入式体育场地”建设策略，以其创新性和实效性，极大地提升了城市空闲土地的利用效率，成为激活城市“边角料”空间的重要举措。临平区积极响应并深入实践这一政策，制定了《临平区嵌入式体育场地设施建设专项规划》。该规划通过统筹布局、功能集成、全民参与的模式，深入挖掘并利用高架桥下、公园绿地等“金角银边”闲置地块，精心打造嵌入式体育场地。目前，临平区已成功打造了望梅立交桥下嵌入式体育场地、丰彩运动公园、古海塘体育公园等标志性项目，累计建成嵌入式体育场地3000余个，共计76万平方米。此举显著提升了临平区的公共体育服务水平、城市整体形象以及市民生活品质。

杭浦绿道的建设为城市灰色空间注入生机，通过嵌入式体育场地的设计，将原本利用率低下的灰色空间转化为充满活力的绿色空间，在有限的空间内实现了功能的最大化；化简为繁，嵌入新元素，使得原本闲置的空间得到了充分利用，这种设计不仅提升了土地的集约利用水平，还为市民提供了更多的运动和休闲选择。

杭浦绿道的建设通过城市有机更新的手段，再利用废弃的城市空间，以活力发展理念重塑城市低效空间，为城市注入了新的活力，使得原本被忽视的场地焕发出新的生机，不仅是城市有机更新的生动注脚，更是共富实践的诗意诠释（图3-1-26）。

图3-1-26 杭浦绿道更新前后对比图

（1）项目概况

杭浦绿道工程项目位于临平区南苑街道，是临平南融主城片区的核心地段，建设于2023年，周边有杭浦高速、沪杭高速、东湖高速三条高架，共有桥下面积约5万平方米。场地周边以工业厂房、商务用地、住宅用地、服务设施用地为主。场地上方为杭浦高架，桥下空间西高东低，可利用空间限制净高为3.5~6米。高架桥下空间东西向横跨分布，南北割裂，同时场地内部有多条南北向的城市干道穿过，场地破碎化较为严重。桥下空间未被有效利用，配套设施缺失，土地利用效率较低。打破市政设施硬割裂，激活城市中的废弃空间，构建高品质友好空间，高效利用存量土地，是绿道工程研究的主要出发点和落脚点（图3-1-27）。

（2）设计方案

杭浦绿道的设计通过复合型嵌入式运动场地，打造环杭浦高速桥下空间活力环，变废为利，发挥桥下空间价值，激活城市灰色空间（图3-1-28）。

1）通过置入功能型场地，提高场地活力。在场地西侧置入以球类运动场地为主的可承办集中赛事等活动的场地；主要置入多功能运动场地与球类运动场，如：五人制足球场、主题篮球场、乒乓球场、复合运动场与亲子运动场；通过场地的多元变化，构建多重活动体验，预留弹性功能场地，后续可结合运营需求置

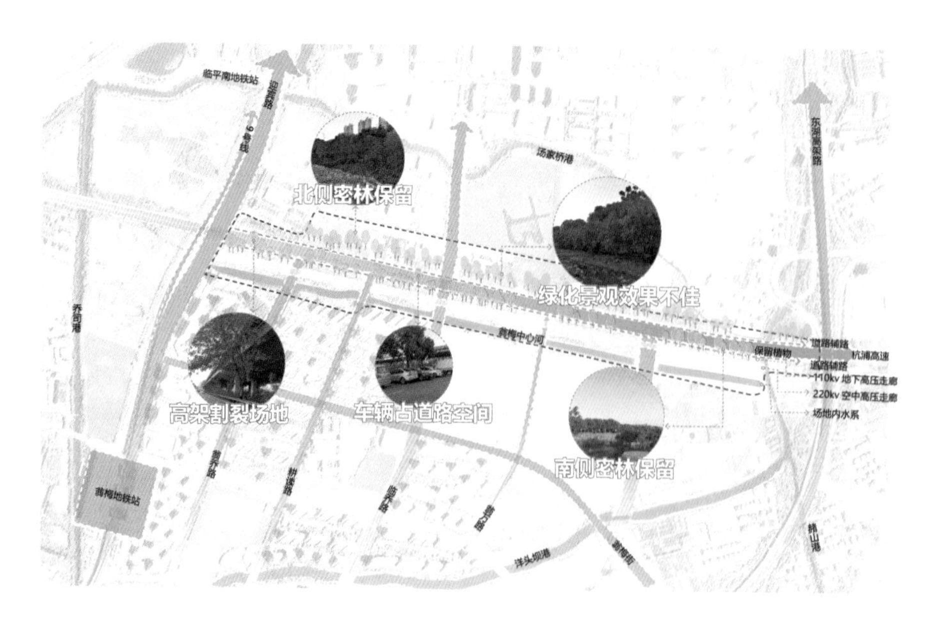

图3-1-27　地块位置图

图3-1-28 设计方案效果图

入趣味滑板、平衡车等模块化运动设施，为不同年龄段的人群提供个性化定制型活动场地，营造差异化的活动场地，提升场地空间体验丰富度与吸引力。

2）优化慢行系统衔接问题，植入基础配套服务功能。结合主干道设置桥下空间出入口，通过人行过街设施连接慢行系统，保障慢行交通的安全；采用绿化或艺术装置等复合型隔离措施处理辅道边界，打造安全性与艺术性兼具的健身活动场所；设置配套智慧停车场，同时为慢活动如广场舞、太极等提供活动空间。依托绿廊，在桥下设置服务驿站，提供运动补给、卫生服务、绿道管理、服务问询和安全保障等配套设施，进一步完善桥下空间基础配套服务功能（图3-1-29、图3-1-30）。

图3-1-29 桥下运动场地设计效果图一

图3-1-30 桥下运动场地设计效果图二

3）串联周边场地，激活桥下活力。有效利用高架桥下空间，并完善其内部的慢行交通系统，构建安全、便捷的路网体系；通过不同活动空间的置入激活场地，建立多维空间连接，打造满足邻里生活需求、实现全龄友好的空间，在高架桥下空间线性纽带的联系下，积极集聚周边人气，展现出休闲、邻里、生态、运动、市政等城市要素，满足各类城市功能需求，打造全时活力场地（图3-1-31）。

（3）实施效果

杭浦绿道作为临平区绿色发展、有机更新的组成部分，实施效果显著，不仅提升了市民的生活质量，也促进了城市的可持续发展。其实施效果具体涵盖以下几方面。

图3-1-31 杭浦高速桥下停车场设计效果图

1）不同于临平区其他已建成的嵌入式运动场地，本项目作为全覆盖式桥下空间，场地活动受天气影响干扰较小，场地的设计关注青少年爱冒险、喜于探索未知的精力与好奇心，设置与其他活动场地不同的运动设施，打造差异化活动场地；根据运动场地难易程度不同打造多种模式的极限运动场地，满足不同人群的健身活动需求；在高效率利用桥下空间进行嵌入式体育空间的改造同时集聚高架桥下的人气，将原有的城市生态死角、灰空间转换成了片区具有活力的地标性打卡运动场地。

2）本次嵌入式场景和设施差异化地开展空间场景营造与持续运营，引导桥下空间向精细化发展。场地的利用需要满足周边人群需求，针对不同的年龄群体的需求进行不同空间场景定制，满足全年龄段人群的活动需求，营造全龄友好的高品质空间。场地活动的设计需充分考虑后期的管理与运营，能够维持场地活动的耐久性。场地周边用地的流动和时代潮流的更替使高架桥下空间不能仅处于一成不变的状态，在装置设施设计之初，可采用易组合拆卸式装置，进行嵌入式拼装，后期可根据周边人群在不同流行趋势下的需求进行灵活置换，以保持桥下场地的持续活力。

3）本项目通过功能创新驱动空间活力的激发。城市用地寸土寸金，在灰色空间的激活过程中，功能的与时俱进和及时更新显得极其重要。场地的设计聚焦新时代背景下，人们的生活方式以及户外活动诉求，置入开放性与公益性兼具、个性化与普适性并存的空间模式。以城市功能为出发点，通过糅合城市硬隔离设施提升桥下空间利用率，贴合场地本身置入多元功能的复合型空间，满足多样化健身需求。

（4）创新与特色

杭浦绿道，作为临平区绿色发展的崭新名片，以其独特的创新与特色，为市民带来了前所未有的休闲体验。

项目在规划与设计之初便展现出前瞻性与创新性，充分利用杭浦高速下部空间，巧妙地将运动、休闲与观光功能融为一体，实现了土地资源的最大化利用。绿道内嵌入了多种运动场地，无论是篮球、足球还是羽毛球，市民几乎都能在这里找到适合自己的运动空间，享受到运动的快乐。

杭浦绿道在空间场景营造与运营方面也独具匠心，通过差异化发展和精心设计布局，打造出各具特色的空间场景。无论是活力的运动场地，还是惬意的林间绿道，都能让市民在休闲之余，感受到不同的空间氛围。同时，绿道还注重持续运营，通过定期举办各类活动，吸引市民参与，增强绿道的活力与吸引力。

项目以功能创新为驱动，推动空间的激活与利用。杭浦绿道不仅仅是一条简单的绿道，更是一个集运动、休闲、观光于一体的综合性场所。绿道内设有便民设施，如休息亭、公共卫生间等，为市民提供了便利的服务。同时，绿道还通过引入智能科技，实现智能化管理，提高了绿道的管理效率和服务水平。

3.1.5 大事件引领的风貌提升——亚运场馆周边环境提升

从2016年开始进行，杭州全面进入亚运会筹备期。临平亚运场馆作为重要的赛事场地，其周边环境提升工程显得尤为重要。此前，亚运场馆周边存在人、城、路关系割裂、公园绿地品质不足、缺乏活力设施、河道绿地亲水性差、道路破损且风貌不统一，以及建筑立面杂乱无章等问题。这些问题不仅影响了城市整体风貌，也制约了市民的生活品质。因此，实施亚运场馆周边环境提升工程，对于提升城市形象、改善市民生活、迎接亚运会具有重要意义（图3-1-32）。

（1）项目概况

临平亚运场馆周边环境提升工程是一个综合性项目，旨在提升亚运场馆周边的整体环境和设施品质，为亚运会创造更加良好的赛事环境。该项目的范围

图3-1-32 亚运场馆周边环境提升后实景图

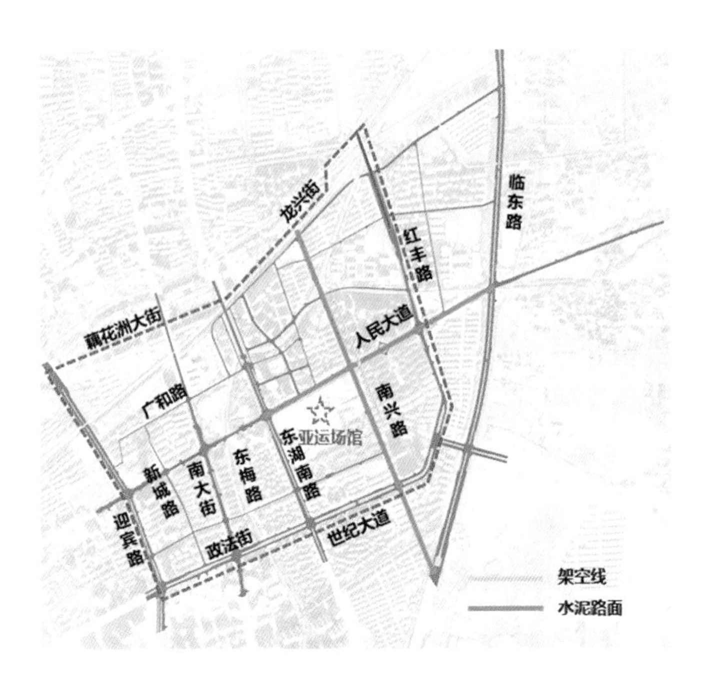

图3-1-33　项目范围图

广泛，包括景观环境改造、市政道路改造以及建筑立面改造三大主要部分。具体来说，改造范围东至红丰路，西至迎宾路，南至世纪大道，北至藕花洲大街，覆盖面积约2平方公里（图3-1-33）。

（2）设计方案

本次亚运场馆周边环境提升工程以“展余杭特色，显亚运风采”为主要设计理念，依托亚运建设，打造临平城市风貌核心示范区，提升市民幸福感与获得感。在小微更新方面，采用小微更新对区域内现有道路与公共空间进行改造与提升，减少对周边居民日常生活的影响，有效减少建设成本，为城市创造更多公共空间，激发社区活力，提升区域价值。在慢行优先方面，重塑区域慢行交通体系，通过绿道建设串联现有绿道与公共空间，形成5分钟慢生活圈，并新建地下通道连接亚运场馆、街心公园与人民广场，打造中心慢行网络。在氛围营造方面，深入挖掘临平文化与亚运盛会的精神内核，将临平的现代、时尚、潮文化与亚运的活力进取精神注入到场地中来，通过景观小品及文化地标的设置，实现临平与亚运精神的交响和演绎。在智慧点亮方面，植入科技元素，基于大数据交互系统、感应装置以及智能导览系统等技术，由面到点全域建立多级智能体系，使环境与科技相结合，让未来生活更加便捷智慧。

项目主要包括以下九个节点工程。

1）市政大楼拆除后新建街心公园：市政大楼绿地作为天主教堂与亚运会场馆间的缓冲绿地，设计风格现代简洁。入口设计集散广场，同时周边增设特色景观廊，丰富广场的空间，也为游客提供休息的场所；中心设置阳光草坪，舒朗的空间布局使整个广场显得通透明亮；再配以投影景墙、条石坐凳等艺术化的设施，为游客增加便利的同时增添趣味（图3-1-34）。

2）人民广场改造提升：人民广场改造提升工程从亚运观赛点建设、月季专类园、城市形象展示界面、绿道线性贯通四个方面展开。根据《亚运观赛空间场

图3-1-34 新建街心公园

地设置指引》，结合人民广场现状空间结构分布，设置室外观赛空间、亚运主题展览空间、地方文化展示空间三个主要亚运观赛空间。根据人民广场现状实际情况和其各区块功能，在其东北角现有廊架周边草坪区域设置月季专类园，内设汀步，并于人民广场其他区域适当点缀月季，打造以月季为主题的人民广场特色植物景观，月季专类园总设计面积约1000平方米。人民广场东南角与亚运场馆呈对角线关系，是亚运场馆入口广场处的视线焦点，是重要的城市形象展示界面，在该区域设计公共艺术装置，融入亚运元素，打造景观节点，呼应亚运主题。此外，对人民广场周边公园内园路进行规划和改造提升设计，以绿道引导游线，使游线更加合理，打造绿道环线（图3-1-35）。

图3-1-35 人民广场绿道

3）临平职高及周边改造提升：临平职高及周边改造提升工程主要包括南侧礼节广场和东侧活力广场两大节点。礼节广场位于南侧入口，作为职高主入口通道，设计采取了中西融合的方式，运用轴线空间的经典营造手法，打造中轴对称的礼仪性门户与主入口，两侧疏林草地简洁大气，体现校园形象。活力广场为东侧尚业楼建筑前广场，打造下沉式草地花园，连同草地边缘广场，一起构筑东侧入口的校园草坪广场客厅，这里主客共享，既是举办集会会议等中小型活动的活力公共空间，也是学生运动交流的休闲场所（图3-1-36）。

4）明因寺遗址公园改造提升：明因寺遗址公园在保留原有功能的基础上，梳理和优化现状植被，打造疏朗、通透的特色植物景观；设置健身空间，在公园内自成环形体系，为周边居民提供良好的运动环境；同时融入亚运元素，营造亚运绿色健康氛围。本次设计将明因寺的历史文化融入到场地中，形成特色鲜明的遗址文化公园（图3-1-37）。

5）临平图书馆街头绿地改造提升：对图书馆入口广场西侧景观空间进行重点提升改造，其他区域仅进行绿化提升设计；针对西侧现状琐碎、通过式、缺少功能空间的景观情况进行改造提升，在尽可能保留现状场地肌理的基础上，围绕现状水景增加学习和交流的休闲空间、娱乐游戏的活动空间。

图3-1-36 临平职高礼节广场改造

图3-1-37 明因寺遗址公园改造提升后实景

6）北港河绿道改造提升：对平吴街跨北港河桥梁以东区域的北港河北侧绿地进行绿道贯通，与卫星河绿道一起形成较为完善的临平绿道系统，并融入亚运景观元素等丰富滨水景观空间，迎接亚运盛会的同时满足周边人民户外活动需求（图3-1-38）。

7）红丰南路街头绿地改造提升：分析亚运会期间各交通路线情况，明确该区域位置特殊性，是其他区域到达临平亚运场馆主要入城口之一，是重要的城市形象展示界面；为打造更好的城市展示界面，整合幼儿园前街头绿地，优化交通流线；以色彩明艳、树姿优美的红枫和北美红枫作为主题树种，搭配群芳争艳的各类时花与月季一同营造盛会迎宾氛围（图3-1-39）。

8）人民大道：更新城市街道，结合亚运氛围营造与功能需求，满足城市道

图3-1-38 北港河绿道改造

图3-1-39 红丰南路街头绿地改造提升

图3-1-40 人民大道提升后实景

路、绿道需求；绿道人行道双线合一，增宽绿化厚度，营造活力智慧的林荫绿道（图3-1-40）。

9）南兴路：南兴路北接龙兴街，南连临东路，作为亚运场馆周边的主要通道之一，本次提升着重改善南兴路现状的交通空间，打造亚运氛围的步行绿道，满足邻里交往需求，彰显社区文化（图3-1-41）。

图3-1-41　南兴路提升后实景

（3）实施效果

临平亚运场馆周边环境提升工程的实施效果显著，不仅提升了城市的整体形象和品质，也为市民提供了更加宜居、便捷的生活环境。这些成果也为亚运会奠定了坚实的基础，为赛事的顺利举办提供了有力的保障。

在景观环境方面，通过新建街心公园、改造提升人民广场等举措，使得亚运场馆周边的绿地系统更加完善，绿地面积和品质得到了显著提升。这些绿地不仅为市民提供了更多的休闲空间，也为城市增添了一抹亮丽的风景线。同时，通过对河道绿地的改造提升，增加了亲水景观设施，使得市民能够更加亲近自然，享受水边的乐趣。在市政交通方面，通过整治和提升现状道路，使得道路状况得到了显著改善。道路路面更加平整、宽敞，人行道铺装材料和颜色更加统一，提升了市民的出行体验。同时，对交通设施进行了优化设置，减少了交通拥堵现象，提高了交通效率。在建筑立面方面，通过更换店招、空调移位、增设空调罩等措施，使得建筑立面更加整洁美观。这不仅提升了城市的整体形象，也为市民营造了更加宜居的环境。在文化与科技融合方面，通过深入挖掘临平文化与亚运精神，将其融入场地设计，使得亚运场馆周边环境更加具有文化内涵。同时，通过运用现代科技手段，如智慧点亮等策略，提升了市民生活的便捷性和智慧化水平（图3-1-42）。

图3-1-42 亚运场馆周边智慧点亮

（4）创新与特色

本项目是以亚运会大事件为驱动，在实施管理中以充分满足亚运时期使用要求为基本原则，因此本项目新技术、创新主要体现在设施设备、城市多维感知等方面。

在管线保护设计方面，设计创新主要包括两点，一是在施工期间临时通车路段内，对现状人行道、非机动车道内的通信、电力、给水、燃气等覆土不满足要求的管线采用门字形结构加固保护（图3-1-43）。二是对横穿道路的污水、给水、燃气、通信、电力等管道做好保护，其中污水管混凝土管保护前需先换成钢管。管线采用钢桁架、支架支护或悬吊进行原位保护，不能原位保护的管线迁改或移位（图3-1-44）。

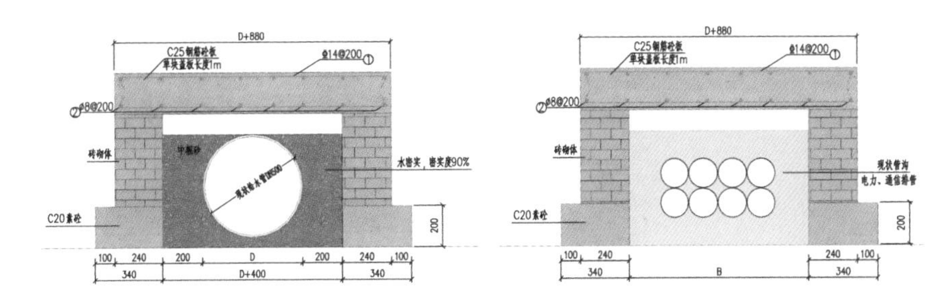

图3-1-43 管道及沟体加固保护图

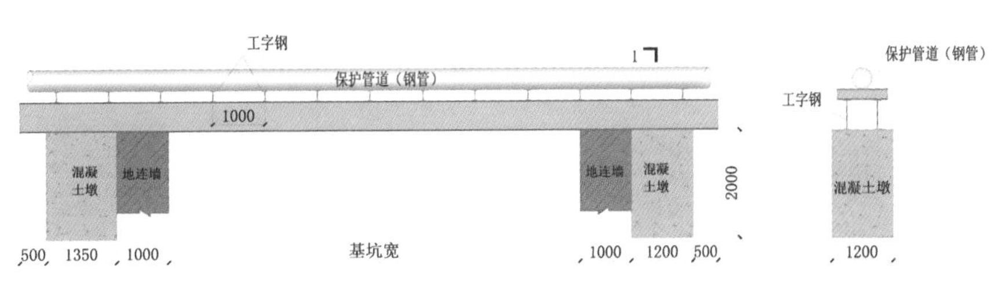

图3-1-44 钢桁架支护管线保护图

在满足行业标准、功能要求、安全性的前提下，现状道路既有路灯杆与小型交通设施杆件（一般为柱式支撑）应整合；现状道路既有路灯杆与大型交通设施杆件（一般为悬臂式、门架式支撑）原则上距离小于5米应整合，且以路灯移至大型交通设施处为主，大型交通设施宜充分利用（表3-1-1）。为综合服务城市道路空间的各类功能需求，面向工业化产品生产和批量化现场施工，设计方案提出综合杆高度分层设计概念，归纳了六大综合杆类型，杆体和挑臂预留接口，其他设施可根据需要，在向主管部门报备后搭载安装。

路灯杆与交通设施杆件整合方式　　表 3-1-1

	交通设施杆		合杆原则
路灯杆	交通标志	大型指路标志、分道标志、旅游区标志	应合杆
		小型指路、旅游区、注意行人、施工标志、禁止左转等设置位置相对灵活的标志	应合杆
		小型人行横道、单行道、停车让行、禁止驶入、线形诱导标等位置设置相对固定的标志	应尽量合杆
	智能交通	大型信号灯	应合杆
		智能卡口、行程OD调查、微波流量监测等设置位置相对灵活的系统	应合杆
		可变信息标志及违法监测、交通监视、小型信号灯、视频安防监控等设置位置相对固定的系统	应尽量合杆

针对地下管线错综复杂、基础难以容身的现实问题，本工程又提出了四大基础类型，实现标准化选取、标准化实施。合杆整治，将与架空线入地、城市综合管廊、综合井、车行与人行系统、城市家具的标准化更新等，共同构建全要素一体化城市道路空间，实现“任我智慧行”。

亚运场馆周边环境提升工程在调整城市结构与功能、创造高品质的城市空间、优化人居环境、推动城市经济发展等方面起到了积极作用，并且更好地实现了区域效应，保障了杭州亚运会顺利举办，使临平保持持续健康发展的动力，驱动了城市的片区更新可持续建设，为其他城市片区改善人居环境、建设美丽中国作出了重要示范。

3.2　基础设施改善提升

基础设施是社会赖以生存发展的一般物质条件，是国民经济各项事业发展的基础，因此，基础设施是城市有机更新的重要关注点。绿色基础设施则是一种新型的基础设施建设方式，有助于提高城市的生态承载力和适应能力，创造出更加宜居的生活环境。

临平城区在基础设施提升方面展现出了全方位、多层次的推进态势，注重区域对外交通和内部环境的提升彰显了高瞻性和社会温情。在区域对外层面，临平城区积极谋划城区骨干快速路网建设，以更好地融入杭州主城区、接轨大上海。通过“三路一环”交通基础设施大会战，临平城区致力于构建快速、便捷、高效的交通网络，为区域经济的持续发展和居民生活质量的提升提供有力支撑。

在临平辖区层面，通过实施一系列项目，如乔司至东湖连接线工程、星光街整治改造工程以及迎宾大道北延隧道（邱山北园）项目等，提升了道路品质和通行能力，优化了公共空间布局，提高了居民的生活品质。如乔司至东湖连接线工程作为快速路网建设的重要组成部分，将有效缩短临平与周边区域的时空距离，提升交通效率。星光街整治改造工程则注重改善道路通行条件，提升道路景观，为市民提供更加舒适、安全的出行环境。邱山北园项目则是一个典型的品质提升项目，通过绿化、美化、亮化等措施，为居民打造一个宜居、宜游的休闲空间。这些典型项目的实施，不仅展现了临平城区在基础设施提升方面的决心和力度，也彰显了其对于提升区域环境品质、满足居民生活需求的重视。通过这些项目的推进，临平城区将实现交通基础设施的完善和生活环境的优化，为居民创造更加美好的生活环境。

3.2.1 融入主城战略的创新实践——乔司至东湖连接线工程

2003年以来，浙江省在“八八战略”的指导下，坚持一张蓝图绘到底，浙江大地发生了精彩蝶变，经济社会发展各项事业取得丰硕成果。临平地处长江三角洲圆心地，坐落于G60科创大走廊和杭州城东智造大走廊的战略交汇点，是杭州接轨大上海、融入长三角的天然“桥头堡”。交通是区域间要素往来的“开路先锋”，乔司至东湖连接线工程的建设，正是在这样的背景下应运而生。

乔司至东湖连接线工程的建设，旨在建立起临平融入杭州主城区的快速通道，也进一步加强临平与海宁、桐乡、德清、余杭等周边地区的沟通与连接，真正发挥临平区作为接沪融杭“桥头堡”的重要作用，对加速临平全面融杭、接轨大上海具有十分重要的意义。

（1）项目概况

乔司至东湖连接线工程，位于杭州东北部的临平区乔司街道、南苑街道、东湖街道，南起东湖高架路外翁线，北至320国道，是临平区“三路一环”快速路中的重要“一路”。乔司至东湖连接线工程总共分为二期工程，全长约12.5公里，其中一期工程南起外翁线，北至临东互通，全长约7.1千米；二期工程南起临东互通，北至五洲路，全长约5.4千米，建设时间为2016年至2022年（图3-2-1）。

（2）设计方案

乔司至东湖连接线工程采用“高架快速路+地面主干道”的形式。高架设计车速80千米/小时，双向6车道，桥面宽25米；地面设计车速50千米/小时，双向6车道，红线宽50米（图3-2-2）。

一期工程全长约7.1千米，全线设置五对半平行匝道，在沪杭高速节点设置全互通立交，在望梅路节点设置半互通立交，在临东路节点设置全互通立交

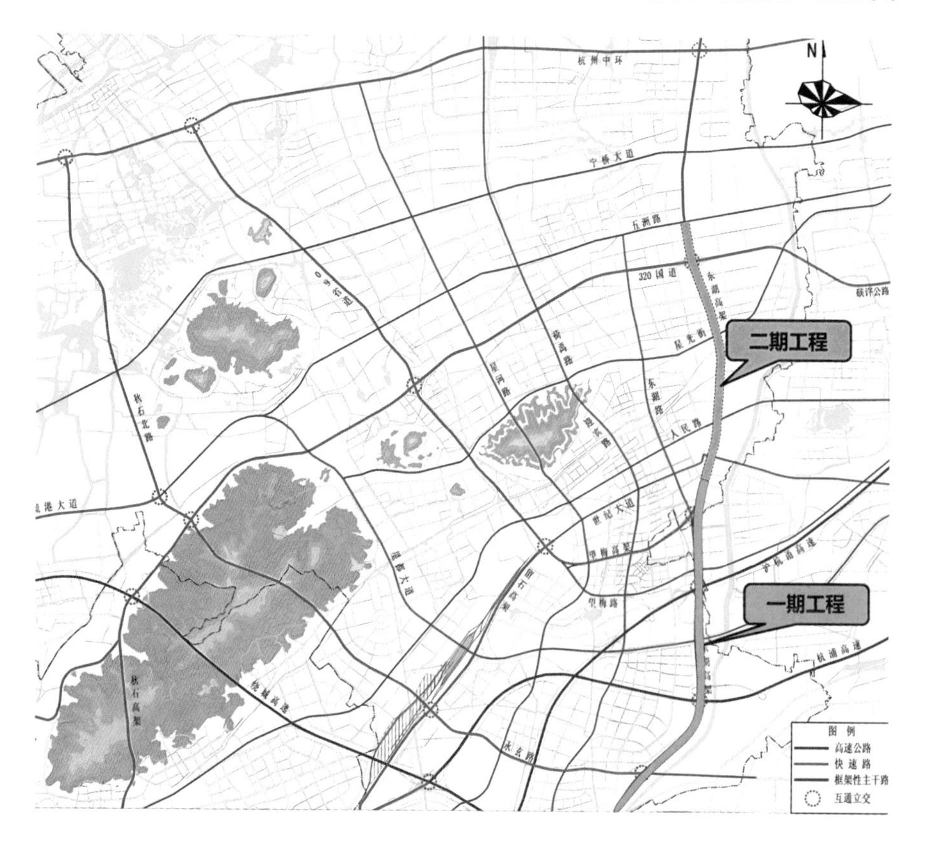

图3-2-1 项目区位图

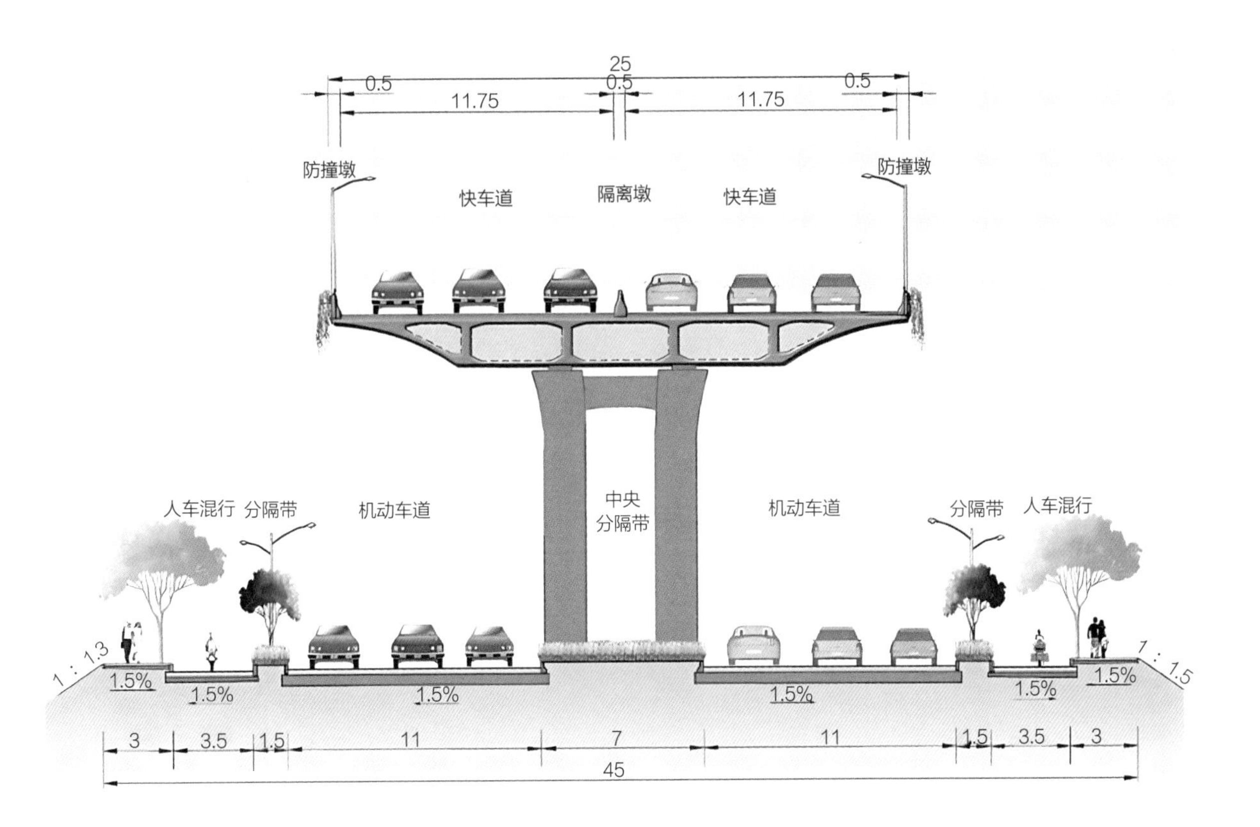

图3-2-2 道路标准横断面图

（图3-2-3）。二期工程全长约5.4千米，全线共设置六对平行匝道，在320国道快速路相交节点设置互通立交一座（图3-2-4）。

桥梁采用现浇箱梁，具有整体性能好、结构简洁轻盈、线条流畅等优点，总体上较为美观舒适。箱梁施工采用满堂支架浇筑，对施工设备要求低，但由于搭设支架对地面交通有一定的影响，需通过施工期交通组织，预留部分行车通道以满足必要的通行需求，桥梁标准跨径为30米（图3-2-5）。

从杭州及国内已建的城市高架道路实际情况来看，适当增加高架桥的净空，对增加地面道路能见度、改善沿街底层建筑采光以及快速排除桥下汽车尾气，都具有较好的效果。因此，本次设计高架桥的净空，除平行匝道分合流点处按照不小于4.5米以外，其余路段均按照8~10米进行控制（图3-2-6）。

项目充分考虑高架与周边地块的衔接问题，临东互通节点设计采用三层梨形立交，将东湖快速路往北与临东路北段主线衔接作为主流向。立交采用舒展的匝道线形，主线高架设置于第二层，西向东的匝道和南向西的定向匝道错开设置于

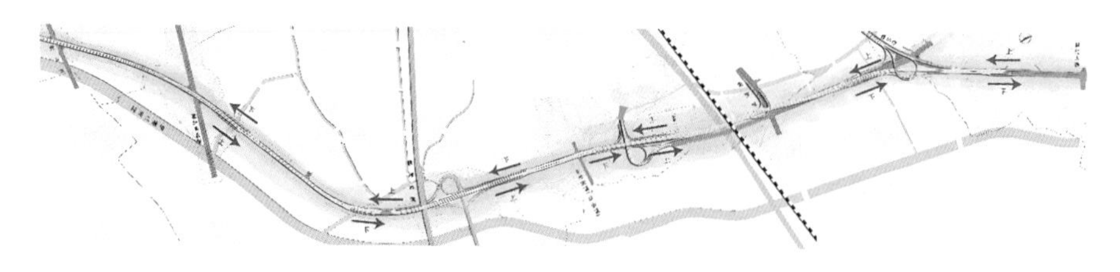

图3-2-3　一期总体布置图

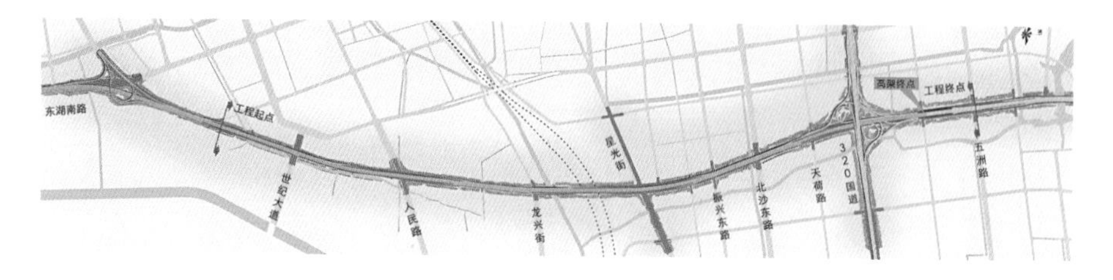

图3-2-4　二期总体布置图

图3-2-5　现浇箱梁效果图

图3-2-6　不同跨径视角分析

图3-2-7　临东互通效果图

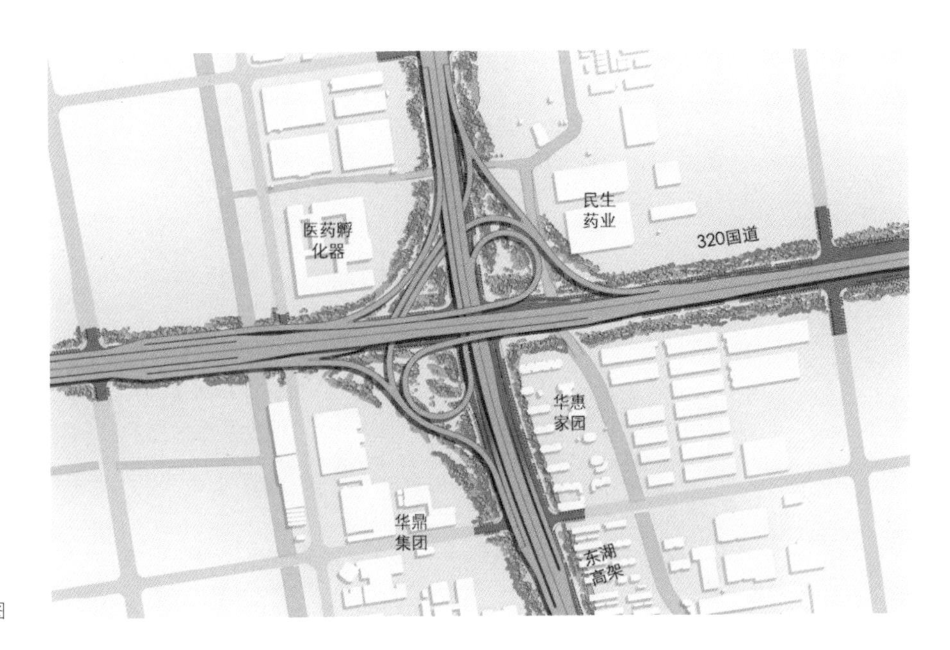

图3-2-8 320国道互通效果图

第三层（图3-2-7）。320国道及东湖路北延均为城市快速路，相交处应设置互通立交进行交通转换。结合现状用地条件，设计采用“8”字形互通立交形式。平面布置上将道路线形适当往西偏移，保证与华惠家园住宅小区之间的距离，同时尽量减少对华鼎集团地块的占用（图3-2-8）。

（3）实施效果

1）打通融杭接沪道路交通最后一公里。本次工程与杭浦高速、沪杭高速均存在交叉节点，通过互通和匝道的设置，实现了“快接高”，使得上海方向乘客下高速后可直接进入快速路，临平市民可快速通过东湖高架快速路上高速去往上海方向，真正意义上打通了临平区融杭接沪道路交通最后一公里（图3-2-9）。

2）形成八大镇街15分钟交通圈。“环+射线”快速路网的形成，实现临平区内八大镇街15分钟交通圈，同时使秋石、留石、东湖三条快速路无缝串联。临平区市民上高架沿着环线任意方向都可以前往杭州城区和下沙、萧山机场方向，通过运溪高架往西可以去余杭、临安，往东可以到嘉兴海宁、桐乡，实现了15分钟到塘栖、20分钟到主城区、35分钟到萧山机场（图3-2-10）。

3）营造一条季相鲜明的风景大道。乔司至东湖连接线是处于杭州市临平区南北向的一条重要道路。道路大部分为“高架+地面路”，景观设计上需充分考

图3-2-9　杭浦、沪杭高速立交节点效果图与实景

图3-2-10　环线快速路与东湖高架快速路互通夜景图（临东互通）

虑高架对周边环境的影响，既为高架增添景观效果，又通过景观设计与周边环境增加连接，弱化高架突兀感。通过对道路绿化、外侧绿化景观、立交节点等进行统一景观规划设计，利用植物色相变化与景观小品等，形成区域的标志性形象，达到“绿化、彩化、亮化、洁化”四化标准，为道路建设锦上添花。路侧环境通过统一整治，也成为集通行、服务、观赏于一体的综合性公共空间环境，充分体现地方的风土人情及地域文化（图3-2-11～图3-2-13）。

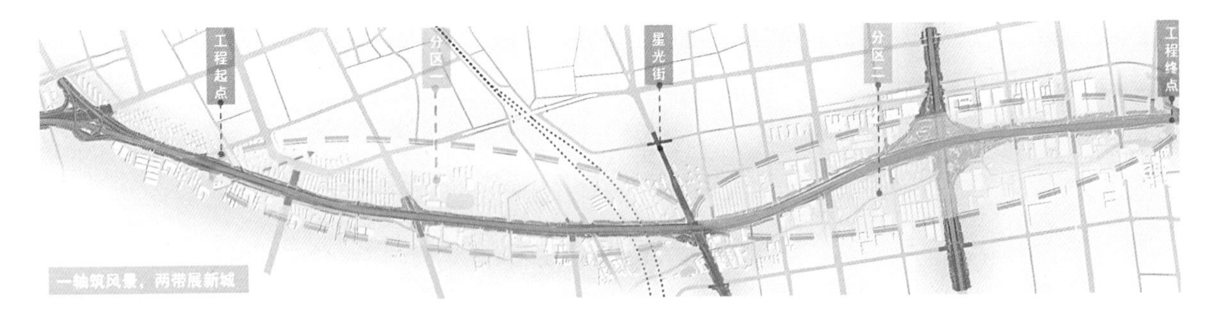

图3-2-11 二期景观绿化设计范围图

图3-2-12 星光街以南段景观设计

图3-2-13 星光街以北段景观设计

（4）创新与特色

本项目工程环境复杂，连续与高速、高铁相交，在规划设计的实践过程中，充分进行了技术论证，形成一系列创新技术及工法。

项目采用悬臂浇筑工法降低对高速的影响。跨越高速公路设计过程中，通过工期模拟，选择采用悬臂浇筑的主要施工工艺，充分考虑最大限度降低对高速公路的行车影响。本次设计在原有悬臂浇筑的基础上，加大了单个节段推进的速度，工程工期快、质量优、综合造价低，为浙江区域首次采用悬臂浇筑工法的大悬臂箱梁上跨运营高速公路的成功案例（图3-2-14）。

▲图3-2-14　东湖高架上跨沪杭高速节点

◀图3-2-15　上跨沪杭高速下穿沪杭高铁节点

快速路主线及地面道路平行，上跨高速下穿沪杭高铁。现状东湖路采用跨线桥形式跨越沪杭高速后，下穿沪杭高铁。受净空限制，原东湖路线位已无空间穿越。工程设计通过将主线分离至现状道路西侧，实现快速路主线对沪杭高速的上跨及沪杭高铁的下穿。同时，该方案保留了现状东湖路跨线桥，在确保工程方案合理及可实施的情况下，最大限度地节约了工程投资（图3-2-15）。通过技术创新和精准施工，本项目荣获2022—2023年度国家优质工程奖。

3.2.2　营造道路景观活力场——星光街整治

星光街位于临平山北，是临平城区一条重要的东西向主干路。随着临平新城的快速发展，原本担当临平“北外环”的星光街，周边用地被众多居住小区、学校、商业及公共设施占满，成了横贯临平城区东西向的交通要道。最初按照公路标准建设的星光街已无法满足城市的使用要求，比如没有雨污水管网，比如路面只有机动车道没有人行横道。为了解决这些问题，临平新城决定对星光街进行整治改造，通过优化道路设计、提升道路品质、加强文化建设和人文关怀等措施，打造了一条更加安全、舒适、美观的道路，为市民提供更好的出行环境和生活体验，同时，也提升了临平新城的整体形象和品质，推动了区域经济的可持续发展。

图3-2-16 星光街整治前后对比图

星光街作为山与城过渡的纽带，其整治改造进一步完善了片区路网结构，提升了路网交通通行能力，加强临平新城区域间的交通联系，同时也带动了道路两侧地块的开发，为居民徐徐铺展出一幅“蓝绿交织、山水融城、路畅业兴”的临平中部靓城生动图景（图3-2-16）。

（1）项目概况

星光街整治范围西起望梅路，东至红丰路，全长约5200米。星光街道路周边沿线以住宅、商业商务、绿化、广场用地为主；其中望梅路至荷禹路段道路南侧为临平山，北侧为部分住宅地块，沿线以商住为主；荷禹路至红丰路段沿线以住宅和商业区为主，基本已开发完善。设计团队经多次现场调研和问卷调查，发现改造前的星光街主要存在四大问题：人车混行，部分路段人行道及市政管线缺失，设施功能不完善；紧邻临平山公园，沿线学校林立，人文氛围和景观特色不明显；周边人口密集，作为山、城的过渡纽带，沿线景观空间不能满足居民休闲、漫游的需求；道路两侧植被单一，沿街建筑风貌多样，质量参差不齐。

（2）设计方案

星光街整治工程全线打造“一廊三区多点”的结构布局，一廊即星光街绿色风景走廊，是临平新城北的重要生态廊道；三区即根据道路周边地形地貌形成“山形叠翠、乐活都市、休闲田园”三个景观主题段；多点为沿线由绿地构成的多个景观节点空间，包括望梅路路口节点、望梅观山公园、诗韵公园、星河公园、滨河景观带（沿山港）。该工程通过提取人文和山水元素，打造安全畅行、漫行悠闲、人文韵味浓郁的城市景观大道，并与临平山绿道公园相串联，打造一园一景，一园一主题，突出人文韵味，兼顾四季效果，呈现“星光漫城，风景绿廊”的别样风情。

在市政工程方面，依据现状道路走向并结合道路两侧行道树的位置进行平面设计。其中，望梅路—荷禹路段设计标准段宽31米，荷禹路—红丰路段设计标准段宽36米，设计规模为双向4车道；交叉口信号灯设置综合考虑相交道路等级、交叉口间距、交通流向等，改造后灯控路口平均间距约473米；上环桥路、雨荷路、汀州路、沿山路、丝织弄共计5条道路交叉口采用“右进右出”，其余道路交叉口采用“灯控平交”；顺达路交叉口西出口的非机动车道内增加一条长约80米的辅道，使车辆出入得以形成环路，既方便车辆出入，又能在一定程度上避免出入口拥堵；在望梅路以及荷禹路设置立体过街设施，满足绿道连接、方便行人过街以及车辆快速通行的需求（图3-2-17）。

在建筑工程方面，项目主要分为公共建筑改造与居住建筑改造，建筑风格以“保持旧的肌理，赋予新的功能，展现城市新面貌”为原则，对建筑外立面进行全面升级。

在公共建筑方面，对建筑外立面风貌较差的建筑，进行外墙涂料铲除，重新涂刷真石漆；将空调外机整体统筹布置，既能满足功能需求，也保证外立面整体有序；对每栋楼的店招高度、大小进行严格控制，同时满足商铺的空调机位（图3-2-18）。

图3-2-17 荷禹路人行天桥效果图（上）

图3-2-18 沿线公共建筑改造前后对比图（下）

在居住建筑方面，对建筑外立面风貌较差的建筑，同样进行外墙涂料铲除，重新涂刷真石漆；对建筑外立面风貌较好，或是瓷砖外墙的建筑，统一采取清洗措施；拆除晾衣架、花架、保笼、雨棚等，每户统一四件套功能（伸缩晾衣架、一二层伸缩保笼、花架、雨篷）；对空调外机整体进行统筹布置，既能满足功能需求也保证外立面整体有序；严格控制店招高度、大小，同时满足商铺的空调机位。建筑立面主要以暖灰色为主色调，使小区具有温暖而赋予诗意与文化的环境（图3-2-19）。

在景观工程方面，星光街整治改造工程充分彰显了人文与自然的韵味，通过提取人文和山水元素，打造了多个特色景观节点公园，并与临平山绿道公园相串联。这些公园不仅美化了城市环境，也为市民提供了休闲娱乐的去处。其中望梅观山公园以松、竹、梅等富有人文气韵的植物构成安静的休闲空间；诗韵公园结合特色诗词景墙、观景亭廊等，成为街头诗韵公园；星河公园打造出一条涵盖消防知识宣传、健步休闲等功能于一体的主题文化动线；滨河休闲景观带以“绿蒲浅水清回环，烟雨桃花夹岸栽”为造景意向，成为互动性与归属感兼具的交流空间。

在管线改造方面，对现状雨水管道和污水管道进行了全面检查和改造修复，确保了排水系统的畅通和高效；同时，因地制宜地布置了透水铺装、植草沟等海绵设施，有效提升了城市的雨水吸纳和排放能力。

（3）实施效果

改造后的星光街，全线采用双向4车道规模，并增设了4000多米雨水管道、2500多米污水管道和277个雨水口，在保障车辆通行宽敞、便捷的同时，还结合道路周边地形地貌，构建望梅观山公园、诗韵公园、星河公园、滨河景观带等多个景观节点空间。

图3-2-19　沿线居住建筑改造前后对比图

星光街的整治工程不仅更好地承担起临平山北连接开发区与临平新城的交通功能，还优化了沿山慢行系统，丰富了城市的景观和配套设施，大大提升了居民的生活品质和城市的整体形象。目前，贯穿城区东西向的星光街已成为临平一道靓丽的城市风景线（图3-2-20）。每当夜幕降临，临平山脚下的星河公园里总会集聚不少市民，办起“夏夜户外KTV”。市民在公园内一展歌喉，体验户外休闲乐趣。

（4）创新与特色

星光街整治改造工程以其秉持的以人为本的理念、因地制宜的海绵城市做法和打造宜居宜行生态走廊方面的创新与特色为亮点，成功焕新了临平区的交通与景观面貌。作为临平新城路网体系的重要一横，星光街不仅承担着交通主干道的功能，更是通过一系列的创新举措，展现了其独特的魅力，为共富实践的开展埋好了伏笔。

1）秉持以人为本的理念

星光街的整治改造在设计之初就采取了以人为本的理念，将公众咨询纳入其中，不仅关注交通的通畅，更关注市民具体生活的场景和细节，统筹考虑不同人

图3-2-20 靓丽城市风景线

群的使用要求，充分了解居民的痛点和新需求，通过提升通行品质、释放公共空间以及整合文化资源，全面提升街道人性化体验，充分满足市民对休闲旅游活动的一站式体验需求，为他们量身定制喜爱的城市公共空间。

2）扎实推进海绵城市建设

星光街改造充分尊重水系、山林等自然现状，充分理顺“山—路—河”建筑关系，因地制宜布置透水铺装、植草沟、下凹式绿地及地埋蓄水池等海绵设施，让大走廊变身海绵体，助力临平生态建设。

3）建设宜行宜居的生态走廊

工程根据星光街现状道路走向和行道树位置进行了精心的平面设计，确保道路宽度的合理性与行车的舒适性。交叉口信号灯的设置充分考虑了交通流量、道路等级及交叉口间距，通过科学布局提升了交通运行效率。星光街北侧绿化景观带布置了一条宽约4米的绿道，沿线串联望梅观山公园、诗韵公园、星河公园、滨河景观带。同时，望梅观山天桥和荷禹路天桥与临平山连通为一体，将星光街两侧景观带与临平山公园绿道、周边社区、周边主要公园及河道有机组成慢行网络，形成环星光街完整的景观体系。

3.2.3 海绵城市应用新典范——迎宾大道北延隧道（邱山北园）

迎宾大道北延隧道（邱山北园）项目作为城市基础设施建设的重要组成部分，旨在缓解交通压力，提升区域交通通行能力，并进一步完善城市路网体系。这一工程的建设成果，在地形重塑及水体设计、水资源的循环利用方面进行了具有特色的改造和创新，不仅展现了杭州市临平区在城市建设方面的卓越实力，更体现了该区在生态环境保护方面的远见卓识。

（1）项目概况

迎宾大道北延隧道位于杭州市临平区临平山北麓，于2018年12月开工建设，建设内容包含隧道工程、施工影响区地表恢复工程和绿化景观工程等，其中临平山北施工竖井地块（原树兰幼儿园所在地块）的地形重塑、绿化工程、水系打造工程是本项目重要的节点工程之一，该节点工程被称为“邱山北园”。2021年9月，迎宾大道北延隧道项目邱山北园节点工程正式竣工验收（图3-2-21）。

树兰幼儿园位于临平山北侧山脚，隧道从树兰幼儿园下方穿过，施工需要将树兰幼儿园拆除。而树兰幼儿园位置地势较低，建筑、室外道路、活动场地等将整个场地全部硬化而不透水，降水无法渗透，且临平山坡面地表水自然汇集，流向树兰幼儿园及星光街路口。因此，雨天树兰幼儿园门口短时积水现象明显。树兰幼儿园地块表面土体覆盖厚度为0~0.5米，土体下层即为岩层，该地块因缺少土体覆盖而蓄水能力差，山涧水只能排至市政雨水管道，因此，需要通过工程技术措施，对该地进行整改，以满足防洪排涝要求（图3-2-22）。

▲图3-2-21 邱山北园节点工程

◀图3-2-22 树兰幼儿园改造后实景

（2）设计方案

幼儿园地块是该项目后续需要恢复和改造的区域，结合隧道工程建设和临平山绿道工程建设，该地块的改造思路如下：首先，将该地块打造成休闲公园和绿道出入口；其次，将隧道内岩石裂隙水收集后，抽排出隧道，引入该公园，作为景观用水和灌溉用水；再次，将山涧水通过引流作为景观用水；最后，重新塑造地形，将低洼处填筑土体，形成沿山体顺势下斜的坡面，使得大水量时能快速排除，小水量时将水蓄养在堆砌的土体中。

结合地形，项目通过砌筑隔离砖墙，堆土造坡（地形塑造），安装排水管、泵和修建蓄水池和跌水涧，修建绿道，种植绿植及其他配套设施等进行海绵设施布置。项目设置了两条水流组织。其一为山涧水—跌水涧—蓄水池—市政管道—河道；其二则是隧道岩石渗水—隧道内蓄水池—水泵抽排—山上消能池—跌水涧—蓄水池—市政管道—河道。对于公园一角的停车场，采用具备环保、低碳功能的植草砖修筑生态停车场，既增加城市绿化面积，降低环境温度，又能满足临时停车需求（图3-2-23）。

（3）实施效果

项目建设过程中，对本工程弃方进行再利用，公园樱花树均为原道路中央分隔带移栽的树木，做到了因地制宜、就地取材的设计初衷。项目建成后，雨水不再放射状流淌，马路上不再短时被水淹没；公园覆土厚度增加，土体含蓄水能力增强，旱季时，土体内的水分向下渗入隧道结构外侧，通过埋设在隧道结构内的收集管，将水收集到隧道蓄水池内，再由水泵抽上地面供公园使用，部分补充公园用水。

（4）创新与特色

迎宾大道北延隧道项目邱山北园节点工程在设计和实施过程中，充分贯彻了

图3-2-23 公园一角的停车场

创新理念。项目团队没有简单地对原地块进行修复和绿化，而是结合隧道工程特点和临平山的自然环境，提出了将该地块打造为休闲公园和绿道出入口的创意方案。这一方案不仅提升了地块的利用价值，还丰富了临平山的休闲旅游资源，为市民提供了一个全新的休闲场所。

项目的另一大创新在于水资源的循环利用。工程团队巧妙地将隧道岩石渗水和山涧水收集起来，经过处理后作为公园景观用水和灌溉水源。这种设计不仅解决了排水问题，还实现了水资源的有效利用，降低了用水成本，同时也符合当前节水型社会建设的潮流。地形重塑和水体设计是项目创新的又一亮点。通过堆土造坡和修建跌水涧、蓄水池等设施，项目团队成功地将低洼地块改造为具有蓄水和排水功能的休闲公园。这种设计既考虑了地块的自然属性，又结合了人工景观的营造，使得公园既具有生态功能，又具备观赏价值。

迎宾大道北延隧道项目邱山北园节点工程通过创新的设计和实施方式，实现了城市基础设施建设与生态环境保护的和谐共生，为临平区的可持续发展注入了新的活力，为杭州市的共富实践打造了坚实的基础。

3.3 居住区综合改善

从临平山上360°俯瞰临平新城，高楼林立，如雨后春笋般拔地而起，为城市增添了新的面貌。这些高楼的崛起不仅改变了城市的天际线，也在悄然提升着城市的“温度”，与市民的生活息息相关。如何让居民在这片土地上感受到更深沉的归属感和幸福感，成为临平新的课题。临平作为原余杭区的府治所在，城市建设完善，宜居氛围浓郁。同时，众多小区建成使用年限较长，存在更新改造需求。为此，临平着手改善居住环境，并完善相关配套设施。这一举措旨在构筑居民生活品质的坚实基础，让每个市民都能在这里找到属于自己的幸福和满足。

居住小区的改造提升对于人民生活改善具有重要意义。它不仅影响着居民的日常生活品质，更是城市文明程度和可持续发展能力的重要体现。一个美丽宜居的社区不仅能够提高居民的幸福感和归属感，有助于促进邻里间的交流互动，形成良好的社区氛围。此外，居住小区的改造提升还能够增加绿化覆盖率，美化城市环境，提升城市形象，增加城市的吸引力。以保元泽第小区、新城花苑小区、梅堰小区为代表的一大批居住小区提升改造工程的实施，保障了市民生活的高品质。

保元泽第小区提升改造实现了中国传统文化与现代设计理念的完美结合，在完善小区基础设施功能的基础上，激发文化情感共鸣；新城花苑在改造全过程中充分尊重居民的意愿和需求，新增集儿童乐园、会客厅、阅读空间以及露天羽毛球场于一体的共享客厅，实现了设施和空间的现代化升级；梅堰未来社区将老旧小区改造与未来社区规划相结合，挖潜存量，引入社区“新基建”，实现“孩子有地方托管、老人有地方养老、健身房就在家门口、依靠手机就能办事”，提升基层社会治理效能，打造临平幸福人居。

居住小区改造是一项综合、细致、复杂的系统工程，关系到千家万户的切身利益。临平以“人民对美好生活的向往就是我们的奋斗目标”为宗旨，瞄准民生痛点、难点，将老旧小区改造纳入区政府重要民生实事工程，秉持“综合改一次、一次改彻底”的原则，建立“区级统筹、街道实施、居民自治”推进机制，精准制定实施内容，让共同富裕成为临平市民看得见、摸得着、真实可感的幸福。

3.3.1 古典韵味下的旧改再营造——保元泽第改造

保元泽第小区坐落于临平区南苑街道的心脏地带，整体建筑风格深深烙印着经典的中式韵味。小区巧妙地融合了白墙黛瓦、木制门窗等传统元素，使得每一栋建筑都散发着中国传统建筑的古朴与雅致。小区内包含6幢挺拔的高层建筑、7幢雅致的多层建筑以及35幢别具一格的排屋，总计拥有546户。这里，不仅是临平较为典型的居住小区，也是传统文化和居住情怀结合的典型社区（图3-3-1）。

自2009年建成以来，保元泽第小区一直是该区域较为高端的居住社区。然

图3-3-1 改造前航拍组图

而，随着时间的推移和城市的发展，小区逐渐暴露出一些问题，亟待改造与提升。例如小区沿街的高层住宅外墙面砖出现大幅脱落，且空鼓情况严重，对小区居民的人身安全构成了严重威胁。这不仅影响了小区的整体美观度，给居民的生活带来了极大的不便，还存在安全隐患。小区的多层建筑和别墅的防腐木饰面老化严重，破损面积达到60%，影响了小区的整体形象和品质（图3-3-2）。此外，小区在规划设计上还存在一些不足之处，这些问题影响了小区整体环境质量以及居民的生活体验。如出入口老旧。一个美观、实用的出入口设计不仅能提升小区的整体形象，还能给居民带来便捷和舒适的出行体验。此外，小区内的景观植被也缺乏养护存在杂乱无序的问题。

因此，为了提升小区的整体环境质量和居民的生活体验，我们应将提升品质作为小区规划更新的重要依据，通过改进出入口设计、优化景观植被规划等措施，打造出一个更加美观、舒适、便捷的居住环境；通过全方位、精细化的改造举措，解决小区现存的问题，从而极大改善居民的生活品质，消除安全隐患，提升环境质量，同时彰显传统建筑的韵味，展示中国文化的自信与独特魅力。经过改造，保元泽第小区将焕发出新的生机与活力，为居民提供更加安全、舒适、美观的居住环境，也为临平区的城市更新和亚运会的举办增添亮丽的风景线。

（1）项目概况

保元泽第小区改造项目旨在优化临平区南苑街道核心地带的居住区环境，是一项综合性的品质提升工程。该项目的目标是全面整改小区现存的多项问题，通过精心的设计与施工，显著提升小区的整体形象、居住品质和安全性能。

图3-3-2 改造前外墙面砖脱落

项目实施内容主要包括高层住宅的外立面改造、多层建筑和别墅的防腐木饰面更新、出入口形象提升以及景观植被的优化布局等。其中，高层住宅的外立面改造是重点之一，通过将原有的面砖替换成软瓷等新型材料，有效解决了面砖脱落等安全隐患，同时保持了小区原有的中式风格。此外，项目还注重加强文化场景营造，丰富社区环境的文化内涵。在出入口改造中，融入了“双燕齐飞，琴瑟和鸣”的意象，打造江南意境下的诗意空间，使门庭设计既恢弘大气又不失温婉雅致。架空层改造则充分利用空间资源，为居民打造了一个集休闲、娱乐、交流于一体的多功能活动场所。

总的来说，保元泽第小区改造项目是一项综合性强、涉及面广、影响力大的城市更新工程。通过该项目的实施，不仅显著提升小区居民的生活质量，还能够为临平区的城市形象提升和即将到来的亚运会增添亮丽的风景线。同时，该项目也体现了中国传统文化与现代设计理念的完美结合，为居住区改造和城市更新提供了有益的借鉴与启示。

（2）设计方案

保元泽第小区改造项目彰显千年传承，证言文化赋新。改造项目主要包含高层住宅改造、出入口节点改造、架空层改造和室外景观改造四个方面。

高层住宅改造主要分为立面改造和屋顶改造。在立面改造时，考虑外面砖自重较大，存在脱落等危险隐患，故而采用软瓷材料做替换，并保留原来的色彩风格和拼接方式（图3-3-3）。

高层住宅屋顶造型，采用了双曲面坡屋顶相互交织的设计，这种独特的设

图3-3-3　改造后效果组图

计风格融合了新中式东方院落的经典建筑元素，力求展现江南水乡特有的温婉柔情。通过设计结合通信塔和屋面造型，使之融为一体，满足功能与造型的匹配。屋面采用镂空的双曲铝板屋面，立柱既可支撑屋面又可固定设备，镂空的屋面也可起到遮挡设备的作用，立面采用铝格栅，铝格栅与小区防腐木呼应，增添高层住宅的新中式风韵。双曲面飞燕造型，也寓意着给家庭带来美好圆满（图3-3-4）。尽管屋面造型对于改善小区不足之处的直接影响似乎微不足道，然而在整个改造过程中，却获得了超过95%居民的高度认可。这一现象揭示出，现代居民不再仅仅满足于生活的基本需求，而是追求更高层次的精神富足。正因如此，城市更新成为当下不可或缺的重要任务。

通过小区出入口节点改造，打造恢弘门景，对话山水底蕴（图3-3-5）。门景设计以“双燕齐飞，琴瑟和鸣”为主题，巧妙融入吴冠中经典名画《双燕》的意象，展现出现代与古典完美融合的江南水乡风情。中式门庭讲究恢弘大气，更要讲究适度的克制与内敛。在“礼序”与“闲适”之间，追求一种恰到好处的平衡：既要体现礼仪之邦的庄重，又要避免过于生硬的威严感，让每一位来访者都能感受到舒适与和谐（图3-3-6）。

北入口东侧现状为汽车坡道，西侧为人车混行的铺砖道路。在设计中，首先关注人车分流的需求，通过巧妙构思，利用两片弧形的屋面构造，为整个入口

图3-3-4 改造后效果组图（上）

图3-3-5 改造前后对比组图（下）

图3-3-6 改造后效果组图（上）

图3-3-7 改造前后对比图（下）

塑造一个既舒展又开阔的视觉形象，遵循简洁而不乏传统精髓的选材原则，景墙石材经多地反复精挑严选，采用“马吉拉”同款天然乳黄色洞石，纹理简约而大气，质感润泽而丰富，自身颜色及自然肌理透露出浓厚的历史文化韵味。入口格栅采用香槟金铝合金，轻盈利落于分寸之间，体现住区的极致艺术感（图3-3-7）。

在西入口的改造中，对流线作了较大的调整，将多个入口合为一个，方便小区管理。为打造更加和谐的小区环境，设计采用1.2米的绿植作为天然隔离带，巧妙地将小区与城市隔离开来。同时，将原本位于西门的雕塑（韩美林设计）进行了90度的旋转，使其能够完整展现给城市，成为小区的一道亮丽风景线。此外，这些绿植还巧妙地将保元桥视野打开，让外界能够一览小区的内涵与魅力。采用了双层叠水营造水景，亲水栏杆选用了石板材质，打造富有江南韵味的细水长流景象，与北门的景观区别开来，增添意趣（图3-3-8）。

改造前，小区内缺乏室内活动空间，唯一的架空场地位于西门，除了作为快递收发点和行人的次出入口，其开阔的空间为小区居民提供了难得的活动场所（图3-3-9）。

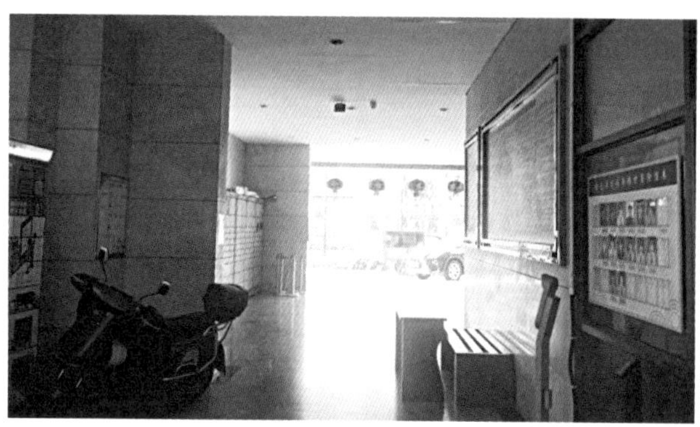

图3-3-8　改造后效果组图（上）

图3-3-9　改造前后对比图（下）

通过改造，总面积约120平方米的架空层将被分为三个功能区域，分别为儿童游乐场地、中青年阅读交流场所、青少年自习阅读场所（同时保留一部分空间作为老年会谈场地）。在儿童游乐场地，将设置一部滑梯和一张儿童手工、积木、阅读桌，为孩子们提供一个充满乐趣的学习环境。同时，该区域靠近沿街，且位于门卫的最佳视线范围内，以确保在突发事件中，行人及门卫能够迅速做出反应。中青阅读区设置了两组沙发，为家长们提供一个舒适的交谈空间，居民可以在这里分享心得，品茶会谈。青少年自习阅读场所的设计则更加时尚，将采用吧台形式进行布置，并靠近窗户，为他们营造一个明亮、舒适的学习环境。对于吊顶的设计，为了呼应小区的现代中式风格，设计师选择了运用折线格栅的设计手法，巧妙地加入了45度角的线条，使得原本单调的线条散发出船只的意趣。当小桥流水人家隐现时，桥、水和船似乎都融为了一体，形成了一幅生动的画面（图3-3-10）。邻里中心落成后，居民们纷纷捐赠了家中闲置的书刊，孩子们因此拥有了室内的游乐场所。在阴雨绵绵的日子里，居民们甚至把广场舞活动搬到了室内，或者在里面休闲打牌。

由于小区建成已有十年以上，绿化异常茂盛，以至于对小区的住宅产生了阳光的遮挡。此外，景观的配置未经过特别考虑，因此居住环境亟待改善。为了解

图3-3-10 改造后效果组图（上）

图3-3-11 改造后效果组图（中）

图3-3-12 改造后效果组图（下）

决环境问题，提升景观质量，设计重点从以下方面进行改造：首先，对部分植物进行更新与修剪；其次是更换和新增景观灯具，以提高小区夜间照明的质量；再次是完善入口、保元桥以及高层住宅的泛光照明效果；最后是对车行路面进行更新，采用沥青材料，这种材料不仅抗磨损性能强，而且具有良好的抗老化性能，保证了沥青路面在长期使用中的高质量和稳定性（图3-3-11、图3-3-12）。

（3）实施效果

保元泽第小区改造项目经过精心设计与施工，已经取得了显著的实施效果。这一改造工程不仅提升了小区的整体形象，改善了居民的居住环境，还增强了小区的安全性和文化韵味。

高层住宅的外立面改造效果显著。采用软瓷材料替换原有的面砖，不仅避免了面砖脱落的安全隐患，还使建筑外观更加美观耐用。软瓷材料的运用不仅保留了小区原有的中式风格特色，还赋予了建筑新的生命力。同时，屋顶的改造也达到了预期效果，镂空双曲铝板屋面和铝格栅的设计既遮挡了屋面设备，又增添了新中式风韵，使高层住宅焕发出新的光彩。

在出入口改造方面，新设计的西门和北门入口以“双燕齐飞，琴瑟和鸣”为主题，融入了诗意江南的意境，使门庭设计更加恢弘大气、温婉雅致。这一改造不仅提升了小区的形象，同时也为居民营造了一个更加温馨、舒适的归家体验。此外，架空层改造也为居民提供了一个全新的活动空间。通过合理利用空间资源，打造了一个集儿童、中青年、老人各个年龄段都能活动的场所，增强了小区内部的凝聚力和社交氛围。在室外景观改造方面，通过对小区环境的整体提升，使居民在享受大气雅致的环境时，既能感受到传统文化的底蕴传承，又能体验到创新带来的新鲜感受。这种时空交融的设计理念让小区环境更加质朴美好，提升了人居环境空间的品质和高度。

保元泽第小区改造项目的实施效果显著，不仅提升了小区的整体形象和品质，也为居民创造了一个更加安全、舒适、美观的居住环境。这一项目的成功实施，不仅为临平区的城市更新和改造树立了典范，也为其他类似项目的实施提供了有益的借鉴和参考。

（4）项目特色

保元泽第小区改造项目在设计与实施过程中，不仅注重解决现有问题，更力求在改造中融入创新元素，展现独特特色。

1）创新材料的应用与安全保障。项目在高层住宅外立面改造中，创新地采用了软瓷材料替代传统的面砖。这一创新不仅解决了面砖易脱落的安全隐患，而且使建筑外观更加美观且易于维护。同时，软瓷材料的运用也符合了现代建筑对于环保、耐用的要求，展现了项目的前瞻性和创新性。

2）新中式风格与现代设计的融合。项目在改造过程中，充分尊重并延续了小区原有的中式风格特色。通过精心的设计和施工，使改造后的建筑、景观等元素与原有的中式风格相得益彰，形成了独特的新中式风格。这种风格的融合不仅提升了小区的整体形象，也满足了现代居民对于审美和文化的需求。

3）功能性与美观性的完美结合。在改造过程中，项目团队注重功能性与美观性的结合。例如，在高层住宅屋顶改造中，采用镂空双曲铝板屋面和铝格栅设计，既解决了屋面设备遮挡问题，又增添了建筑的美感。同时，在架空层改造中，通过合理利用空间资源，打造了一个集休闲、娱乐、交流于一体的多功能活动场所，既满足了居民的日常需求，也提升了小区的整体品质。

4）注重文化传承与人文关怀。项目在改造过程中，充分挖掘和传承了小区的文化内涵。通过保留和修复原有的文化元素，如保元桥、古青砖等，使小区的文化底蕴得以延续。同时，项目还注重人文关怀，通过优化环境、改造设施等方式，为居民创造了一个更加舒适、温馨的居住环境。

保元泽第小区改造项目在创新材料应用、风格融合、功能性与美观性结合以及文化传承与人文关怀等方面都展现了独特的创新和特色。这些创新和特色不仅提升了小区的整体形象和品质，也为居民带来了更加美好的生活体验。在保元泽第改造中，设计凝萃城市与土地的文明记忆，既承载着历史的厚重，又展现现代的活力，细述了一座让人安心的文化居所。设计用细致的态度雕琢建筑景观的每一处细节，让保元泽第焕发新生（图3-3-13）。

图3-3-13 改造后航拍效果组图

3.3.2 人民城市导向下的旧区改造——新城花苑改造

亚运会是一项重要的国际性体育赛事，杭州第十九届亚运会吸引着全球的关注。在这个关键时刻，老旧小区的综合改造提升不仅关乎居民的生活品质，更是展现城市形象、迎接国际盛事的重要环节。因此，改造工程不仅仅局限于表面翻新和修缮，而是从内到外进行了一次综合、全面的提升，致力于打造具有质感的城市更新项目，使居民的生活更加温馨动人。新城花苑小区的改造提升便是这一理念的生动体现。该项目不仅显著改善了居民的生活环境，也成为人与城市共同进步的见证。在亚运会期间，它向全球来宾展示了杭州的城市风貌和居民的美好生活，成为一个充满活力和希望的典范。

新城花苑的改造项目秉承着凝聚旧改向心力的设计理念。本次改造不仅是对环境的全面整治和设施的现代化升级，更是人与城市的一次深度对话。居民们不再是被动的接受方，而是变成了城市发展的参与者和受益者。居民们积极参与到改造过程中，与政府、社区共同为小区的未来出谋划策，用自己的双手打造更加美好的生活环境。因此，改造时更注重聆听居民的实际需求，从他们的声音中汲取灵感，通过改造让居民真正感受到城市的关怀与温暖。当然，改造也注重城市的整体形象和文化氛围的营造，确保居民在享受便利生活的同时，也能充分感受到城市的独特魅力与活力。

（1）项目概况

新城花苑位于杭州市临平区南苑街道，距离亚运场馆临平体育中心和市民之家均为380米左右，地块南临政法街、东依南大街、西靠新城路、北邻政法街与金箭公寓。小区20世纪90年代初建成，总用地面积30645.7平方米，24幢住宅楼，共353户，总建筑面积55165.5平方米（图3-3-14、图3-3-15）。

随着时代的变迁，新城花苑逐步显现出一系列问题，如基础设施老化、缺乏足够的活动场所、小区形象衰退、交通系统混乱。这些问题严重阻碍了居民从“住有所居”向“住有宜居”的转变，使其与城市快速发展的步伐形成了强烈的对比和反差（图3-3-16）。

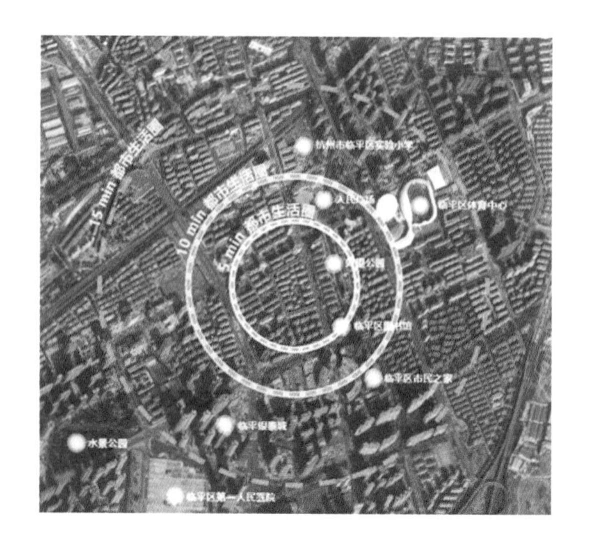

图3-3-14　项目区域位置

图3-3-15 项目完成后的鸟瞰实景

图3-3-16 改造前后对比图

（2）设计方案

新城花苑在改造之初，以全龄段的人文关怀为切入点梳理老百姓的需求，融入未来社区的设计理念，充分挖掘场地内的低效空间，通过合理的整合与设计利用，为居民打造多重全龄共享空间。

新城花苑的改造项目注重人性化关怀。新城花苑的居民中，不乏年长者或者行动不便的人群。因此，在改造过程中特别重视无障碍设计。为此，增设坡道、扶手和电梯，实现23个单元楼的电梯加装，方便居民出入；同时，优化了道路设计，确保轮椅和婴儿车等能够顺畅通行；还设置了明显的指示牌，以便居民顺利找到正确的目标地点。在有限的空间内，通过合理的规划与设计，为居民打造绿化与休闲空间。增设屋顶花园、绿地和休闲座椅，让居民在忙碌的生活中也能找到一处宁静的角落，沉浸在大自然的怀抱中（图3-3-17）。

新城花苑小区的改造植入了未来社区理念，积极融合未来社区建设的前沿理念，精心构建邻里交往、健康生活、优质教育等多元化未来生活场景。小区充分利用现有资源，因地制宜地对物业服务中心进行全面升级，于原物业中心二楼屋顶新增了一个占地150平方米的“邻里汇”共享客厅（图3-3-18）。这个充满活力的空间精心配置了儿童乐园、会客厅、阅读空间以及露天羽毛球场等设施，

图3-3-17　人性化设施

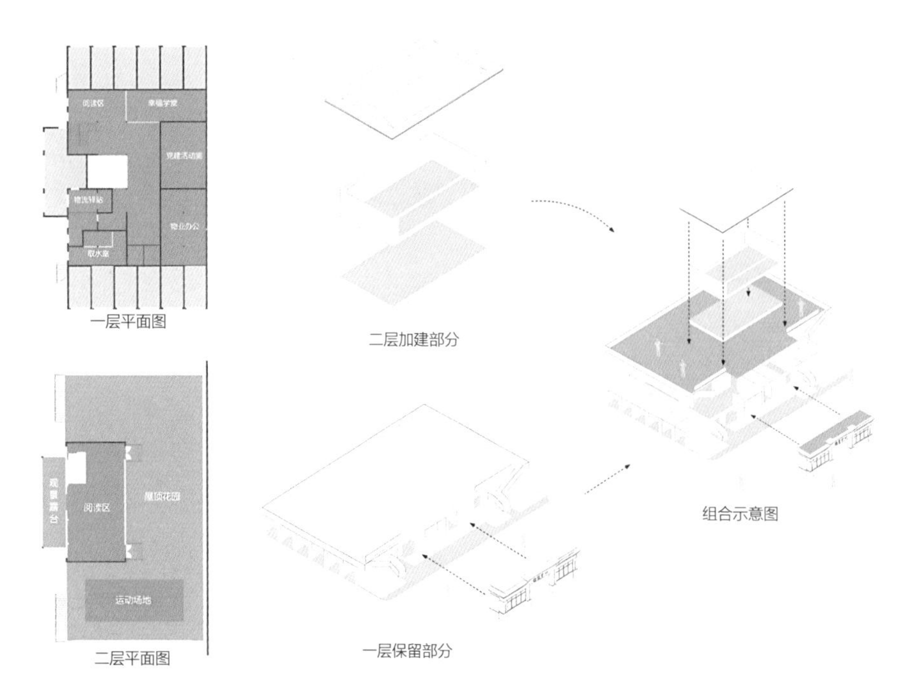

图3-3-18　加建的“邻里汇”设计理念

全方位满足各年龄段居民的需求。通过打造健康、阳光、愉悦、睦邻的第三生活空间，新城花苑小区成功营造了一个充满邻里交流的社交“磁场”，为居民提供了一个温馨和谐的社区生活场所。

这种创新的社区建设实践，不仅体现了以人民为中心的发展思想，还充分展现了社区建设对人本化、生态化、数字化三大价值坐标的全面考量。通过这一系列举措，新城花苑小区成功地塑造了一个既现代又温馨的居住环境，让每一位居民都能在这里享受到更加美好的社区生活体验。

新城花苑小区注重塑造特色门户形象，营造出独特的浪漫与端庄气息，经过精心改造，南门入口景观环岛如一颗璀璨的明珠，为居民归家与外出增添了一抹清新与雅致。改造后的入口实现了人车分流，通过数字化人脸识别系统提升了小区的安全性，此外，通过序化管理，为居民营造了一种幸福的归家仪式感，让每位业主都能感受到家的温馨（图3-3-19）。小区的改造设计同样注重构建全龄共享公共空间，精心打造了一个面积约3000平方米的中央共享花园，考虑到了全龄人群的需求，为社区居民提供了一个交流与互动的平台，更满足了各年龄层居民在休闲、娱乐、健康等方面的多元化需求（图3-3-20）。

（3）实施效果

通过改造，小区环境旧貌焕然一新，居住环境实现了蜕变。走进改造后的老旧小区，首先映入眼帘的是整洁的道路、绿意盎然的草坪和停放有序的车辆以及

图3-3-19　改造后的南入口实景

图3-3-20 改造后“邻里汇”与中央共享花园

充满历史韵味的建筑立面。曾经的混乱与肮脏已不复存在，取而代之的是一片和谐宜居的新环境。这一转变不仅显著提升了小区的形象，更使得居民能够享受到更高标准的生活质量。

公共设施全面升级，服务品质跃升。新的中央共享花园场、健身设施和邻里汇等设施，为居民们提供了更多的娱乐和生活选择。这些设施的建成不仅满足了居民们的日常需求，更促进了邻里之间的交流与互动，进一步增强了社区的集体凝聚力。小区内的道路、排水、照明以及电动自行车充电等基础设施也得到全面更新和优化，以更好地满足居民日益增长的生活需求。宽阔平坦的道路、完善的排水设施和齐全的照明系统，不仅改善了小区的面貌，更为居民出行和生活提供了极大的便利。

老旧小区改造不仅着眼于环境的提升，更从生活的细节出发，展现了对居民福祉的深切关怀，彰显细节关怀，提升幸福品质。通过安装便捷设施、引入智能安防系统、配置儿童游乐设施等一系列措施，实实在在地提高了居民的生活品质，使他们深切感受到了来自城市的温馨与关怀。

（4）项目特色

新城花苑的更新整治是一次共建共治共享的实践，离不开政府、社区及居民三者之间的紧密合作与共同努力。在这一进程中，政府发挥了关键的引导作用，为改造提供了有力的政策支持和资金保障；社区则扮演了组织者的角色，有效协调各方资源，确保改造工作的有序进行；居民们更是积极参与其中，共同打造美好的生活环境。这种共建共治共享的社区治理新格局，不仅提升了改造工作的效率和效果，更让居民们深刻体验到了作为小区改造参与者和受益者的双重感受，从而增强了他们对家园的归属感和责任感。

老旧小区改造不仅关乎居民的日常生活品质，更是城市形象与未来发展的重要体现，需要以人民城市导向为指导，充分尊重居民的意愿和需求，科学规划、统筹兼顾。通过改造，不仅能够实质性地提高居民的福祉，还能为城市的可持续发展和文明进步注入新的活力。新城花苑老旧小区改造是一场人与城市之间的双向交流，也是一次对美好生活重新定义的伟大尝试。它让居民与城市更加紧密地联系在一起，共同书写城市发展的新篇章。

3.3.3 旧改引领型未来社区——梅堰未来社区改造

社区不仅是城市居民生活和城市治理的基本单元，也是服务人民群众的“神经末梢”和“最后一公里”。随着未来社区的工作重点从关注增量发展到关注存量挖潜的转变，旧改类社区已成为推动未来社区普惠性与共富基本单元的有力抓手。而不同社区在建设时间、空间基底、人群结构、资源条件等方面存在显著差异，旧改类未来社区的更新建设“道阻且长”。梅堰未来社区的创建是临平区旧改类未来社区的一个典范，也是临平区致力于高品质城区建设、打造优质生活共享典范的一个缩影。未来社区的创建不仅与城市品质相关，更与民生福祉紧密相连。

（1）项目概况

梅堰小区位于杭州市临平区临平街道东南部，辖区面积27.02公顷，居民3138户，总人口9725人。梅堰小区是20世纪90年代初建造的开放式住宅小区，存在公共配套空间不足，环境秩序较乱，养老托幼等配套设施缺乏等痛点。针对社区存在的问题，梅堰小区采取前瞻性的策略，将未来社区规划与旧改有机结合，积极推动老旧小区功能完善、空间挖潜和服务提升，注重构建多维度的空间场景，涵盖党建、治理、健康、教育等功能，不断提升基层社会治理效能。凭借这些创新实践，梅堰小区已经通过省级验收，展现了其在社区建设领域的前瞻性和卓越成果（图3-3-21）。

图3-3-21　梅堰未来社区改造前后对比图

（2）实施方案

以“美好生活·乐居新堰”为特色定位，围绕“全龄安康—数字治理”的创建愿景，以人本化、生态化、数字化三维价值为坐标，将创造幸福生活作为始终不渝的奋斗目标，聚焦未来邻里的统筹规划、高效服务和智能治理3大特色场景设计，打造临平幸福人居。

其一，开展小区更“新”，通过优化建筑立面，整合序化楼道管线，完善市政管网建设，合力推动楼幢加梯等措施，多渠道、多方位满足居民的生活居住需求；以1.5公里的健康绿道，串联起小区红十字、廉政、法治、文化等11个主题小公园，让老百姓在家门口享受健康生活（图3-3-22）。

其二，服务安“心”，全龄安康。为进一步提升临平社区服务的温度，全面满足居民的多样化需求，创造一个宜居、幸福的生活模式，该实施方案将原农林集团办公楼改造为公共配套设施，旨在打造成一个集智慧养老、社区医疗、婴幼驿站、青少年活动中心、社会组织发展平台、幸福学堂等功能于一体的一站式便民服务场所——梅堰未来社区邻里中心（图3-3-23）。

临平首家婴幼儿成长驿站为新手父母提供家门口贴心教育；多功能大厅成为各类活动的举办场所；影音厅提供了四点半课堂，在这里居民既可以看电影也能阅读；临平街道智慧养老服务平台实现了线上线下服务共补，确保老年人能够安享晚年；社会组织孵化地专注于从事个案处理社会工作专业化需求，为弱势群体提供更多更专业的公益服务。

图3-3-22 改造后的梅堰未来社区场景组图

图3-3-23 改造后的梅堰未来社区邻里中心场景组图（原农林集团办公楼）

梅堰未来社区邻里中心的卫生服务站是家门口的“健康管家”。社区卫生服务站提供量血压、测血糖、配药等服务，并与社区责任医生建立友谊。服务站以家庭医生签约服务为特色，实现政府主导、社区协作、群众参与的健康管理模式，有效整合签约服务和慢性病管理，推动基本医疗和公共卫生的深度融合，让健康医疗工作贴近民众，温暖人心。

其三，智汇复“兴”，畅享生活。通过改造，将原开放式住宅区块进行智能闭合式管理，按照智慧安防“1+3+X”要求，全面升级小区智慧设施，全面提升小区安全。建立社区综合治理中心，以“最多跑一地”理念，合理嵌入各项公共服务，让便民服务数字化、智能化，同心打造云上梅堰数字化驾驶舱。

（3）实施效果

梅堰未来社区创建结合老旧小区改造以来，其先后获评浙江省城镇老旧小区改造实践“完善管理机制”典型案例、杭州市老旧小区改造最佳案例、杭州市最美加梯项目、杭州市首批示范型社区服务综合体。

如今，梅堰未来社区邻里中心的市民客厅成了居民生活中“小幸福”的解锁之地。每周邻里中心吸引超过1000名访客，最繁忙的一周达到了1630余人，参与活动的人数每周达到520余人。梅堰未来社区邻里中心的老年食堂让老年人享受到了“美味”的晚年生活。梅堰小区，一个有5175名户籍人口的老小区，其中60周岁以上老年人有997人，占比19.3%。在此之前，社区老人经常因吃饭问题发愁。老年食堂（集中配餐中心）自营业以来，已覆盖了三个社区，老人可以通过智慧平台中心的服务热线或通过手机APP实现线上下单服务。对于一些行动不便的老人，也可提供送餐上门的服务，目前老年食堂日均就餐量达250余人次，获得老年人一致好评。

（4）创新与特色

梅堰未来社区项目在人性化设计、智能化数字化应用、绿色生态以及公共配套设施建设等方面都体现了创新与特色，如梅堰未来公园，是一座集休闲、娱乐、生态、文化于一体的综合性公园，致力于打造一个宜居、宜游的绿色空间，旨在为市民和游客提供丰富的户外体验（图3-3-24）。这些创新和特色不仅提

图3-3-24 梅堰未来公园

升了社区的整体品质，也满足了居民多样化的需求，为其他老旧小区的改造提供了有益的借鉴和启示。

1）项目以全龄需求为导向，在公共配套设施建设方面颇具特色。因人施策，聚焦全龄社区，提供安心、贴心、暖心服务。5分钟生活圈服务体系以辐射实施单元为主，以精细化配置与全生命过程人性关怀为目标，提供面向老幼人群的贴身服务和居民频繁使用的小型设施，体现治理、教育、健康等场景特色的城市生活空间基本单元。梅堰未来社区邻里中心作为改造项目的重要组成部分，集成了智慧养老、社区医疗、婴幼驿站、青少年活动中心等多项功能，为居民提供了一站式便民服务。这种集成化的服务模式不仅提高了服务效率，也丰富了居民的社区生活（图3-3-25）。

2）项目在社区精细治理方面进行了大胆创新，通过建设充足的社区治理议事空间，引入智能安防系统、智慧养老服务平台等。智能安防信息平台可以实现数据传输和统一管理，车辆识别系统和人脸识别系统则增强了小区的安全管理能力。同时，智慧养老服务平台实现了线上线下共服务，为老年人提供了更加便捷、高效的养老服务（图3-3-26）。

图3-3-25 有温度的社区服务

· **社区服务有温度：因人施策，聚焦全龄社区，提供安心、暖心、贴心服务。**

“安心 1+1”邻里服务中心
（利用原农林集团办公楼 2800 平方米）

①**社区服务：**梅堰社区卫生服务站、邻里慈善超市、邻里广场、智慧化养老服务平台，梅堰记忆展厅、影音室、孵化平台、社会工作站、社会发展中心。
②**全龄看护：**老年人助餐配餐中心、居家养老日间照料中心、儿童之家，青少年之家，博爱家园、心理咨询室。

“暖心 2+X”综合治理中心
（利用现状 800 平方米社区办公用房）

①**党建活动：**党群活动中心（民情联络、义工联络、基层组织联络）400 平方米。
②**市民服务：**设置居民驿站、4 小时便民服务机、便民服务站、“五瓣梅”议事平台、邻里议事中心、出租房管理中心。

“贴心 3+X”梅堰品牌便民服务
（利用现状沿街门面面）

①**便民商业服务设施**
结合现有安宁街、九曲营路、梅堰路等沿街商业布局便民商业服务设施，包含便利店、蔬果店、物流驿站等业态。
②**市井创业空间**
为居民提供创业指导服务，并结合沿街空间，为社区居民提供居家、市井创业空间。
③**物业服务中心**

· **社区治理有高度：**进一步构建和睦共治的现代化城市功能单元，提高城市综合治理水平。

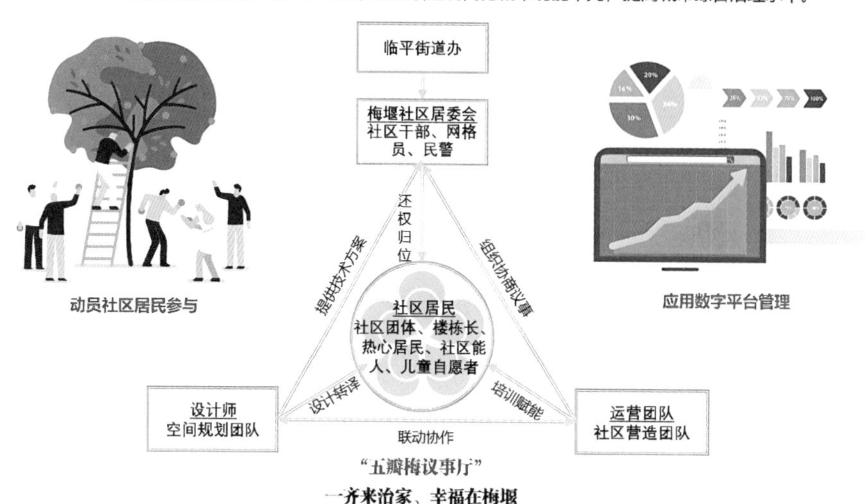

图3-3-26　有高度的社区治理

· **邻里空间有辨识度：**传承和美文化、梅堰渔火精神，面向未来，塑造有辨识度的社区风貌。

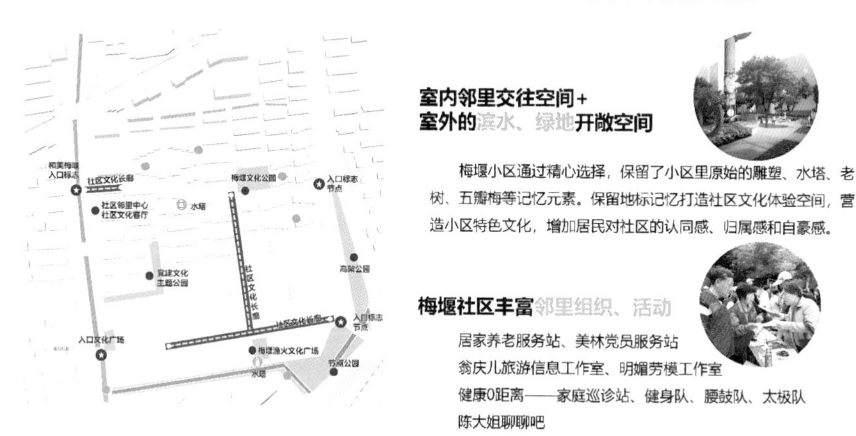

图3-3-27　有辨识度的邻里空间

3）景观设计传承在地文化，打造具有辨识度的邻里空间。梅堰未来社区保留了小区里原始的雕塑、水塔、老树、五瓣梅等记忆元素，保留地标记忆打造社区文化体验空间，营造小区特色文化，并以若干睦邻社群为载体，将文化宣传、垃圾分类、为老服务等工作融入居民的日常，增强居民对社区的认同感、归属感和自豪感（图3-3-27）。

3.4　山水资源活化利用

“风蒲猎猎弄轻柔，欲立蜻蜓不自由。五月临平山下路，藕花无数满汀洲。”诗情画意、景象万千的临平，自古以来就赢得无数诗人作诗吟颂。

临平区地处杭嘉湖平原，河湖水系发达，境内有运河水系和上塘河水系两大水系，有江南三大赏梅胜地之一超山、临平山和黄鹤山等山水资源。超山是江南三大赏梅胜地之一，与之相邻的丁山湖漾承接着运河水系，也是江南“鱼米之乡”的典型缩影。“十里青山半入城”，生动地描绘了临平山和临平之间的关系，而穿城而过的上塘河更是世界文化遗产之一。

然而，尽管拥有如此得天独厚的山水资源，临平也面临着一些“成长的烦恼”。超山以其“梅花”而著名，但在冬春两季之后，如何延长景观季相，吸引更多市民成为一个值得深思的问题。随着周边区域的快速发展，进一步挖掘临平山水资源为区域赋能，将山水资源宝库变为经济社会发展的“共富”宝藏，成为临平城市更新和共富实践的全新课题。

临平在城市更新实践中，尊重自然山水格局，秉持“绿水青山就是金山银山”的理念，推动“美丽环境”向“美丽经济”转变。以超山—丁山湖综合保护工程、丰收湖公园工程、临平山西侧运动休闲公园工程为代表的山水资源活化利用项目，在坚持人与自然和谐共生的基础上，做足做活了临平山水资源禀赋文章，成为临平共富路上的典型缩影。

超山—丁山湖综合保护工程推进全域景区化，将超山与丁山湖、大运河国家文化公园和美丽乡村联动发展，打造临平山湖合璧的新典范；丰收湖工程作为九乔板块的城市绿心与未来科技之窗，通过景观环境改造、市政道路改造以及建筑立面改造等措施，极大地提升了区域的环境品质。同时，工程的实施也推动了九乔板块的经济发展，为区域的可持续发展注入了新的活力；临平山西侧运动休闲公园从废弃停车场地、老旧厂房变身为生机盎然的运动休闲胜地，将横亘于城区中央的临平山公园东西向打通，构建城市中美好的生活场景。

临平在山水资源利用方面，在做优生态环境、加速山水资源串点成线的基础上，积极培育新业态、新模式，推动文旅深度融合，着力将山水优势转化为经济优势，实现区域共同富裕。

3.4.1 山水合璧的特色形象窗口——超山—丁山湖综合保护工程

在临平这片充满温情与活力的土地上，超山—丁山湖区块拥有塘栖古镇、丁山湖湿地、超山风景名胜区等特色旅游资源，在临平熠熠生辉。超山—丁山湖综合保护工程不仅连接大运河、塘栖、丁山湖和超山等自然人文景观，更是全面推进临平区域景区化与构建临平区域“蓝绿相织、山水相连”独特格局的关键一步。

2023年3月，超山—丁山湖综合保护工程正式启动实施。临平区致力于打造一个山水合璧、自然与人文交相辉映的特色形象窗口，推动名山名水名镇联动发展，全面提升临平区城市形象和城市综合能级，为临平品质之城注入活力（图3-4-1）。

（1）项目概况

超山—丁山湖综合保护工程建设范围北至运溪路，南至320国道，西至秋石北路，东至小白线和石目港，总面积约20平方公里，其中主要实施范围为超山景区主体核心范围6.01平方公里和外围保护带3.05平方公里，总面积9.06平方公里，主要包含超山景区东园、北园、南园、西入口、环山电瓶车道、“掌上芳菲”等核心景区提升改造以及塘丁超水环境整治两大工程（3-4-2）。

图3-4-1　改造前后对比图（上）

图3-4-2　超山—丁山湖综合保护工程区位图与平面图（下）

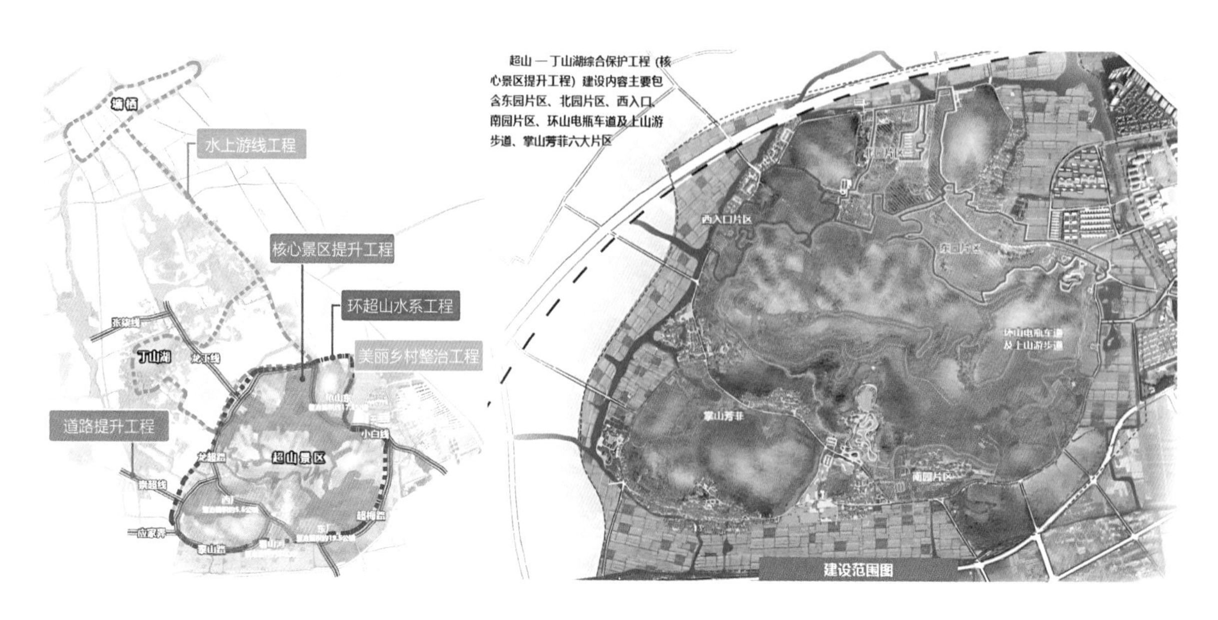

塘栖古镇被誉为“江南古镇之首”，超山以梅景闻名，丁山湖亦被称为“小洞庭”，超山—丁山湖区块具有良好的山水生态基底和丰富的历史文化资源。但随着周边区域的快速发展，存在景区设施老化、交通配套不全、游客体验不佳、竞争优势不足等问题，超山梅花之名不复盛时。在新时代进一步焕发出超山—丁山湖地块的更高价值是临平城市更新的重要课题。

（2）设计方案

项目以打造风景游赏、运动健身、文化体验、自然研学、度假休闲为核心功能的山水型生态文化公园为目标，全面推进全域景区化，实现超山与丁山湖、大运河文化公园和美丽乡村联动发展。

其一，优化超山核心景区，形成“一环五区”整体结构。其中一环为环山电瓶车道，全长10公里，通过植物提升改造，将形成环山风景绿道，串联超山景区各片区景点，方便游客出行游览。五区呈现“东俗南幽西闲北雅掌学”意境(3-4-3)。

东园片区包含东入口、商业街及配套公园，设计红线面积约35.5公顷，以曲艺梅香为主题，设计意境为“十年不到香雪海，梅花忆我我忆梅”。东入口广场改造顺应超山山势，传承传统文化，对原有入口大门进行改造，构建庄重大气的入口形象，拓展入口商业服务接待功能（图3-4-4）；商业街区广场改造面积约4000平方米，构建融合旅游接待、换乘服务、餐饮服务及文创功能于一体的配套商业空间，以提升景区的接待与服务能力。该商业街旨在传承宋韵文化，结合

图 3-4-3 一环五区结构

图3-4-4　超山东园大门改造前后对比

图3-4-5　东俗——5000余棵梅花的香雪海大草坪

超山深厚的文化底蕴，凭借自然山水条件，引水入街，拓展户外茶座空间，营造宋韵美学下“悠然见山水”的雅致氛围；梳理东园梅林，将东园香雪海大草坪由6000平方米拓展至10000平方米，形成一幅净宽180米的“香雪海”画卷，为日后举办音乐节等文化活动提供场地（图3-4-5）。

北园片区包括北园入口、植被及水系梳理，总面积约为37.4公顷，以国学创意为主题，设计意境为“香海楼前访宋梅，凌寒犹见一枝开”（图3-4-6）。依托史料典籍《超山志》等历史资料记载，超山古入口位于北园。本次改造恢复超山古入口，延续百年香樟大道，串联印林、印泉、大明堂等景点，方便游客访古寻梅。同时，重点梳理唐梅宋梅周边植被，使浮香阁前再次呈现“凌寒犹见一枝开”的奇景；结合现有的植被，将吴昌硕先生的书画作品中的梅溪、墨荷、玉兰、菖蒲等植物真实地呈现在北园中，勾勒出书画实景画卷，做到四季有花、四季有景；并结合北园水系脉络，梳理水上游线，丰富赏梅活动，为游客提供“梅溪水平桥，有客泛孤艇”的水上观梅新体验。

西入口是超山重要的西门户，设计红线面积约26.4公顷，以禅修礼佛为主题，设计意境为“烟波杳杳水潺潺，此去林密约共攀”（图3-4-7）。西入口是联动塘栖—丁山湖—超山三大片区的旅游交通枢纽，通过西入口水上码头的建设，向北连通塘丁超水上游线，向南串联“塘超小径”与超山青莲寺相连，同时通过西入口服务中心的建设，提高旅游服务接待和交通换乘的能力，打造超山赏“景”、丁山湖戏“水”、塘栖游“古镇”的发展格局，形成临平区山湖合璧、全域旅游的典范。

图3-4-6　北雅——唐宋古梅+吴昌硕和潘天寿两位艺术巨匠的栖身之地

图3-4-7　西闲——连通塘丁超进行水陆山换乘的西门户

南园以“田园体验”为主题，设计意境为“花棚夹归道，飞驿看星驰”，围绕着省级文保海云洞、摩崖石刻等人文历史遗迹，通过植物提升、建筑修缮、环山电瓶车道串联，将超山的悠久的“金石文化”彰显，恢复超山最负盛名的文化名片(图3-4-8)。

掌山位于超山西南侧，以“植物研学”为主题，设计意境为“泰山村外绕清溪，万树梅花压水低”，未来将建设为超山植物游学园，以“百亩樱花谷”为特色，除使用20余种春樱花外，还引进“秋樱”等新品种，形成掌山“四季赏樱”的特色。

图3-4-8　南幽——最悠久的文化名片摩崖石刻

其二，整治塘丁超水环境，形成“一线三段多点”整体结构。一线指塘丁超水上游线工程，以水为缘，以船为媒，续写水乡、古镇、名山的江南意境，形成一幅船移景异的全域画卷；以沿线驳岸综合整治为基础，以沿线河岸景观综合品质打造为特色，通过设置多个亲水平台及游线配套服务设施，串联塘丁超片区优质旅游资源，构建“运河引领，山镇湖联动，全域发展”的塘栖全域文化和旅游空间格局完善全域旅游的交通网络和水上旅游交通体系（图3-4-9）。

三段是针对沿线不同的风貌特征，注重两岸植被空间梳理，分别形成以塘栖古镇的水乡古镇文化为主题的塘栖古韵画廊，以丁山湖片区的乡村水乡风景为主题的水乡富民画廊，依托于超山独特自然资源，以宋韵文化和梅花为主题的超山宋梅画廊。

多点是结合场地周边既有旅游资源与潜在可开发的景观节点，合理设置码头点位，串联水上、陆上旅游交通系统，丰富游玩体验。其中永宁古庙码头节点合理利用既有亲水平台进行码头改造，完善游船基础配套功能的同时，兼顾周边景观形象的提升；湖心岛改造结合现状植被，增加茅草亭等休闲停留设施，营造“对岸青山云雾绕，湖心绿岛隐仙踪”的意境。内排港开阔水域段，左岸现状水杉大面积枯死，形象较差，下层植被杂乱，两侧植被风貌特色有待强化，改造

图3-4-9 水上旅游交通体系

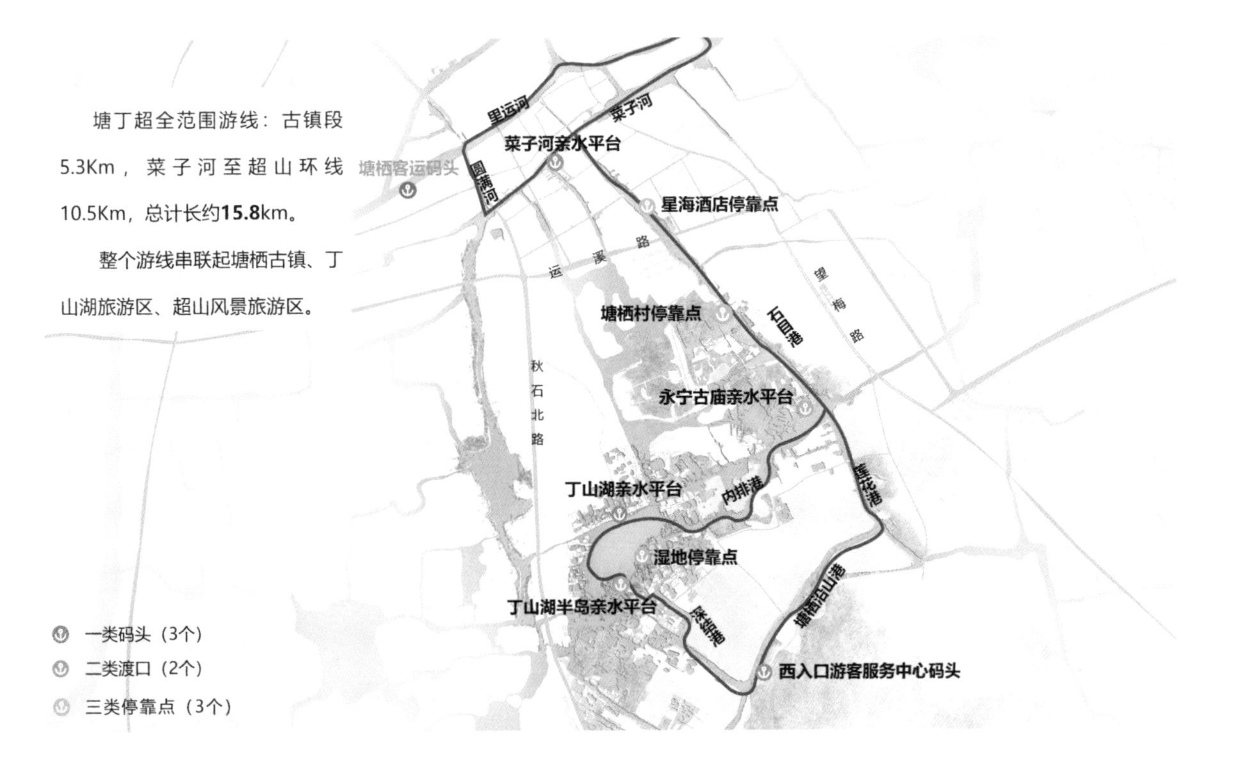

图3-4-10　内排港水域改造效果图与现状对比

对原有水杉林进行更换，梳理下层植被，沿河岸补种芦苇，营造“游船悠荡芦花雪，两岸飞白映日斜”的氛围(图3-4-10)。

（3）实施效果

2023年3月，超山—丁山湖综合保护工程建设正式启动实施，以打造“2023年休闲超山、2024年健康超山、2025年底蕴超山”为导向，实施核心景区提升、水上游线及水域环境整治、景区美丽乡村整治、景区周边路网及环境提升等四大工程。目前，超山—丁山湖区块的城乡风貌已经有了大幅提升，借山水之形，其核心景区已完成东园、北园两大片区的提升改造。

2024年2月6日上午，第十六届杭州超山梅花节开幕暨超山景区开园仪式在杭州市临平区举行，“焕新升级”的超山景区也同步对外开放迎客，吸引了超过80万人次游客前来观赏(图3-4-11)。

根据项目推进计划，2024年国庆节，大超山景区所包含的核心景区项目中的掌山芳菲、南园片区、西入口、环山电瓶车道（全段10公里）、水上游线等即将开启。

未来，临平将通过对“超山—丁山湖”区域全方位的综合治理，努力将该区域打造成为生态优美、生活富美、生产高效的共同富裕示范样板，实现环境惠民富民的有机统一，从而全面提升临平区城市形象和城市综合能级，为高水平建设“数智临平 · 品质城区”注入全新活力。

（4）创新与特色

超山—丁山湖综合保护工程在全域景区、提升接待能力、创造“梅好”场

图3-4-11　焕新升级的超山景区

景、增加旅游新体验、焕发景区新生机等方面都体现了创新与特色。这些创新和特色不仅提升了超山—丁山湖景区的整体品质，也成为区域联动发展的新引擎，带动塘丁超片区的发展。

1）打通“水—陆—山”交通换乘，推动全域景区发展。超山是联动塘栖—大运河—丁山湖片区发展的交通旅游枢纽，基于原有景区的东入口和北入口，打造超山水上西门户；通过水上码头的建设，向北连通塘丁超水上游线联动塘栖大运河，向南串联“塘超小径”，连接超山青莲寺海云洞，与大运河国家公园互通引流，打造超山赏“景”、丁山湖戏“水”、塘栖游“古镇”的发展格局，形成临平区山湖合璧、全域旅游的新典范。同时，通过内部环山电瓶车道的建设，用10公里风景长廊带动超山“东西南北”新旧景片区的联动发展，将超山的文化景点串珠成链。

2）存量盘活，提升景区旅游服务接待能力。超山基于风景区保护，对原有闲置用房进行拆除重建并结合美丽乡村建设，在东入口、跌马桥、香樟大道等多个区域，利用“存量建设”进行“有机更新”，依据现代旅游需求完善景区配套，形成融旅游接待、换乘、餐饮、文创于一体的配套商业空间，全方位提升景区的旅游服务接待能力；同时，重点对原有陈旧景点进行改造提升，如金石厅盆景园、印泉鸣石、大明堂等区域，使景点焕发新的“文化活力”，提供更加丰富多元的文化游览体验，使游客“看得到、走得进、有得学”。

3）基于“梅林”丰富“梅景”，创造“梅好”场景。超山因梅花的“古、广、奇”而享誉全国，“十里香雪海”更是古今文人墨客的向往之地。在本次的提升改造中，对原有梅林进行梳理，同时扩展和提升了香雪海大草坪，形成更加壮阔的“香雪海”画卷，为市民及游客提供更充足的活动场地。此外，在溪畔、湖岸、桥头、亭前、田间、山腰等处移栽梅花，丰富梅花景致，并协同商业运营，让游客“有花可赏、有食可品、有衣可扮”，感受到超山独有的“梅”好氛围。

4）智慧注入，增加游览新体验。本次提升改造在智慧景区建设的引领下，充分利用科技手段为超山风景区的发展和管理注入新的活力，旨在为游客和管理者提供更为便捷、贴心、高效的智慧体验。在智慧服务方面，致力于构建全程个性化服务体系，涵盖游客游前、游中、游后的各个环节，通过智能导览、实时信息推送等功能，让游客在超山的每一次旅行都能得到无微不至的关怀。在智慧管理方面，注重提升景区“管理一体化、聚合可视化”水平，通过先进的监控系统和数据分析技术，确保景区内各项管理活动“看得见、联得上、呼得应、调得动”，实现管理“所见即所得”。通过智慧服务、智慧管理和智慧运营的有机结合，助力超山风景区向5A级景区目标迈进。

5）文化赋能，焕发景区新生机。超山，这座承载着深厚历史底蕴的名山，自古以来便与梅花文化、禅宗佛学紧密相连。从五代后晋时期起，它便以赏梅胜地的身份崭露头角，吸引了无数文人墨客前来寻觅灵感。结合“大运河文化公园”建设和“全域景区化”战略，超山不仅深入挖掘和传承梅花文化、金石文化、名人文化、诗词文化等丰富的文化底蕴，更将这些文化元素以“可游、可品、可居、可体验”的多元形式呈现给游客。顺应“国潮”新风尚，超山致力于打造一个吸引年轻人“打卡”的“文化景区”，让年轻人在游玩的同时，能够深刻感受到中华文化的博大精深。

3.4.2 科技绿芯的活力引擎——丰收湖公园

丰收湖公园坐落于九乔国际数字商贸城核心区，地跨临平、江干两区。这里曾是农居点拆迁地块，场地内空间布局杂乱，需要重新统筹规划，绿化亟待修复，池塘水质污染亟待治理，公共设施亟待完善（图3-4-12、图3-4-13）。在“立足生态人文基底，链接未来数字浪潮”的理念指导下，设计团队通过科学规划和精心设计，将原先脏乱差的环境改造成了如今绿树成荫、水清岸绿的城市绿洲。丰收湖公园的建成，不仅为九乔板块乃至整个临平地区提供了一个优美的休闲场所，也为城市的可持续发展注入了新的动力。它不仅是环境再生的典范，也是社会效益、经济效益和环境效益相结合的生动实践（图3-4-14）。同时，该项目也为同类型项目的规划和建设提供了有益的借鉴和参考。

图3-4-12 改造前公园航拍（左）

图3-4-13 竣工后丰收湖鸟瞰（右）

图3-4-14 北望丰收湖鸟瞰实景

（1）项目概况

临平丰收湖公园建设项目是一项集生态保护、休闲游憩、文化传承与科技创新于一体的综合性公园建设项目，总占地面积206亩，其中水面面积达到100亩，是临平地区重要的城市绿肺和公共开放空间。

设计团队在项目建设过程中坚持生态优先的原则，充分利用现有地形和水系条件，通过科学合理的规划布局，营造了一个生态多样、景观优美的公园环境。同时，项目注重文化元素的融入，通过雕塑、景墙等文化景观节点的设置，弘扬临平地区的历史文化底蕴。此外，公园还配备了完善的基础设施，包括道路系统、停车设施、供水供电等，确保公园的正常运营和游客的安全。在智慧化建设方面，项目引入了智能监控、智能导览等系统，提升了公园的管理水平和游客体验。

临平丰收湖公园的建设，不仅为市民提供了一个优美的休闲场所，同时也为城市的可持续发展注入了新的动力。它将成为临平地区的新地标，为市民生活增添更多的活力。

（2）设计方案

公园总体设计精于形、胜于意，通过地面、水面、空中多维游线交织，营造“人在画中、画在人中”的诗画园林空间。依托水域与公园，创造丰富的多维度景观空间，使周边产业地块和公园实现无缝衔接，最终建设一个融智慧科技、四季追花和海塘遗址展示为一体的现代风格城市CBD中央湖景公园，其中重点营建了“未来之脉、水漾临风、童真乐园、恋人之岛、杉堤傲月、古塘新韵”六大景观节点。

项目植物配置以构建四时之景不同、可游可憩的滨水公园绿化为目标，尊重场地原生植被生境，最大程度保留原生大树，杉堤傲月水杉林成为新晋网红打卡地；海塘节点附近的原生大树默默诉说着古海塘的文化故事。功能上强调以人为本，构建舒适宜人的绿化空间，满足不同人群的多种活动需求，同时也为各类动植物营造良好的生境，最终描绘一幅人与自然和谐共生的滨水生态画卷（图3-4-15）。

“未来之脉”节点作为丰收湖公园北入口的主要承接点，承担着引导人流、承接空间转换的作用，在这里打造极具未来科技感的天桥连接产业园入口

▲图3-4-15 丰收湖公园植物配置实景图

▶图3-4-16 未来之脉鸟瞰实景

（图3-4-16）。“水漾临风”节点利用场地3.5米的高差打造多层次双曲面叠水，镶嵌花坛并结合雾森技术，形成了灵动自然的立体水瀑。船形汀步构建交通体系立于水面之上，可以实现360度全景观面。欣赏叠水景观的同时，亦可将丰收湖全景尽收眼底（图3-4-17）。“童真乐园”节点以各类儿童游乐活动为主，掩映在林下的游乐设施和活动场所是目前杭州市数字商贸城区域最大的儿童户外活动场地。其中布置适合各年龄段儿童玩耍的游乐空间，打造儿童智能活动场地。木制小拱桥、塑胶攀爬坡、械动力的旱喷广场、细沙入境的手作区、隐藏在树丛间的甲壳虫，共同构筑出孩童喜欢的快乐世界（图3-4-18）。

（3）实施效果

丰收湖公园的建设显著改善了临平地区的生态环境，使这片土地焕发出新的

图3-4-17 水漾临风实景

图3-4-18 童真乐园实景

生机与活力。公园内的湖泊清澈明亮，水质得到了有效改善；绿植繁茂，为城市带来了一片清新的绿色空间。这些改变不仅提升了市民的居住体验，也为城市的可持续发展注入了新的动力。同时，丰收湖公园成功地将古海塘文化与现代城市景观相融合，使公园成为一个兼具历史底蕴和现代气息的文化空间。游客在欣赏美景的同时，也能感受到这片土地所蕴含的深厚文化内涵，从而增强市民的文化自信和历史认同感。

丰收湖公园建成后成为市民休闲游憩的理想场所。公园内设施完善，活动丰富，吸引了大量市民前来游玩、锻炼。这不仅丰富了市民的业余生活，也提升了城市的整体形象和吸引力。同时，公园的建设也促进了周边区域的经济发展，提升了土地价值，为城市的经济繁荣做出了贡献。

丰收湖公园的建设充分展现了传统造园艺术的魅力。公园内的景观设计独具匠心，既有古典园林的韵味，又融入了现代审美元素，使公园成为一个充满艺术气息的空间。游客在游览过程中，可以感受到中国传统园林艺术的深厚底蕴和独特魅力。

（4）创新与特色

丰收湖公园项目在生态与文化融合、传统与现代结合、功能性与艺术性统一以及文旅共融等方面都展现出了独特的创新和特色，为市民提供了一个集休闲游憩、文化传承、生态体验为一体的综合性公园，也为城市的发展增添了新的亮点和动力。

丰收湖公园在规划和建设过程中，将生态修复与文化传承紧密结合，实现了生态与文化的融合创新。公园充分利用了丰收湖与钱塘江相连的水系资源，通过生态科技手段提升水质，恢复水生态系统自净能力，打造了一个水清岸绿、生态宜居的湖泊环境。同时，公园深入挖掘了古海塘文化的内涵，将这一具有深厚历史底蕴的文化元素融入公园景观之中，使得公园不仅是一个自然生态空间，更是一个具有丰富内涵的文化空间。

在公园的设计和建设过程中，项目团队既继承了传统造园的精髓，又运用了现代科技手段，实现了传统与现代的完美结合。公园内的景观布局充分考虑了中国传统审美观念，通过打造“丰收湖六景”等景点，展现了中国传统园林的韵味和意境。同时，项目团队还采用了参数化设计、一体化除磷设备、微生物强化脱氨氮技术等现代科技手段，提升了公园的建设水平和品质。

丰收湖公园不仅注重生态和文化功能的发挥，还十分注重艺术性的表现。公园内的景观设计兼具功能性和艺术性，既满足了市民休闲游憩的需求，又展现了艺术的美感。例如，公园内的水景设计既考虑了水体的生态功能，又通过巧妙的布局和造型，形成了优美的景观效果。同时，公园内的建筑、雕塑等景观设施也充满了艺术气息。

丰收湖公园项目积极探索文旅共融的发展模式，通过充分挖掘古海塘遗址文化内涵价值，打造古海塘遗址公园，为市民提供了视觉盛宴和文化韵味。这一创新举措不仅丰富了公园的文化内涵，也为城市的文化旅游产业发展注入了新的活力，进一步提升了城市的文化软实力和知名度。

3.4.3 废弃汽修厂的再利用——临平山西侧运动休闲公园

临平山西侧运动休闲公园项目，作为东部“靓城行动”的重要建设成果，经过精心改造与设计，成功将废弃停车场地与老旧厂房蜕变为一处充满生机与活力的运动休闲胜地。这一转变不仅是对自然环境的尊重与利用，更是对市民休闲运动需求的精准回应，充分体现了有机更新的理念与社会共富的特质。

公园设计充分体现有机更新的理念，发挥山水禀赋价值，围绕原有的山谷、河流、植物风貌，通过重新梳理整合，合理搭配健身、娱乐设施，新建运动场馆及室外运动场地，在自然风景中植入运动元素，打造一个充满韵味的运动休闲公园，为居民增添一处游玩锻炼、怡情益智的休闲空间。同时，本项目尤其注重对市民需求的洞察与回应，展现了共富社会的特质。通过新建多个运动场馆和室外运动场地，为市民提供了多样化的运动选择。其中运动场馆包括游泳馆、瑜伽馆、射箭馆、击剑馆、室内篮球馆等，室外公园包括了5人制足球场、室外篮球场等设施，运动和休闲功能覆盖老、中、青、幼各年龄段，满足市民的多种运动需求。

（1）项目概况

临平山西侧运动休闲公园是一个综合性公园，地块总长约400米，总用地面积达到6万多平方米，旨在打造一个充满韵味的运动休闲公园，为居民提供一处游玩锻炼、怡情益智的休闲空间。

公园充分融合了自然元素与运动设施，依托临平山西侧原有的山谷、河流、植物风貌，通过重新梳理整合，新建多个运动场馆，为市民提供了多样化的运动场地选择。同时，室外公园区域还配备了5人制足球场、室外篮球场等运动设施（图3-4-19）。

公园设计实现了体育资源的共享和优化配置，彰显了共同发展的内涵。公园内的运动设施和服务不仅面向临平山西侧地区的居民，也吸引了周边区域的市民

图3-4-19 临平山运动休闲公园

前来使用。公园内的绿道、樱花谷、儿童游乐区等设施，为市民提供了休闲娱乐的好去处，改善了城市的绿化环境，提升了市民的生活幸福感。同时公园的建设和运营所需的服务和管理为当地提供了一定的就业机会，并推动了相关产业的繁荣（图3-4-20）。

公园注重营造休闲氛围，建设绿道、樱花谷、儿童游乐区、水上栈桥等区域及设施，公园绿道沿途建有设施中心、休息平台、健身广场等节点驿站，为市民提供了舒适的休闲空间。

图3-4-20 改造前后对比图

（2）设计方案

临平山运动休闲公园项目彰显出城市对于公共休闲与运动设施的高度重视与投入，同时反映出城市对于提升市民生活品质的不懈追求。这一项目不仅为市民提供了一个高品质的休闲运动场所，更成为城市的一道亮丽风景线，彰显着城市的活力与魅力。公园主要建设内容包括主体育馆及其配套设施。

主体育馆的规划位于场地南侧，围绕着山水展开。该区域是山地公园唯一地势平坦的区域，具有良好的视线。主体建筑的选址是城市和山视觉交融的过渡点，并与南侧城市主要道路形成了良好的视线夹角，设计应将建筑融入环境，并利用自身的特征为公园点睛。设计将建筑打散，沿南侧蜿蜒的河流分布若干小型单体，再将其重新组合。建筑屋顶自然地避让原有山体中的最高点，并与山水形成一种共生关系。建筑屋顶互相交错，曲线柔美，如同山峦之间的延续（图3-4-21）。

整个主体建筑，由游泳馆、羽毛球馆、新型运动馆、健身房、瑜伽馆以及临水餐厅等功能空间组成（图3-4-22）。建筑采用传统中国建筑弧线坡屋顶的形式，通过建筑的组合形成若干个庭院，呈现传统的聚落形态，但并不拘泥于传统。建筑的灰空间和露台不断交错，丰富了建筑空间，给予使用者更丰富的空间体验。立面采用毛面和水洗面的自然石材，表达设计师对环境的尊重以及追求身处自然的设计体验（图3-4-23）。

图3-4-21 体育馆鸟瞰1

图3-4-22 体育馆鸟瞰2

图3-4-23 体育馆人视效果图

设计师保留了山谷中的大量树木，其中有一棵大香樟被包裹于建筑之中，与露台和泳池形成了良好的互动。园区另有3处小建筑，分别是望山、见水小筑和儿童驿站，均面向好的景观面展开，配合主体建筑的走向，形成有趣的组合（图3-4-24、图3-4-25）。除主体体育馆外，临平山运动休闲公园设计了一条500米的临水跑道、1个5人制足球场、1个室外篮球场以及室外露营基地（樱花谷），丰富的运动活动让公园充满朝气。

图3-4-24　儿童驿站（左）

图3-4-25　见山小筑（右）

（3）实施效果

临平山运动休闲公园项目的实施效果显著。使临平山西侧的环境得到了全面提升。该项目作为临平山绿道的起点和重要节点，其成功建设使得这一区域从老旧厂房的聚集地蜕变为一个精致且充满活力的公园，赢得了广大市民的一致好评。2021年建成后，临平山绿道获评浙江最美绿道，临平山运动休闲公园项目作为临平山绿道的起点和最重要的节点，也受到了各界领导专家的肯定。

公园内的体育馆设施完备，涵盖了多种运动项目，满足了市民多样化的运动需求。羽毛球场、瑜伽馆、舞蹈房、壁球馆等室内设施为市民提供了舒适的运动环境，而篮球场、足球场、网球场等室外场地则让市民能够尽情享受户外运动的乐趣。停车场配备完善，地上、地下停车场满足各种使用需求。游客中心、服务中心等的设立，为市民提供了便捷的咨询和导览服务，进一步提升了市民的运动体验。

公园同时建立了有效的管理和维护体系，确保运动设施的安全、有序运行。同时，公园还定期举办各类体育活动和赛事，不仅吸引了大量市民和游客的参与，也进一步推动了体育事业的发展。

（4）创新与特色

临平山运动休闲公园项目在规划设计、活动开展、技术应用以及工程技术等方面都展现出了明显的创新和特色。这些创新和特色使得项目在推动全民健身事业、提升市民运动体验、保护生态环境以及展示工程技术实力等方面都取得了显著成效。

其一，对市民需求的精准研判与落实满足。项目在规划设计时，充分考虑到不同年龄、不同兴趣爱好的市民需求，设置了多样化的运动设施和活动场地。这种多元化的设计，使得公园能够吸引更广泛的市民群体参与运动，从而推动全民健身事业的发展。公园还积极引入和开展各类创新性的体育活动和赛事。通过举办亲子运动会、趣味运动会、体育挑战赛等丰富多样的活动，不仅为市民提供了展示自我的平台，也增强了市民的运动兴趣和参与热情。

其二，注重与社会机构的合作，共同开展全民活动。通过与社区合作举办健康讲座、运动培训等活动，公园将运动与健康理念传播到更广泛的群体中。同时，与学校合作开展体育教学活动，也为青少年提供了更多的运动机会和平台，培养了他们的运动兴趣和习惯。充分利用现代科技手段，提升全民活动的参与度和体验感。例如，通过引入智能运动设施、开发线上预约和报名系统等方式，为市民提供了更加便捷、高效的运动服务。

其三，箱涵下穿技术的应用保护自然河道不受破坏。该技术是在河道下方形成一个稳定的通道，允许道路或管线等设施穿越河道，而无需对河道进行大规模的改造或破坏。通过精确设计和施工，箱涵结构被安全地埋置于河道下方，既保证了河道的自然流动和生态功能的完整性，又满足了公园内部设施的顺利穿越。箱涵在建设过程中，充分考虑了河道的水文特性、地质条件以及生态需求，确保其与周围环境和谐共生。这些举措不仅体现了设计者对自然环境的尊重和保护意识，同时也展示了他们在工程实践中追求可持续发展的决心和能力。

其四，V字形钢柱架空技术的结构美学。这项技术独特而巧妙地应用于沿水系一侧主体建筑的支撑，不仅展示了结构设计的巧思，也赋予了建筑独特的视觉魅力。从视觉效果来看，V字形钢柱的运用更是为项目增添了一抹亮色。其简洁而富有力量感的线条，与周围的自然环境形成了鲜明的对比，凸显了建筑的现代感和科技感。这种对比不仅提升了公园的整体视觉效果，也增强了游客的视觉体验。在结构稳定性的提升方面，V字形钢柱的设计无疑发挥了关键作用。其坚固的构造和合理的力学分布，使得建筑能够在各种自然条件下保持稳定的姿态（图3-4-26、图3-4-27）。

图3-4-26　箱涵下穿技术

图3-4-27　V字形钢柱架空

3.5　文化传承及特色风貌塑造

在现代城市发展进程中，城市有机更新必须平衡物质和精神文明的需求。文化传承是城市更新的重要组成部分，城市的文化底蕴和历史记忆是其独特性的内核。通过保护和传承这些文化遗产，城市可以保留其历史脉络和文化特色，增强市民对城市的认同感和归属感，提升城市的形象和竞争力。

文化创新是城市更新的驱动力，对于面临新挑战和机遇的城市来说尤其重要。文化创新可以为城市更新提供新的思路和方向，推动城市在规划、设计、建设和管理等方面实现突破和创新。通过引入新的文化和创意元素，城市可以打造现代感和时代特色并存的空间，提升城市的功能和品质。

文化传承创新对于促进城市经济社会的可持续发展至关重要。文化产业作为现代城市经济的重要组成部分，具有巨大的发展潜力和市场空间。通过加强文化的传承与创新，城市可以培育和发展文化产业，推动文化与旅游、科技、教育等产业的融合发展，形成新的经济增长点。以上塘河滨水公共空间提升、安隐寺遗址公园修复、临平口袋公园为代表的提升改造工程的实施，将古老传统与现代潮流相结合，留住了临平的乡愁，重新激活了临平老城。

上塘河滨水公共空间提升，将文化传承与现代生活相结合，重塑“临平母亲河”上塘河文化，激活老城区；安隐寺遗址公园修复挖掘历史文化底蕴，让文化基因得以保护与传承；临平口袋公园将临平老城的文化印记融合到公园的游憩、社区服务和休闲健身等功能中，让口袋公园成为散落在临平老城区的璀璨明珠，激发老城区的生机与活力。

临平自古繁华，历史积淀深厚。临平在文化传承及特色风貌塑造上，深挖地方文化特色，将其与城市发展、市井烟火相结合，塑造出“古今运河 · 时尚临平”的文化形象。同时，临平还利用数字技术赋能传统文化，提升市民对文化的参与度和体验感，让文化的魅力触及每一个角落。

3.5.1 重拾连绵千年的诗意生活——上塘河滨水公共空间提升

三十多年前，临平的“零点”是东、南、西、北大街的交会点，也是上塘河流经临平的所在，这里商贸熙攘、交通畅达、社交频繁、街区生活热闹非凡。然而，随着城市蓝图的不断重塑、社会经济的迅猛发展与产业结构的深刻转型，以及交通方式的日新月异和居民生活与社交习惯的悄然变化，临平“零点”的核心地位逐渐为其他新兴区域所超越。

在“美丽杭州”建设的宏伟蓝图下，在“全域美丽”的精心打造中，以及在“靓城行动”的积极推动下，上塘河滨水公共空间的重塑计划应运而生。它承载着对临平城区未来发展的深切期许，旨在通过创新规划与精心实施，重塑临平的城市风貌，提升城市品质，为居民打造一个更加宜居、宜业、宜游的美丽家园，从硬性、软性和韧性三个维度探索城市空间的蜕变之路，借鉴传统空间智慧，古为今用，力求让城市空间焕发新的生机与活力。经过改造升级，上塘河绿道焕然一新，整体空间品质得到了显著提升。漫步在绿道上，可以感受到那份宁静与舒适，仿佛置身于一幅美丽的画卷之中。滨水休憩空间的设计更是别出心裁，为游客提供了一个欣赏美景、放松心情的绝佳场所。本项目既是临平城市建设的重要一环，也是展现临平温情社会的一扇窗口，不仅有助于改善城市环境、提升城市活力，更能助力区域商业发展、完善城市空间功能。同时，通过保护和传承地方文化，还能提升区域竞争力、服务民生福祉（图3-5-1）。

（1）项目概况

上塘河滨水公共空间提升工程位于临平区临平街道、南苑街道，始建于2022年。工程范围包含东大街、西大街和河南埭路，区段西起邱山大街，东至东湖中路，以古上塘河为核心（图3-5-2）。整个工程范围处于大运河世界文化遗产区级二级缓冲区，工程红线面积131915平方米。工程内容包含文化挖掘、道路白改黑、沿河慢行系统构建、管线上改下、建筑立面整治和景观节点设置。

（2）设计方案

设计通过对场地及其周边空间的深入梳理，巧妙地将工程范围划分为两大主

图3-5-1 上塘河临平城区段两岸滨水公共空间提升设计

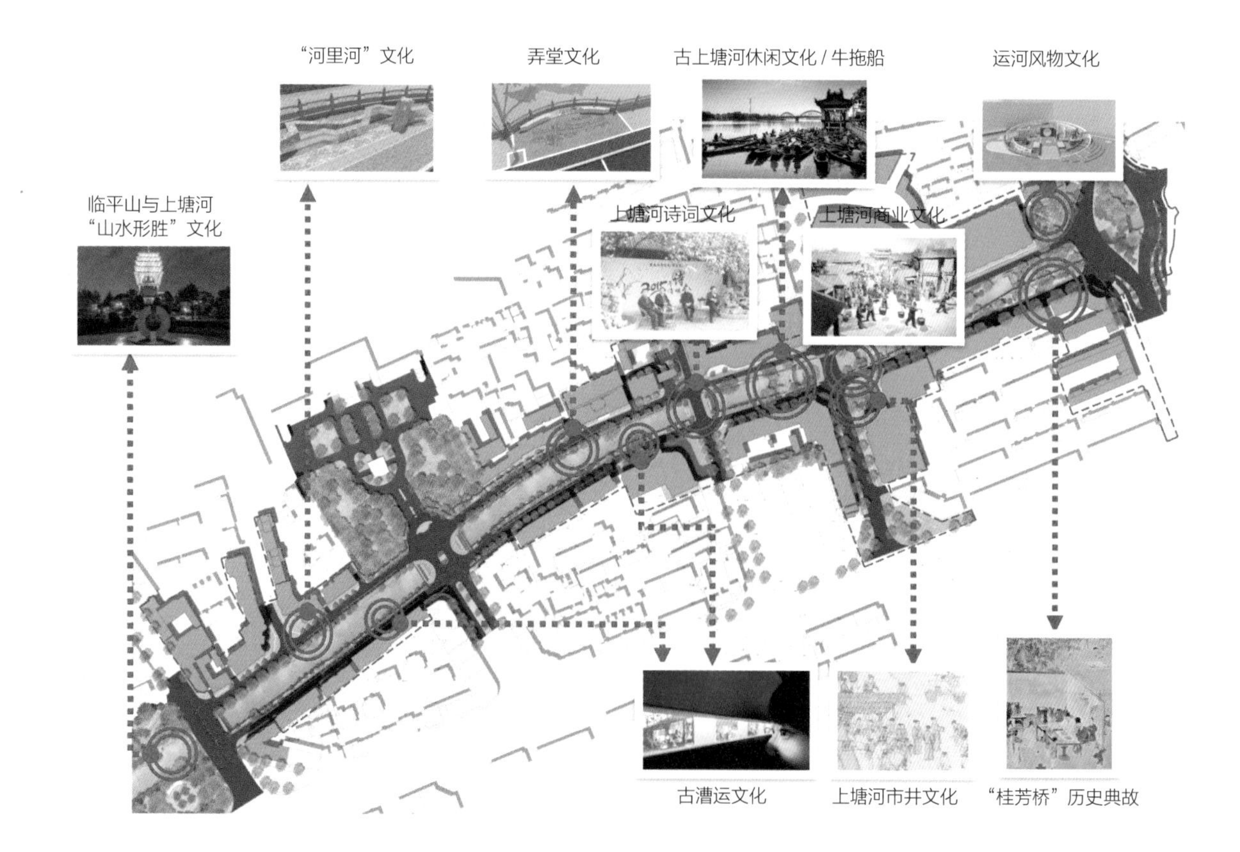

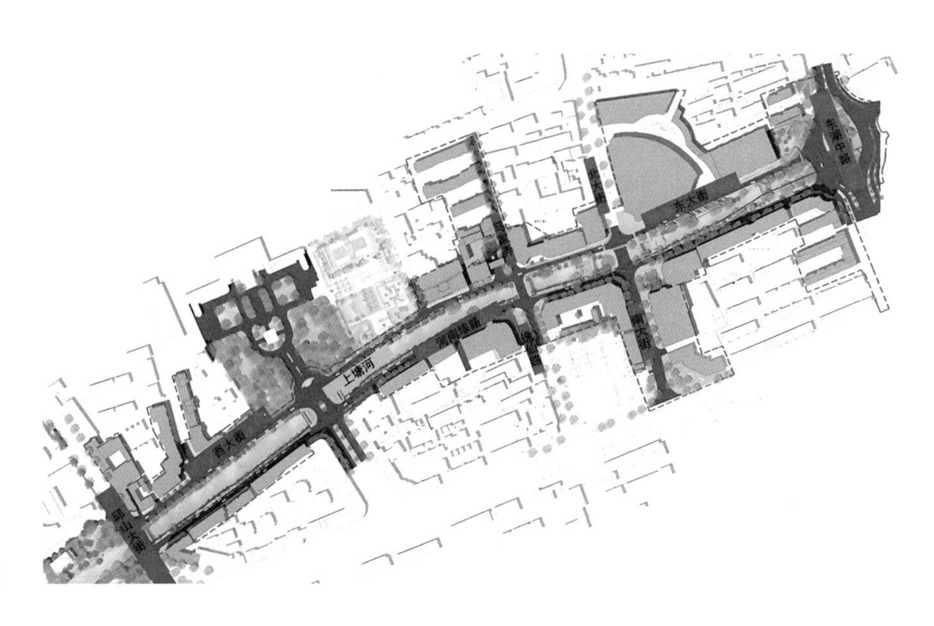

图3-5-2 工程范围图

题段：古运文化段与市井生活段。古运文化段，深受古运河文化的浸润，致力于营造一种“浸润古韵，栖卧乌篷”的诗意氛围。这里，历史与现实交织，朝经暮史间，夜卧乌篷船，明月当空，诗词吟咏，尽显上塘河的文化韵味。鉴于本区域为区政府所在地，空间营造需要巧妙地融入文化内涵，既展现深厚的历史底蕴，又要避免过于喧嚣，力求达到一种静谧与庄重的和谐统一。

市井生活段则以“枕于塘上，与粼为伴”为主题，深刻体现了人类傍水而居的亘古情怀。这里的“粼”，既指波光粼粼的水面，寓意生活的智慧与灵动；又通“临”，象征着临平的城市坐标，凸显地域特色；更赋予“邻”的内涵，寓意邻里间的和谐共处，共同营造出温馨的生活气息与繁荣的商业氛围。在这一主题段中，力求将自然与人文完美融合，打造出一个既具现代感又不失传统韵味的生活空间。

“城市舞台”位于西大街与北大街交叉口西侧，是该项目的主要文化节点，将古文化中的戏台与当代生活的市民舞台相结合，运用现代的景观手法设计一个隐喻的“戏台”构筑物，充满文化的暗示与引导。城市舞台节点的地面设计是弧形微微起伏的特色“水纹”铺装，将“烟雨江南”的意境融入其中，雨水落下，随着地面起伏变化的浅浮雕流过，形成缓慢的具有优美波纹的地面径流。儿童在此嬉戏，大人在此驻足，一同感受不一样的“烟雨江南”。设计保留现状行道树及大乔木，利用现有桥板结构，在去除桥板上的花架等构筑物后，重新铺设花岗石，改造景墙，将欧式亭廊改建为中式构架（图3-5-3）。

图3-5-3　城市舞台实景（上）

图3-5-4　中心文化广场实景(下)

“中心文化广场”与城市舞台相呼应，共同打造该区域的公共活动广场。节点设计保留现状行道树及大乔木，利用现有桥板结构，去除现状铺装及喷泉设施，重新铺设符合设计主题的花岗石铺装。节点着重表现“上塘河流域文化”与“上塘河盐运文化”主题。其中，“公家漕粮，源源北运，私行商旅，往来不绝”是上塘河的缩影。节点设计通过场景雕塑展现码头的繁忙景象，结合古民居框景再现运盐、卸盐、买盐、运粮等场景，设计上塘河全流域图地雕，其上标注上塘河全流域及临平境内的上塘河流域，展示上塘河的历史变迁（图3-5-4）。

“市井文化公园”位于河南埭路与南大街交叉口右侧，临近“零点坐标”。项目改造将文化传承与现代生活相结合，以文化为载体，发掘城市休闲空间的趣味，将上塘河畔听戏、喝茶等文化娱乐活动融入现代设计，打造“傍水而居”的运河市井文化公园（图3-5-5）。

（3）实施效果

老城生活圈与新城生活圈的区别是文化与空间的延续。上塘河文化最好的载

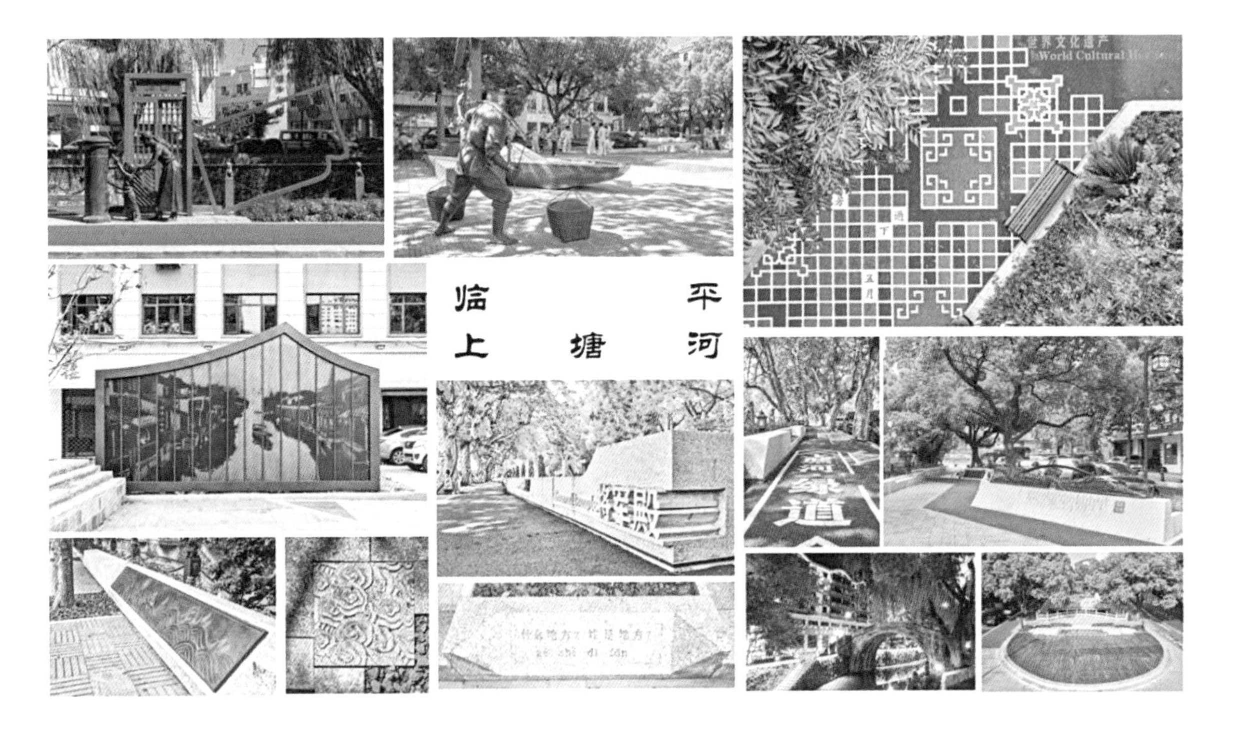

图3-5-5　市井文化公园实景（上）

图3-5-6　各节点实景图（下）

体就是上塘河本身，上塘河自己就是自己的“博物馆”，是城市山水格局的文化担当。通过梳理与上塘河临平区段相关的文化脉络，短短1.8公里之间，文化节点多达十处（图3-5-6）。

（4）创新与特色

本项目位于临平“零点”，尤其关注文化特色的传承，通过深入查阅历史文献以及细致研究地方志，从中筛选出那些熠熠生辉的历史事件与文化符号，提炼出当地文化的独特魅力，将其作为上塘河特色文化的璀璨内核。古老的文化与崭新的空间，在时间的河流中相互交织、延续。穿梭于过往的历史文化与生活片段中，寻找那些能够承载景观文化的合适载体。深入研究老城生活圈与新城生活圈的不同之处，洞察不同年龄段人群的需求，力求在传承中注入创新的活力，推动文化的发展。

项目借鉴传统园林的布局智慧重塑滨水空间，使现代景观空间规划更加富有层次感和深远意境。结合上塘河的自然形态与周边环境，精心规划步行道、绿化带、休闲区等功能区域，确保交通的流畅与空间的实用，让人们在享受自然之美的同时，也能感受到生活的便捷与舒适。运用现代景观手法，结合传统材料，将历史生活故事巧妙地融入滨水空间的设计之中，打造出高品质、富有文化内涵的滨水景观文化交互空间。这里，人们可以聆听历史的回声，感受文化的魅力，享受生活的乐趣，促进滨水的存量公共空间焕发新的生机与活力。

3.5.2 传承历史文脉的再生活力——安隐寺遗址公园修复

位于临平山麓、上塘河畔的安隐寺，历经千年沧桑，见证了历史的变迁。在《临平镇志》中有这样的描述：“唐时，临平已为游览胜境，山西麓有安隐寺，唐宣宗时建，有名泉曰安平。苏轼曾有诗咏泉。寺前有唐经幢（已毁）、古罗汉松、古黄杨树、唐梅等。”这寥寥数语，就记载了临平半部历史。然而经过朝代更迭、岁月流转，安隐寺在风雨中倒下。直到大运河的申遗成功，运河沿线的文化遗存被逐渐拾起，安隐寺的文化价值才被重新发现。

临平区政府为了让千年宋韵在新时代“流动”起来、传承下去，从加强顶层设计、打造文化地标、深化理论研究、塑造文化品牌、提档文物保护等方面入手，全力推进上塘河宋韵文化带建设，打造上塘古韵寻踪核心展示园。

安隐寺遗址公园的建设不仅深入挖掘并生动展示千年古刹的历史文化底蕴，同时融合现代城市风貌，创造出独具魅力的文化景点。作为市民休闲学习的理想场所，公园更是城市文化软实力的有力载体，肩负起提高公众对文化遗产保护意识的重任。该项目的实施具有重大而深远的意义，不仅有助于挖掘和展示安隐寺的历史文化价值，提升城市的文化形象，推动区域经济的发展，还具有社会教育的功能。作为上塘河宋韵文化长廊和景观带的重要一环，这一工程将为临平区乃至整个社会的文化事业和经济发展做出积极的贡献（图3-5-7）。

图3-5-7　安隐寺遗址公园改造前后对比图

（1）项目概况

安隐寺（安平泉）遗址公园建设工程，实施建设面积28047平方米。项目范围主要位于临平街道钱江社区内，星河南路东侧，南临上塘河，北接临平山，东西两侧为浙江省第二监狱的家属社区居民楼（图3-5-8）。

（2）设计方案

项目场地情况比较复杂，南侧有上塘河的遗址保护红线，内部又有安隐寺遗址考古保护区，再加上范围内20棵百年古树名木的限制，项目在设计过程中尤为谨慎。用地红线范围内存在3处年久失修的建筑，较为陈旧。此外，安平路割裂了场地，内部交通系统较为混乱，上塘河绿道与临平山绿道连接缺失。设计秉持坚持文化保护、服务社会民生的总体原则，提出四大设计策略。

一是场地功能激活。遵照周边住宅、社区办公、监狱办公用地性质，结合场地区位、尺度，针对使用人群的特点安排场地功能，为不同客群提供服务，激

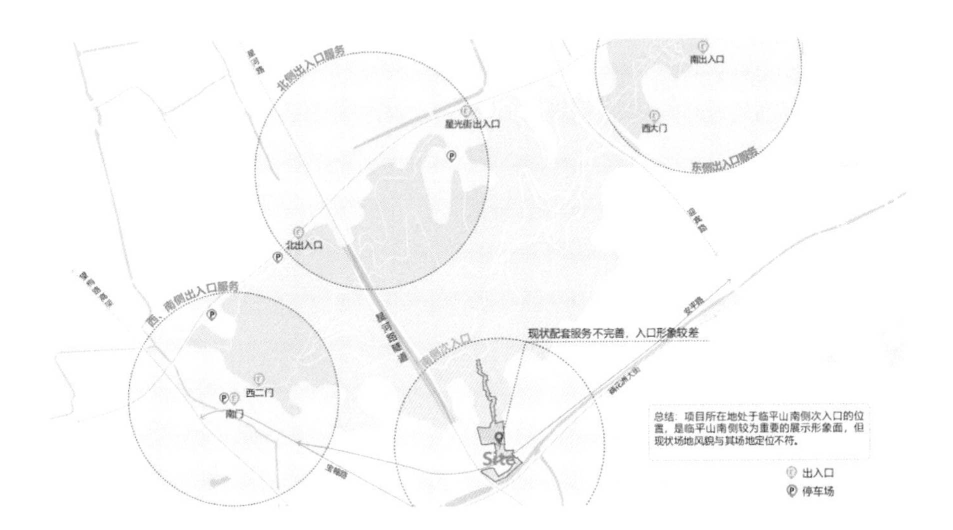

图3-5-8　地块位置图

发场地活力。二是特色文化传承。场地位于临平上塘古韵寻踪核心展示园（重点板块），同时历史记载的“上塘十八景”中此处占有安平晚钟、段浜观梅等节点，让历史遗迹重现风华，展示场地文化特征，延续场地历史。三是交通组织合理。梳理内部交通，设计绿道系统，紧扣上塘河绿道，串联临平山绿道，创造安全而富有活力的交通体系。四是场地资源整合。项目场地历史文化遗存丰富、古树名木成群。对于现状遗址应尽力恢复，加强对场地文化自然资源的保护，在保护的同时，充分发挥场地特色，打造具有地域特色与遗址文化内涵的特色公园。

根据空间场地的划分，以主园路作为景观轴线串联各个区块与节点，形成一带三区六景的景观游览体系。一带指观景体验带。三区包括作为游园序幕的安平路南侧地块；作为主要游览场景的安平泉遗址公园以及串联临平山景观的登山步道。六景包括公园入口、宝幢叠华、许庄红叶、段浜观梅、安平隐泉、登山步道。每一处设计都是对文化深层次的解读，入口节点以菩提问根溯源为设计启发，墙上篆刻“但得心安即安隐”这句康有为的人生感悟来点醒尘世故人。院内以临平十景图水墨画作为观赏核心，赏古论今，看世间繁华。

（3）实施效果

作为大运河世界文化遗产（杭州段）中不可多得的瑰宝，临平上塘河畔的安隐寺遗址公园，不仅是大自然与人文的完美融合，更是千年宋韵在新时代的生动演绎与传承。2024年2月，安隐寺遗址公园正式向广大市民开放。春节期间，这座精巧雅致、弥漫着宋代典雅与古朴气息的公园刷屏了临平人的朋友圈，成为临平新晋的网红打卡点。这不仅仅是一处景观的重生，更是众多临平人的共同回忆。

1）原地保护古树名木。项目为公园内二十余株百年古树群精心编制保护方案，为古树提供了健康的生长环境，维护了古树的历史风韵，让每一棵古树成为公园内观赏的亮点。该项目也为临平区树立了古树保护的工程样板。

2）重塑历史空间格局。设计团队参照《临平安隐寺志》《临平记》《杭县志稿》《康熙仁和县志》《嘉靖仁和县志》以及《余杭通志》《临平镇志》，并多次与文化专家座谈，深入挖掘古安隐寺相关的诗词及有关文字、绘画、照片、建筑遗留、石碑、老物件等历史资料，重现了渡口—宝幢—牌楼—安平泉—安隐寺—临平山的游览序列，再现临平十景中之四景。“安平晚钟”的悠扬、“段浜观梅”的雅致、“许庄红叶”的绚烂、“宝幢叠华”的壮丽，不再只是画中的遥远记忆，而是触手可及、身临其境的文化盛宴，成为众多文化爱好者的文化拾遗之所。

3）共享文化遗址公园。项目充分考虑周边社区及市民的使用需求，于闹市中提供了一个自然舒适、生态宁静的共享邻里生活空间，真正实现还绿于民，贯通了临平山公园与上塘河绿廊的联系，持续擦亮了城市幸福底色（图3-5-9、图3-5-10）。

（4）创新与特色

公园注重打造沉浸式的文化体验，让游客能够亲身参与到历史文化的传承中来。例如，通过设置虚拟现实设备、举办历史文化讲座和表演等活动，让游客能够身临其境地感受历史文化的魅力。这种沉浸式的体验方式不仅让游客更深入地了解历史，同时也让他们更加重视传承历史文化的重要性。公园还通过举办各种文化活动，如传统节日庆祝等，为市民提供了一个学习和交流的平台。通过这些活动，人们可以更加紧密地联系在一起，共同推动历史文化的传承和发展。

安隐寺（安平泉）遗址公园建设工程的建设，呈现了一个以生态为基、文化为魂的临平山南入口，为场地文化溯源与展示提供了空间载体；为居民提供了一个融合自然、文化、生活的社区文化公园，也加强了临平山公园与上塘河绿廊的联系。同时对文化进行生态解码，让基因得以保护与传承；推动运河文旅带和湖山文旅带的交汇融合发展，创建了一个游览胜境。

图3-5-9　雪后宝幢叠华实景（左）

图3-5-10　雪后许庄红叶实景（右）

3.5.3 响应民生诉求的闪亮“翡翠”——临平口袋公园

临平老城区同其他城市老城区一样，面临着建筑密度高、年代久远、公共开放空间不足以及总体规划欠缺等先天劣势条件。为了改善这一状况，口袋公园项目采取了一系列措施。通过拆除C、D级危房及老旧住房、利用边角低效使用的空地等途径，整理出可供开发为绿地的空间，经过系统梳理，重塑人居环境，激发创新活力，传承历史文脉，使口袋公园成为临平一颗颗闪亮的“翡翠”，点亮老城生机和活力（图3-5-11）。

（1）项目概况

临平老城区一方面总体规划欠缺，建筑密度过大，且存在一定比例的危旧住房；另一方面公共开放空间严重不足，配套设施不完善，人居环境品质较差。同时，外围新城的建设使得老城区吸引力锐减。这一系列问题加速了老城区走向衰败。为了让曾经繁华且充满活力的临平老城区焕发新生，有机更新项目得以启动。在这一过程中，口袋公园作为其中最受欢迎的重要组成部分，在政府、街道、居民等多方支持下，临平口袋公园应运而生，成为老城区居民改善人居环境的重要途径。

临平口袋公园项目均位于临平老城区核心地带，分两期进行建设，一期工程包括7个口袋公园，覆盖范围从西北至迎宾路、邱山大街，东至梅堰路，南至藕花洲大街，建设面积达17998平方米；二期工程包括5个口袋公园，覆盖范围东至红丰路，北至星光街，南至西大街，西至朝阳西路，建设面积为13054平方米（图3-5-12，表3-5-1）。

图3-5-11 大园井公园改造前后对比图

图3-5-12 临平口袋公园平面布局图

临平口袋公园建设概况一览表 表 3-5-1

编号	名称	用地面积（平方米）	文化分类	表现主题
B-01	九曲营文化园	1024	历史记忆	宋韩世忠驻营，九曲营遗址
B-02	市集文化园	1081	市井文化	商业市集，市井文化
B-03	牛拖船记忆园	2600	名人胜景	上塘河运河文化，牛拖船记忆
B-04	榨油厂旧址公园	2750	市井文化	场地文脉，榨油厂记忆
B-05	大园井文化园	1195	市井文化	弄堂文化，弄堂市集
B-06	洋园春晓园	3635	名人胜景	临平古十景之“洋园春晓”
B-07	火车站旧址园	5005	历史记忆	场地文脉，临平火车站旧址记忆
B-08	庙前社区一九曲营小区	378	历史记忆	宋韩世忠驻营，九曲营遗址

续表

编号	名称	用地面积（平方米）	文化分类	表现主题
B-09	康体文化园	647	市井文化	康体养生文化
B-10	缸甏弄口袋公园	2825	市井文化	场地文脉，酿酒作坊，缸甏记忆
B-11	瓶山文化园	358	历史记忆	场地文脉，瓶山记忆
B-12	东湖十景园	8376	名人胜景	东湖十景，名胜表达

（2）设计方案

临平老城口袋公园以重塑景观风貌、复兴文化记忆、乐享共富生活为设计理念，旨在唤醒临平老城的文化印记，将其融入公园游憩、社区服务和休闲健身等功能中，让口袋公园成为散落在临平老城区的璀璨明珠，激发老城区的生机与活力。

策略一，重塑景观风貌。口袋公园在灵活选址基础上，采用老城有机更新的模式，最大程度延续城市肌理，注重与周边原有城区风貌的协调。在公园内部，设计突出构建以林荫空间为主导的休闲游憩场所，完善配套设施，同时融入地域文化，使周边居民能够以最便捷的方式亲近自然，享受生态福祉。

策略二，复兴文化记忆。临平口袋公园以展现临平老城历史记忆、表达地域文化为特色，设计团队主要通过文献查阅、实地调研、当地文史专家拜访、召开历史文化茶话会等多种途径搜集并最终讨论确定各口袋公园的历史文化主题。文化分类大致为历史记忆、名人胜景、市井文化三个主题，通过空间布局、地形营造、植物景观配置等强化文化氛围的营造，并以景墙、地雕、小品、雕塑为具体表现载体，使公园成为老城对外展示的文化名片。

策略三，乐享共富生活。口袋公园因其利用率高、便捷等特点，成为老城居民生活中不可或缺的公共开放空间。它不仅提供绿色生态、舒适宜人的空间，吸引人们开展各类活动，还因为具有小尺度的特点，适合构建半私密的交流空间，对促进邻里交往、增强老城区居民幸福指数起到积极的推动作用。

（3）实施效果

榨油厂遗址公园位于保健路和木桥浜路交叉口，文化广场东侧，占地面积约

2750平方米。场地周边曾有较多的榨油作坊、工厂和售油商市，公园所在弄堂油车弄也因此得名。公园西侧主要通过在林荫广场设置文化景墙、地雕等元素再现榨油的传统工艺技术和场景。公园东侧设有一座24小时社区图书馆，兼具社区儿童托管功能，采用市民卡刷卡系统管理人员的进出。在公园东南区块还设有健身和儿童活动设施，满足居民健身、休闲等活动需求（图3-5-13）。

缸甏弄口袋公园位于北大街东侧，酒厂宿舍以西，史家埭路南侧，缸甏弄以北，占地面积约2825平方米。缸甏弄周边以前有比较多的酿酒作坊，临平酒厂也设在附近，到处都能见到装酒的缸、甏，缸甏弄也因此得名。缸甏弄口袋公园用地较为狭长，东侧以缸甏垒砌的景墙及小品等形式来体现缸甏弄的历史文化；西侧以白墙、透窗演化而来的景观廊架呼应文保建筑，配以榔榆、樱花、鸡爪槭等植物，结合民居，堆叠缸甏，形成具有市井烟火气息的生活场景（图3-5-14）。

图3-5-13 榨油厂遗址公园（上）

图3-5-14 缸甏弄口袋公园（下）

牛拖船记忆园位于九曲营路以南，梅堰港以西，临平第三幼儿园以北，进修弄以东，占地面积约2600平方米。该口袋公园以市民休闲活动和社区服务为主要功能，深入挖掘并展现上塘河牛拖船这一特殊运输方式，结合场地功能设置旱溪和牛拖船雕塑小品等，以小见大，再现历史场景记忆。并通过保留和改造进修弄两边的部分围墙，通过植物造景和亭廊花架的设置，为周边居民提供一个休闲娱乐、活动健身的环境（图3-5-15）。

（4）创新与特色

口袋公园呈斑块状散落在各个城市空间中，具有离散型分布的特点，通常相互之间没有关联，但如果能以步行道系统将它们连接会更方便。本次临平口袋公园设计，在充分利用原有街巷交通体系的基础上，通过完善指示标识、加强空间引导等措施，加强了各口袋公园之间的联系。在具体设计上，展示了外部道路空间进入口袋公园

图3-5-15　牛拖船记忆园

的引导性设计，利用建筑过道的侧壁设置引导性的景观指示（图3-5-16）。两个相距不远的口袋公园充分利用街巷两侧围墙，使其作为文化表现载体，一方面当作口袋公园文化景观的延续表达，另一方面又起到空间引导与指示的作用（图3-5-17）。

临平老城具有悠久的历史文化积淀，口袋公园建设依据临平的历史文化及场地记忆，主要分为历史记忆、名人胜景及市井文化等三个主题类型，并将其融入各个口袋公园设计中，使口袋公园具备休闲游憩功能、文化展示宣传等功能，激活各个公园的生命力，形成老城对外展示的一张文化名片。

图3-5-16　进入口袋公园过道引导（左）

图3-5-17　两个口袋公园之间的街巷空间引导（右）

图3-5-18　九曲营文化园景观亭（左）

图3-5-19　文化展示区（中）

图3-5-20　九曲营文化园一角（右）

其中九曲营文化园以宋代韩世忠曾驻军九曲营的历史事件为主题，一方面借鉴古典园林设计手法在空间营造、景观风貌、植物造景等方面烘托公园的历史文化氛围，另一方面以韩世忠人物雕像、历史事件浮雕景墙为表现载体，直观形象地展现韩世忠驻营文化，共同渲染口袋公园的文化氛围，增强游憩体验。除此之外，在材料选择上重点考虑中式元素，旨在烘托和营造韩世忠曾驻军九曲营的历史文化氛围，如传统风格的景观亭、景墙、花窗、门洞，古色古香的青石、瓦片铺装、粉墙黛瓦、黑色卵石等，以黑、白、灰色为基调，强化古朴典雅的景观风貌。在具体细节设计上，花岗石铺装以粗凿面、仿老石板做旧处理等体现历史厚重感，以流水纹样的瓦砾铺装展现历史长河大浪淘沙，英雄事迹波澜壮阔（图3-5-18~图3-5-20）。

3.6　产业聚能增效

当前，我国经济发展正处于转型升级的关键时期，传统的粗放型增长方式已经难以为继，在这一背景下，产业增效作为提高经济增长质量和效益的重要手段，对于推动经济转型升级具有举足轻重的意义。城市更新的核心目的是通过改造和提升城市的基础设施、环境和功能，为产业的发展创造更好的条件。产业增效意味着产业的升级、转型和创新，这要求城市在硬件和软件方面都进行更新和升级，以适应产业发展的新需求。因此，产业增效的需求直接推动了城市更新的进程。

城市更新为产业增效提供了有力的支撑和保障，通过城市更新，可以优化城市的产业空间布局，提升产业集聚效应和创新能力。同时，城市更新还可以改善城市的基础设施和公共服务设施，提高城市的综合承载力和吸引力，为产业的发展提供更好的环境和条件。以艺尚小镇街区改造、陆家桥工业园改造为代表的产业提升项目，盘活低效用地，延伸产业链，促进产业园区提质增效，赋能高质量发展。

艺尚小镇街区改造构建步行街系统与城市绿道的互联互通，凸显了临平新城的城市魅力与活力，同时通过新业态催生产业蝶变；陆家桥工业园改造工程实现从低小散到产业社区的转型升级，不仅可以优化产业结构、提升城市形象和环境品质，还能推动区域经济的可持续发展和提升社会治理水平。

临平在城市更新过程中注重优化产业空间布局，通过引导产业向园区、特色街区等集聚区发展，形成产业规模效应和集聚效应；积极打造创新平台，加强与高校、科研机构等合作，推动产学研深度融合；增加了对交通、能源、通信等基础设施的投入，以提升产业园区的硬件设施水平；实施人才引进计划、建立人才培养基地等措施，吸引和留住高层次人才，为产业发展提供智力支持；加强生态环境保护，推动产业绿色发展；通过推广清洁能源、建设生态产业园区等方式，降低产业对环境的污染，提升产业的可持续发展能力；通过这些措施提升临平产业的整体竞争力，也为城市的可持续发展奠定了坚实基础，有效促进了产业增效的实现。

3.6.1 业态提质增效的重要引擎——艺尚小镇街区改造

随着社会的进步和生活水平的提高，人们对于品质生活的需求日益升级，生活理念、活动方式也发生了重大转变。在这样的时代背景下，传统产业型小镇因缺乏创新活力和文化氛围，无法满足人们的生活需求。因此，临平需要探索一种全新的发展模式，打造一个充满活力和创意的小镇。在需求矛盾与产业升级的双重推动下，艺尚小镇的改建工程提上议程。

艺尚小镇的改造不仅让商业街区焕然一新，还融入了现代的设计元素和科技设施，提升了整体的环境品质。街区的布局也变得更加合理，不仅方便了市民的出行，也优化了商业空间的利用。此外，改造后的小镇更加注重文化的融入和特色的彰显。各种文化体验项目以及特色外摆纷纷入驻，吸引了大量的游客和市民前来体验。这不仅丰富了小镇的文化内涵，也为当地的经济发展注入了新的活力（图3-6-1）。

（1）项目概况

艺尚小镇位于杭州市临平区，是一个充满时尚与艺术气息的地方，毗邻临平南站，西起星河南路，东至大剧院，以汀兰街为轴线向两边扩展，基本涵盖了小镇主要的视觉界面（图3-6-2）。

图3-6-1 艺尚小镇改造后实景

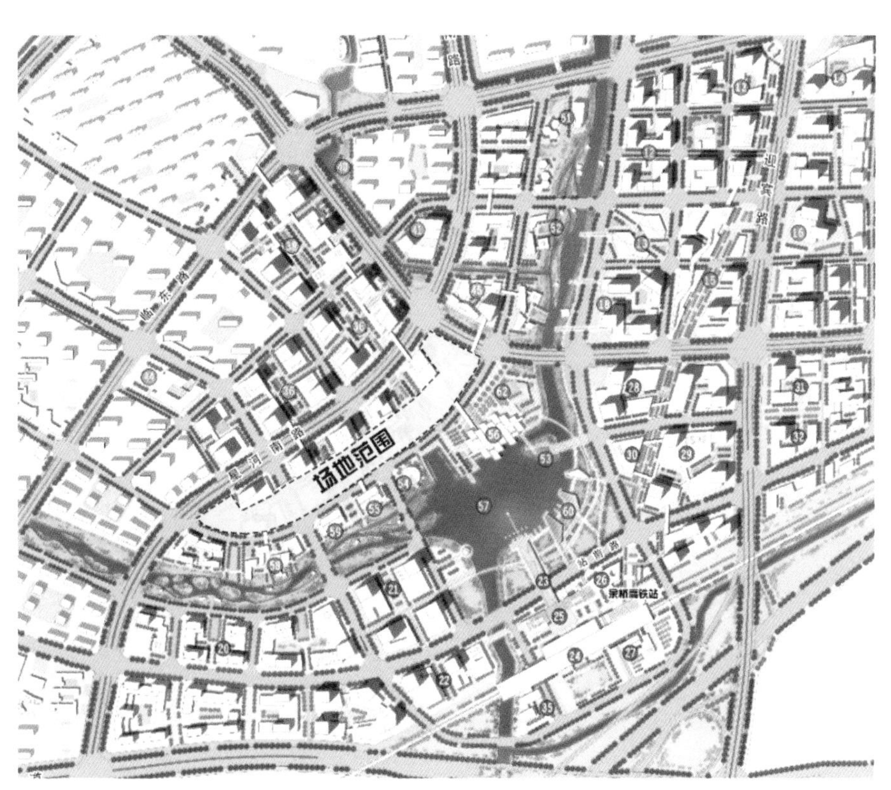

图3-6-2 地块位置图

艺尚小镇于2015年6月被列入第一批省级特色小镇创建名单，以服装产业为核心，引领着时尚潮流，吸引了一大批家喻户晓的品牌入驻，也为独立设计师及初创企业提供了创客空间。它的建成象征着临平的时尚产业登上了世界的舞台，同时伴随着产业红利，一个集聚城市生活、娱乐的IP在这里诞生。区别于传统产业园区，艺尚小镇以时尚为核心，集时尚设计、研发、销售展示、旅游休闲、教育培训及生态人居为一体，是杭州时尚产业特色小镇的领航示范项目。这里不仅有世界各地的时尚品牌，还有各种独立设计师的灵感佳作，处处都能感受人文与艺术之美。

（2）设计方案

本次设计针对临平艺尚小镇核心区域的汀兰街展开。汀兰街的商业氛围不及预期，项目团队通过现场调研，将制约小镇发展的因素梳理分析后归纳为七大问题，分别是人车混行、地块割裂、绿化零碎、空间失活、铺装不融、尺度失调和标识缺乏。造成这些问题的主要原因有两点，一是小镇分期开发建设与上位规划之间缺乏及时的协调修正；二是小镇产业随时代发展进行了转型，由原来的创意办公产业转向创意营销商业。伴随着转型的深入，上述七大问题与场地矛盾更加凸显，随之而来的就是人气流失，产业下行，活力丧失等负面影响（图3-6-3）。

针对以上问题，设计方案以交通为切入点，对区域路网、干路网、支小路网进行系统性研究，通过合理的交通引导及交通管制重新定义了小镇对外的交通开口，再结合商业及活动的内部需求，梳理舒适的人行动线及活动空间，创造独立的人车路权。

图3-6-3　总体空间布局图

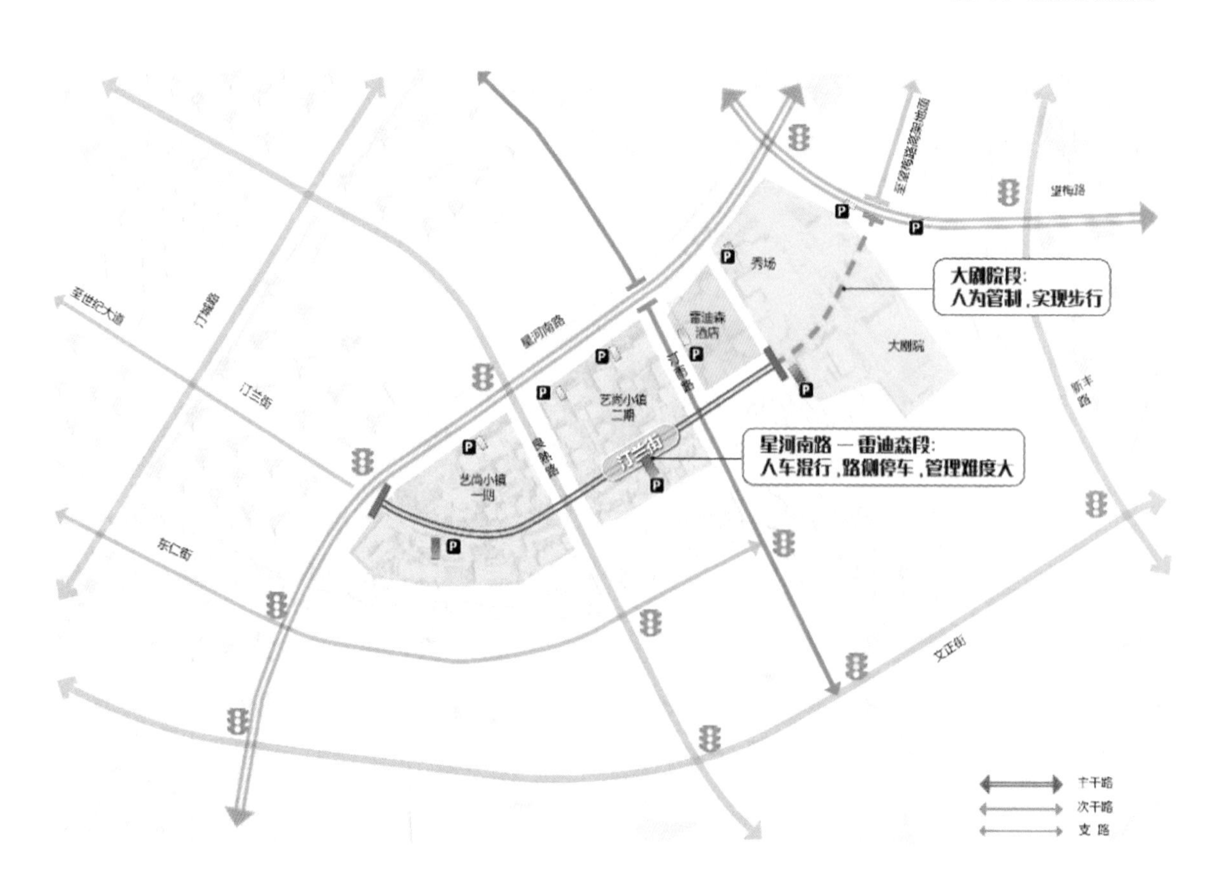

项目规划并建立了优质的慢行系统。交通流线的重新布局，释放了大量的步行与活动空间，随之而来的是汀兰街30米宽的尺度造成的沿街商铺之间的疏远感，因此需要营造宜人的尺度。为了拉近两侧商业的距离，方案采用组装式太空舱的理念，搭配商业外摆小品，营造出一条特色商业轴线，将街道自然地分割为三线空间，每个空间之间相互联系，可以自由地穿行。这样的布局既丰富了产业配套，又提升了空间活力，轴线像一条纽带把沿街商业紧密地联系在一起。此外，为了配合小镇整体品质的提升，还将潮流街区及东湖绿道一并纳入研究范围，查漏补缺，以点带面，大大提高小镇辐射半径，带动区域的二次升级。

（3）实施效果

通过一系列精心的设计与文化植入策略，艺尚小镇的自然环境、营商环境、人气以及品牌IP等方面有了显著的提升，具体体现在以下几个方面。

1）环境美化与提升：通过植物空间营造、镜面水景、雾森系统以及灯光秀等设计，不仅美化了小镇的生态环境，还创造了独特的视觉景观，使小镇成为一个集自然美与艺术美于一体的空间。这种环境的提升增强了游客的体验感，提升了小镇的整体品质。中央草坪艺术IP的打造解决了草坪利用率低的问题，礼帽雕塑既作为视觉焦点又提升了场地的功能性，使得草坪成为活动聚集地，增强了空间的活力（图3-6-4）。

2）营商环境的优化：通过产业集聚创新和多元化空间营造，吸引了不同业

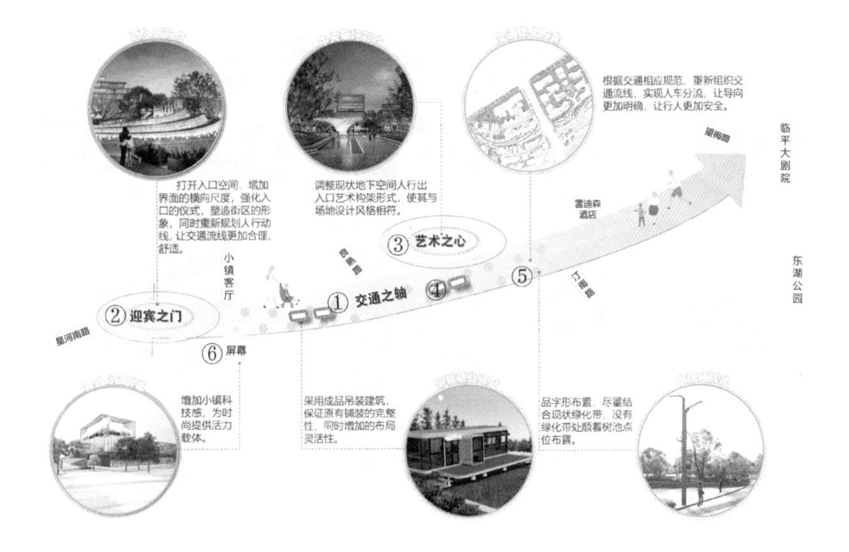

图3-6-4 基地节点设计

态的商家入驻，形成了互补的产业链，提升了小镇的商业竞争力。同时，时尚元素的融入使得小镇成为数字时尚音乐的聚集地，进一步吸引了年轻消费群体的关注。精心打造的城市家具、灯具小品等附属配套设施不仅提升了小镇的硬件设施水平，也为商家提供了良好的经营环境。便利的停靠点和休息长椅等的设计，让游客在购物之余也能享受舒适的休憩时光，提高了顾客满意度和回头率。

3）人气的提升：通过国际时尚视野的打造，艺尚小镇成功塑造了数字时尚音乐第一街的品牌形象，增强了小镇的吸引力和知名度。这种品牌效应吸引了大量游客前来参观和消费，为小镇带来了持续的人流。中央草坪艺术IP的打造使得草坪成为活动聚集地，各种时尚活动、音乐节等在此举办，吸引了大量人流涌入。这不仅提升了小镇的人气，也为商家带来了更多的商机。

4）IP的打造与品牌塑造：通过挖掘和再现临平湖璀璨文化，以及将传统编织工艺融入现代艺术设计之中，项目成功打造了一系列具有文化内涵和艺术价值的IP形象。这些IP不仅增强了游客对小镇的文化认同感，也加深了他们对小镇品牌的记忆点。礼帽雕塑作为场地的精神堡垒，不仅提升了小镇的文化品位和艺术气息，也为小镇树立了独特的品牌形象。这种品牌形象的树立有助于小镇在激烈的市场竞争中脱颖而出。

（4）创新与特色

通过汀兰街的整体改造，艺尚小镇风貌焕然一新，三大创新点助推活力新生。

一是多元化空间营造。室外步行空间与城市绿道空间互联互通，空间布局设计充分考虑了人们的购物体验。商铺之间的距离适中，便于游客游览和购物。巧妙地利用植物、水景等元素营造可游赏可休憩的多功能空间，为街区增添了温情。以核心商业区块为主的东区，采用灵活划分方式形成6个院落空间，院落之间亦相互围合形成收放有序的广场，层层嵌套、移步换景。设计结合时尚产业流程布置相应功能空间，以满足不同企业进驻的需求（图3-6-5～图3-6-7）。

二是形成汀兰街与地下商城之间的联动。项目在地下通道入口上方，构思了一个由金属精心编织而成的草帽雕塑，它的独特造型和位置设置，自然引导行人的视线和行走路径，成为从步行商业街通往地下商城的“视觉门户”；通过艺术的形式打破了地上与地下的界限，促进了两个空间在功能、文化和情感上的交流

图3-6-5 草坪休闲空间（左）

图3-6-6 花卉迎宾节点（中）

图3-6-7 花坛装饰节点（右）

与融合，有效增加地下商场的人流量，提升商业氛围，为汀兰街的整体发展注入了新的动力（图3-6-8）。

三是建立新材料与自然光影之间的对话。通过融合自然光影、科技灯光与超透材料的独特属性，以场地地形的自然形态为基底，将小镇Logo元素巧妙融入，创造一个既体现品牌特色又富有艺术美感的入口迎宾雕塑。白天，透光率可达91.5%以上的超白玻璃砖随着日光的流转展现细腻的光影与时间变化；夜晚，则通过内置的智能灯光系统，绽放出梦幻般的迷人效果。它不仅是一个入口雕塑，更是一个集艺术、科技与自然于一体的综合体验空间（图3-6-9）。

通过本次项目改造，艺尚小镇已成为融合慢生活、时尚、艺术与文化的繁华之地。小镇不仅仅是一张产业名片，也是一个艺术文化窗口，更是一次促进城市发展、转型、再发展的共富实践。

图3-6-8 地下通道入口效果（左）

图3-6-9 西入口雕塑效果（右）

3.6.2 引领产业增效的行业典范——陆家桥工业园改造

陆家桥工业园作为产业转型的典型范例，体现了产业增效与城市有机更新的关联作用。过去的陆家桥工业园以低小散企业为主，产业结构较为单一，环境脏乱，交通拥堵，缺乏竞争力，影响区域的整体形象。本次更新通过科学规划和合理布局，引入一批高新技术产业和现代服务业，实现产业的集聚和升级，提高整个区域的产业层次和竞争力；通过吸引更多的高新技术企业和现代服务业入驻，带动区域经济快速增长，提供更多的就业机会和财政收入。

从低小散到产业社区的转型升级不仅有助于提升区域的社会治理水平，优化产业结构、提升城市形象和环境品质，还能推动区域经济的可持续发展，是城市区域有机更新的有效实践，对整个区域的长远发展具有重大的意义。

（1）项目概况

崇贤陆家桥工业园改造项目是一项旨在通过科学规划和布局，实现产业升级、环境改善和社区功能优化的综合性改造工程。项目位于临平区崇贤街道，占地面积达283.8亩。当前区块内存在老旧厂房众多、土地利用效率低下等问题，作为省级城市更新试点，项目将全面征迁拆除原工业区内建筑，并规划建设完善的配套服务设施，未来将转型为大型创新创业产业园区。同时，项目以产研结合、产城融合为目标，依托轨道交通优势，打造未来产业区与TOD模式，为创新人才提供优质生活环境（图3-6-10、图3-6-11）。

陆家桥工业园东、南至宣杭铁路，西至崇超南路，北至崇杭街，现状以纺织、机械制造业为主，但开发强度低、经济效益差，亟需整体提升。园区已编制

图3-6-10 改造前现状图（左）

图3-6-11 规划设计鸟瞰图（右）

《崇贤街道陆家桥工业区块提升改造规划》并通过评审，计划打造都市型总部产业社区，主导生命健康、人工智能等产业，力争实现亩均税收大幅提升。目前，一期标准厂房建设已启动，计划于2027年完工，整体建设预计于2030年全面完成（图3-6-12）。

（2）设计方案

园区规划设计充分考虑了园区的未来发展需求，通过合理的规划和布局，将打造出一个功能完善、交通便捷、环境优美的都市型总部产业社区，为临平区的经济发展注入新的活力（图3-6-13）。

在规划布局方面，园区划分为七大地块，采用高价值区配置生活板块、重要节点布局形象建筑、产业空间采用内院模式的三大设计思路，致力于打造一个充满活力和创新的都市型总部产业社区。

在道路规划方面，项目规划了多条道路以完善崇贤新城陆家桥片区的路网结构。育贤路、支路一、支路二、支路三以及崇锦路等道路的建设将极大地提升片区的交通便捷性。这些道路计划于2024年9月开工，总投资估算达2.66亿元，预计建设周期为12个月。项目的建成将进一步完善城市道路功能，满足日益增长的交通需求，提升路网服务水平，为市民提供更加优质的出行体验。

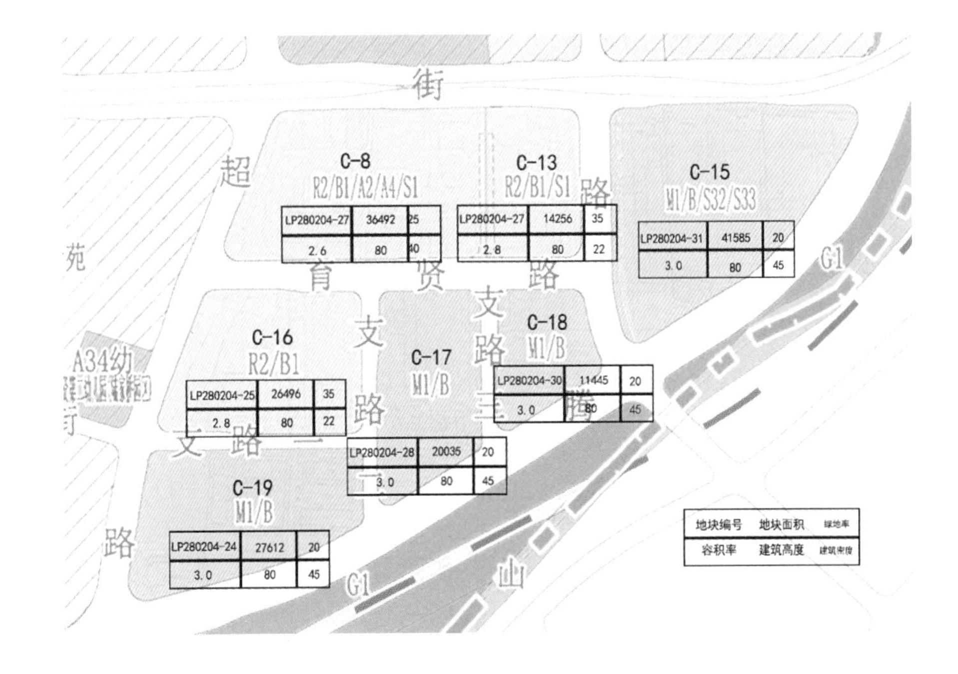

图3-6-12 规划用地图

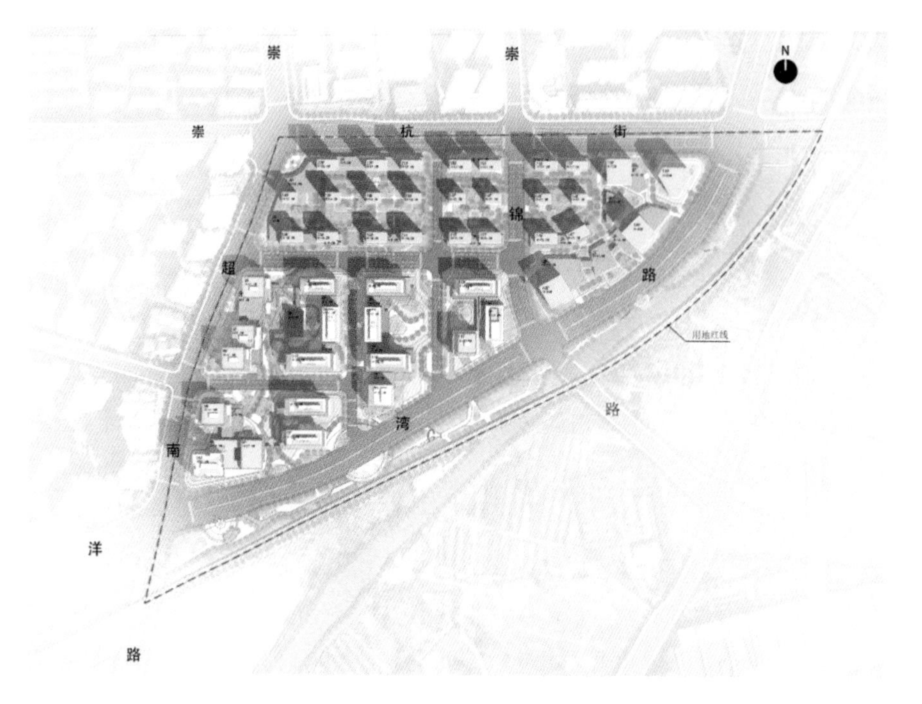

图3-6-13　设计方案图

（3）实施效果

崇贤陆家桥工业园改造项目作为区域发展的重要引擎，通过一系列精心策划与实施的改造措施，实现了产业结构、城市面貌、社区功能以及土地利用的全面提升。这一改造项目不仅彰显了政府对于推动工业转型升级、促进城市更新与提升社会经济效益的坚定决心，也展示了现代城市规划与建设的先进理念。改造后的崇贤陆家桥工业园将以全新的姿态展现在全世界，成为引领区域经济发展的新引擎，为居民和企业提供更加优质的生活与工作环境，为区域可持续发展注入新的活力与希望。

首先，产业结构将得到显著优化和升级。改造项目通过引入高新技术产业和现代服务业，逐步淘汰了原有的低小散企业，形成了新的产业集聚和规模效应。这不仅提高了工业区的整体竞争力，也为区域经济的可持续发展注入了新的活力。其次，城市面貌将得到显著改善。改造项目对原陆家桥工业园内所有企事业商业、办公、厂房、仓库等建筑进行了征迁拆除，并规划建设了完善的配套服务设施。这使得工业区的环境品质和社会形象得到了显著提升，为居民和企业提供了更好的工作和生活环境。此外，社区功能将得到优化提升。改造项目以产城融合为目标，依托轨道交通15号线崇贤站，打造未来产城融合TOD，并植入商业与居住空间。这不仅为创新人才提供了优质的生活环境，也促进了工业区的产业和城市的深度融合，推动了区域的协调发展。

（4）创新与特色

崇贤陆家桥工业园改造项目以其独特的创新理念和鲜明特色，成为推动区域产业转型升级、城市更新发展的重要力量。项目在改造模式、规划设计、土地利用以及区域协同等多个方面展现出显著的创新性，这些创新与特色共同构成了崇贤陆家桥工业园改造项目的独特魅力，为区域的可持续发展注入了新的活力与希望。

该项目采用了整体拆迁和政府主导的更新模式，对原工业区内所有建筑进行了征迁拆除，并进行了全面的土地整理和规划。这种彻底而全面的改造方式，确保了项目的高效推进和土地的高效利用，为工业区的未来发展奠定了坚实基础。

在规划设计方面，项目采用了高价值区配置生活板块、重要节点布局形象建筑、产业空间采用内院模式的创新思路。这种设计思路不仅优化了产业空间布局，提升了园区的整体形象和品质，同时也充分考虑了生活配套设施的完善，为创新人才提供了宜居宜业的工作环境。

此外，项目在土地利用上也展现出了显著的创新性。通过兼容用地的设置，项目实现了工业、住宅、商业、文化、交通等多功能用地的融合，提高了土地的综合利用价值。同时，项目还通过提升容积率、控制建筑高度等方式，实现了土地的高效利用，为未来的可持续发展提供了有力保障。

3.7 城乡共富发展

共同富裕是社会主义的本质要求。在实现共同富裕的过程中，不仅要追求经济的发展和社会的进步，还要注重保障和改善民生，促进全体人民的共同富裕。这既是中国式现代化的重要特征，也是实现中华民族伟大复兴中国梦的必要条件。为了实现全面建成社会主义现代化强国的目标，政府提出了“乡村振兴”战略和“新型城镇化”战略，旨在推动城乡协调发展，缩小城乡差距，让城乡居民共享改革发展成果。

临平在追求城乡共富的道路上，始终坚持以高水平全面小康为引领，不仅扎实落实最低生活保障补助、创新救助政策，还大幅提高了危房改造补助标准，并不断扩大教育免补范围，旨在强化基础保障，让每一位居民都能感受到社会的温暖与关怀。临平积极推动农业产业的升级转型，通过提升农产品的附加值和竞争力，让农民的收入得到实质性增长，同时，大力发展乡村旅游、农村电商等新兴产业，为农民开辟更多的增收渠道，实现农村经济的多元化发展。临平加大在农村基础设施建设方面的投入，致力于改善农村地区的交通、水利、电力等基础设施条件，从而显著提升了农村居民的生活质量。临平推动城乡教育、医疗、文化等公共服务资源的均衡配置，确保农村居民也能享受到与城市居民同等的优质服务。此外，临平还积极引导城市产业向农村延伸，促进城乡产业融合发展，实现资源的优化配置和共享，同时，鼓励和支持农村创新创业，培育新型农业经营主体，为农村产业转型升级注入新的活力。以新宇村共富实践中心、大运河国家文化公园（临平段）为代表的项目实施，促进乡村振兴，推进全域共同富裕。

新宇村共富实践中心有助于从地理区位、空间格局和发展基础上推进共同富裕示范区的建设，为当地村民提供更多的就业和创业机会，进而提高其生活水平；大运河国家文化公园（临平段）重塑运河生态与历史风貌，以带状绿地系统打造共富廊道从而复活运河升级。

临平在城乡共富方面做出了多方面的努力和探索，通过采取农业升级、改善农村基础设施条件、城乡融合、农文旅融合等综合性措施，实现城乡协调发展，不仅有助于推动临平区的经济社会全面发展，也为其他地区的城乡共富工作提供了有益的借鉴和参考。

3.7.1 绘就城乡共富的崭新画卷——新宇村共富实践中心

2003年4月15日，时任浙江省委书记的习近平赴临平新宇村实地调研，提出“把发展高效生态农业作为提升浙江效益农业发展水平的主导方向”，为当时的新宇村种下了一颗绿色的种子。二十年来，“八八战略”的宏伟蓝图润物无声，为“绿色浙江”的生态建设注入绵绵不绝的活水。在“八八战略”的总蓝图下，新宇村将“高效生态农业”作为发展新理念与新目标，推行科学的立体循环养殖模式，力达既不破坏生态环境，又能增收创效，以真正实现“一水两用、一田双收、稳产增效、稻渔双赢”。如今的新宇村，更加深入理解并自觉践行习近平总书记“绿水青山就是金山银山”的理念。

新宇村共富实践中心作为共同富裕示范基地样板之一，积极参与多村联动，结合各村特色产业，为产业赋能，积极践行共同富裕目标。这一中心的建设有助于从地理区位、空间格局和发展基础上推进共同富裕示范区的建设，为当地村民提供更多就业和创业的机会，进而提高了村民的生活水平。

新宇村共富实践中心的建设对于推动共同富裕、促进产业发展、提升村民生活水平等方面都具有重要意义。同时，这也符合国家支持浙江高质量发展建设共同富裕示范区的政策导向，有助于实现更加均衡、可持续的社会发展目标。

（1）项目概况

新宇村共富实践中心，坐落于风景秀丽的京杭大运河畔，不仅是新宇村村庄文化的展示窗口，更是集综合服务、乡村旅游接待、农产品展示以及多功能活动室于一体的综合性服务平台。该项目是新宇村乡村振兴和共富实践中的标志性村庄公共服务设施示范项目，旨在通过完善村庄配套服务设施，促进传统农业向现代农业的华丽转型。

新宇村共富实践中心的用地性质为村庄建设用地（H14），地块布局合理，东南两侧紧邻道路，地理位置优越，交通便捷。项目距离北侧的文化礼堂约300米，便于村民及游客参与文化活动；距村委会约350米，便于日常管理与服务。项目总用地面积达到4453平方米，总建筑面积为7472平方米，其中地上建筑面积为5061平方米。建筑采用多层设计，地上共3层，地下1层，既保证了空间利用的合理性，又符合村庄整体风貌。建筑消防高度和规划高度均符合相关规定，确保了项目的安全性与实用性。

（2）设计方案

新宇村共富实践中心以“重构水乡元素、复兴运河生活”为规划理念，旨在从现代、简洁、整体、高效等多个角度出发对景观和建筑进行统一设计。基地主入口与外部道路联系便利，建筑之间围合形成内部院落空间，赋予基地更多的活动空间，为基地增添了丰富的活动区域，极大地提升了空间的层次感和使用效率（图3-7-1）。

设计充分利用现状地形地貌，巧妙地将花、山、村、河、荷、田等自然元素进行重组，旨在传承运河文明的精髓，并再现江南水乡独特的文化魅力。同时，

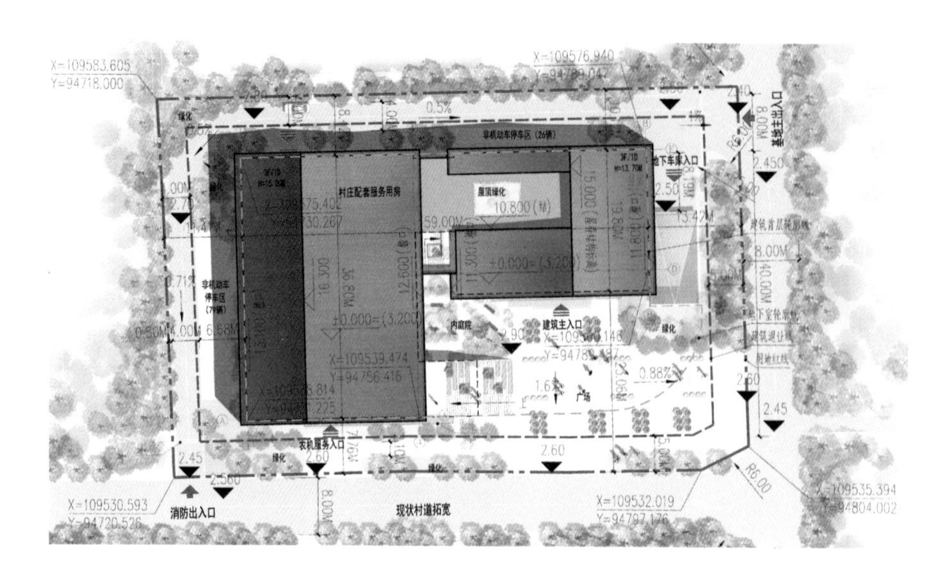

图3-7-1　设计方案图

恢复传统村落的市井容貌，融入诗情画意的自然环境，使新宇村共富中心成为一处兼具历史底蕴与现代风貌的标志性建筑。

以“打造三农高质量发展的共同富裕现代化乡村的新典范”为主要功能，项目主要建设内容为村庄配套服务用房，包括接待大厅、临时展厅、多功能厅、农机展示厅、农机推广站、农机技术咨询室、农创工作室、会议室、办公用房、地下车库及设备用房等。新宇村共富实践中心的建设，不仅为村庄发展提供了空间支撑，同时保留了乡村发展过程中的乡愁记忆。

新宇村共富实践中心的建筑立面设计精巧，以白色涂料为主色调，巧妙地融入灰色青砖的装饰面，与灰色涂料及建筑外窗和谐统一，再配以瓦屋面，整体营造出江南水乡特有的“粉墙黛瓦”的建筑韵味，展现水乡韵味。建筑整体呈L形布局，屋面与建筑体块相结合，分段式的建筑结合屋顶山墙面曲线的起伏，营造了丰富的立面效果。建筑室外大台阶的设置、两段建筑间的室外楼梯的联系使建筑增添了不少趣味性（图3-7-2）。

建筑整体以传统风格为基底，同时呈现出现代建筑建造方式的简约特色。以水平线条的虚实作为构成元素，通过转折、凹凸、材质等变化演绎空间与形式的趣味。阵列式的立面开窗给人以强烈的视觉冲击，结合部分青砖镂空墙面的设置，配合曲线屋面，变化丰富，整体感强烈且不失细腻（图3-7-3）。

新宇村共富实践中心于2024年6月建成并投入使用。2024年6月29日，“聚

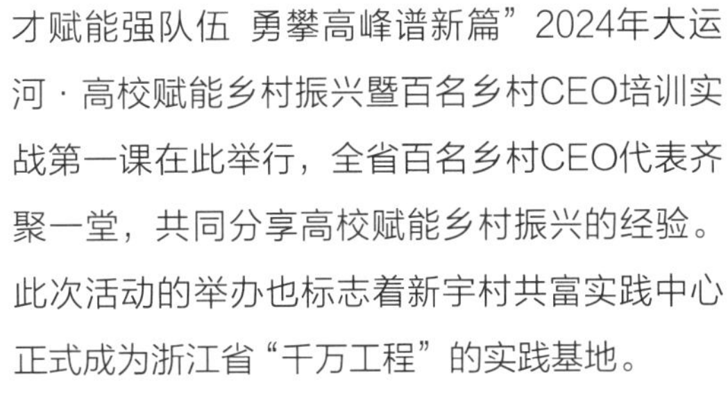

才赋能强队伍 勇攀高峰谱新篇”2024年大运河·高校赋能乡村振兴暨百名乡村CEO培训实战第一课在此举行，全省百名乡村CEO代表齐聚一堂，共同分享高校赋能乡村振兴的经验。此次活动的举办也标志着新宇村共富实践中心正式成为浙江省“千万工程”的实践基地。

（4）创新与特色

图3-7-2 项目鸟瞰（上）

图3-7-3 主入口透视（下）

作为EPC工程总承包项目，新宇村共富实践中心的建设涉及报批报建、设计、采购、施工全方位综合管理，专业涉及面较广，包括建筑施工、安装工程、绿化园林施工等。项目团队充分利用EPC模式的优势，通过建立信息系统，加强与建设单位和使用方的沟通，确保信息对称透明。在项目建设过程中，团队严格执行建设单位提出的建议和指令，做好配合工作，并充分发挥联合体的统筹组织职能。同时，设计团队还注重与有关单位的协调合作，以减少建设单位的协调工作量，并主动提出优化建议，力求在既定的投资额下打造出最优质的产品。

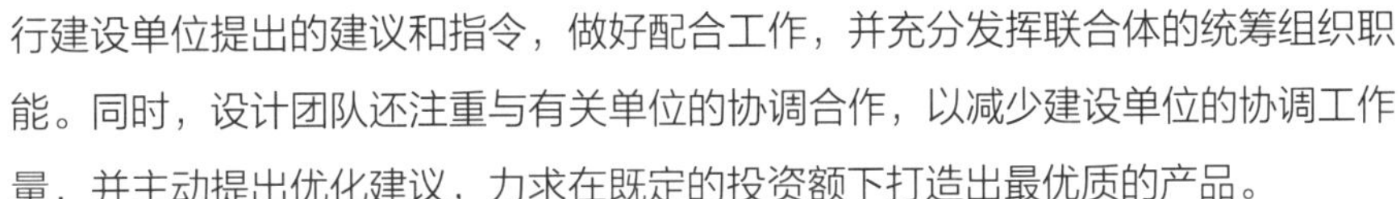

新宇村共富实践中心建设项目以有机更新的理念为引领，通过有机更新展现传统与现代交融之美，深化共富实践新路径，为乡村振兴注入强大动力（图3-7-4）。

图3-7-4 项目实景

3.7.2 共富廊道复活大运河生机——大运河国家文化公园（临平段）建设

大运河国家文化公园建设是我国文化事业建设的重大战略决策，扎实推进大运河国家文化公园的建设是推进中华民族现代文明建设的重要组成部分。2019年,《长城、大运河、长征国家文化公园建设方案》通过后,大运河国家文化公园的建设迅速开展起来,各地纷纷围绕本地大运河文化遗产,开展了博物馆建设、水利水工遗址保护、河道综合性治理等一系列建设工作,形成了一批典型建设案例。如何在保留文化遗产的同时促进经济社会的发展，找到文化遗产与共富发展的融入点，并将之系统性地落实到大运河国家文化公园建设的实际工作当中，大运河国家文化公园（临平段）提供了样板，复活了往日大运河的富裕廊道生机。

大运河国家文化公园（临平段）沿线途径崇贤、塘栖、东湖、运河四个镇街，是中国大运河世界文化遗产的重要组成部分。项目以“传承运河文化、发展运河产业、激活运河经济、享受运河生活”为建设主旨，统筹推进“一条共富绿道、一串魅力乡村、一批美丽公园、一片科创园区、一个文旅融合特色古镇”五个一工程，重新赋予大运河在新时代下的文化、经济和社会价值，带动周边群众持续增收，成为浙江先行探索“共同富裕”的典范。

（1）项目概况

大运河国家文化公园（临平段）建设主要针对杭州塘的29公里，总整治面积约257万平方米，从崇贤绕城高速拱墅交接开始，到运河二通道边界为止。

项目实施前，大运河沿线设有很多低小散渣土工矿码头，污水零直排设施缺乏，造成农业污染，并存在诸如沿岸农居风格杂乱、滨水绿化粗放等问题，河道及周边环境也不容乐观，与大运河保护与传承的可持续发展目标背道而驰。针对上述问题，项目团队将城乡共富作为建设的根本出发点，开展覆盖29公里的运河沿线环境大整治、大提升，推进沿线低效码头、企业征迁工作，将风貌、风光、风物、风俗进行全方位展示，精心擘画可游、可感、可赏、可及的共富场景。建设内容不仅包括征地拆迁、项目建设等“硬件”，也包括文化遗产保护、文化研究挖掘、生态环境保护等“软件”。

（2）设计方案

项目按照“河为线，城（镇、园）为珠，线串珠，珠带面”的布局理念，立足大运河（临平段）文化资源分布，构建“一廊三段”的总体空间布局（图3-7-5）。“一廊”为大运河绿道，“三段”分别为水岸风光段、塘栖风韵段和古道田园段。

水岸风光段全长约5.5公里，北起鸭兰村，南至绕城高速。设计范围内涉及鸭兰村、三家村、四维村，用地性质以农田、工业用地为主，设计宽度20米至750米不等，总面积约86.7万平方米。此段结合鸭兰村红色文化背景与中共鸭兰村党支部旧址，提取红色文化元素进行设计，提升大运河边居民生活环境，谋划临平运河水乡红色文化旅游。

塘栖风韵段全长11.8公里，总整治面积约57.39万平方米。此段结合大运河塘栖段的历史文化名城，以“千年古镇”的定位，目标打造成为集生产、生态、生活、旅游于一体的江南水域流动文化走廊，建设以“千年古韵，江南丝路”为

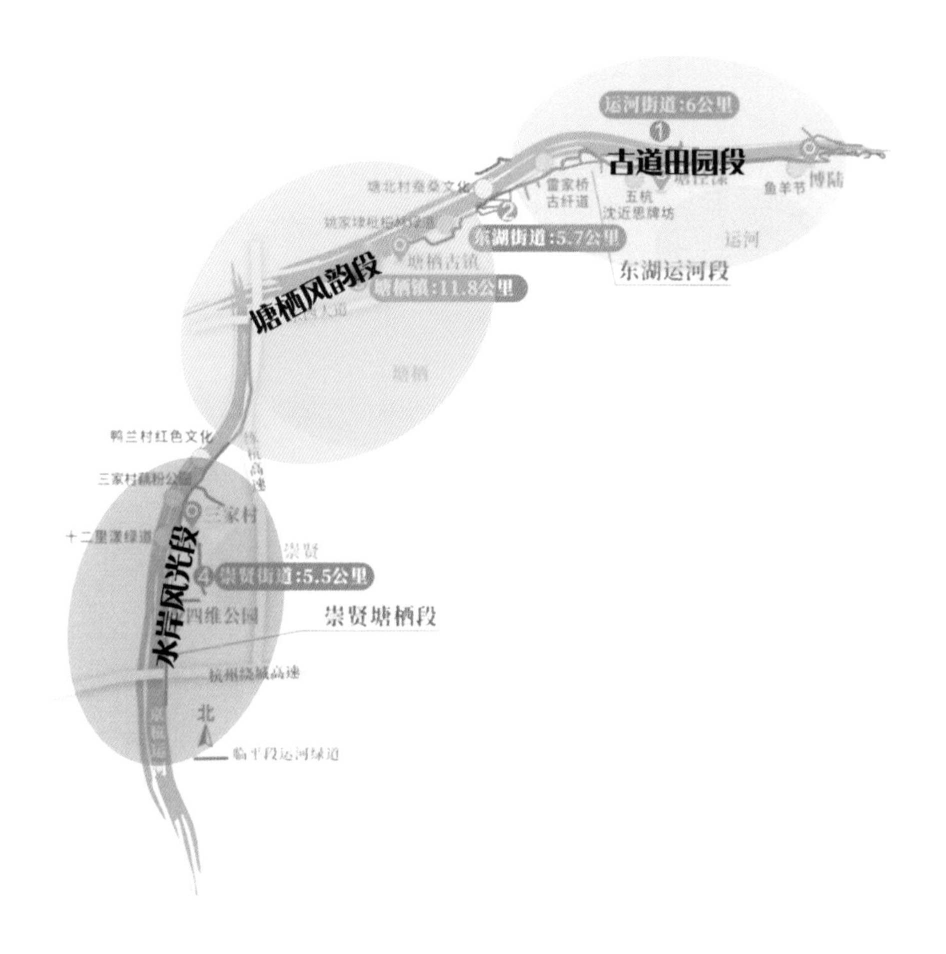

图3-7-5 总体空间布局

定位的浙江样本，打造市民与游客亲近运河、游览运河、品味运河、享受运河的余杭塘栖运河文化走廊。

古道田园段全长为11.7公里，包括东湖街道和运河街道两段。其中东湖街道设计范围东至顺达路，西至李家桥东，以及长虹村，东面与运河街道相接，北岸及西面与塘栖街道相接，河道全长约5.7公里。用地性质以农田、工业用地为主，设计宽度20米至280米不等, 总面积约40.34万平方米。运河街道设计范围东至运河二通道边，西至顺达路，与东湖及塘栖街道相接，河道全长6km，主要以博陆界集镇与五杭集镇为本段设计核心，用地性质以城镇用地、工业用地、农田为主，设计宽度14米至480米不等，总面积约72.57万平方米。整体以保护弘扬运河文化为主，设计手法以突出运河田园特色为重点，最大化地融入场地原有的生态肌理，使该段成为彰显运河田园特色的典范段。

在环境整治提升方面，项目尊重场地肌理，在最大限度地保留场地高大乔木的基础上，贯通绿道，打造临水界面，强调恢复生物的多样性，创建宜人的景观空间；结合“10分钟生活圈”，沿线布置多种类型的公园（图3-7-6）。其中崇贤疏港体育公园位于疏港公路南侧，利用原有厂区改造成综合体育馆，总建筑面

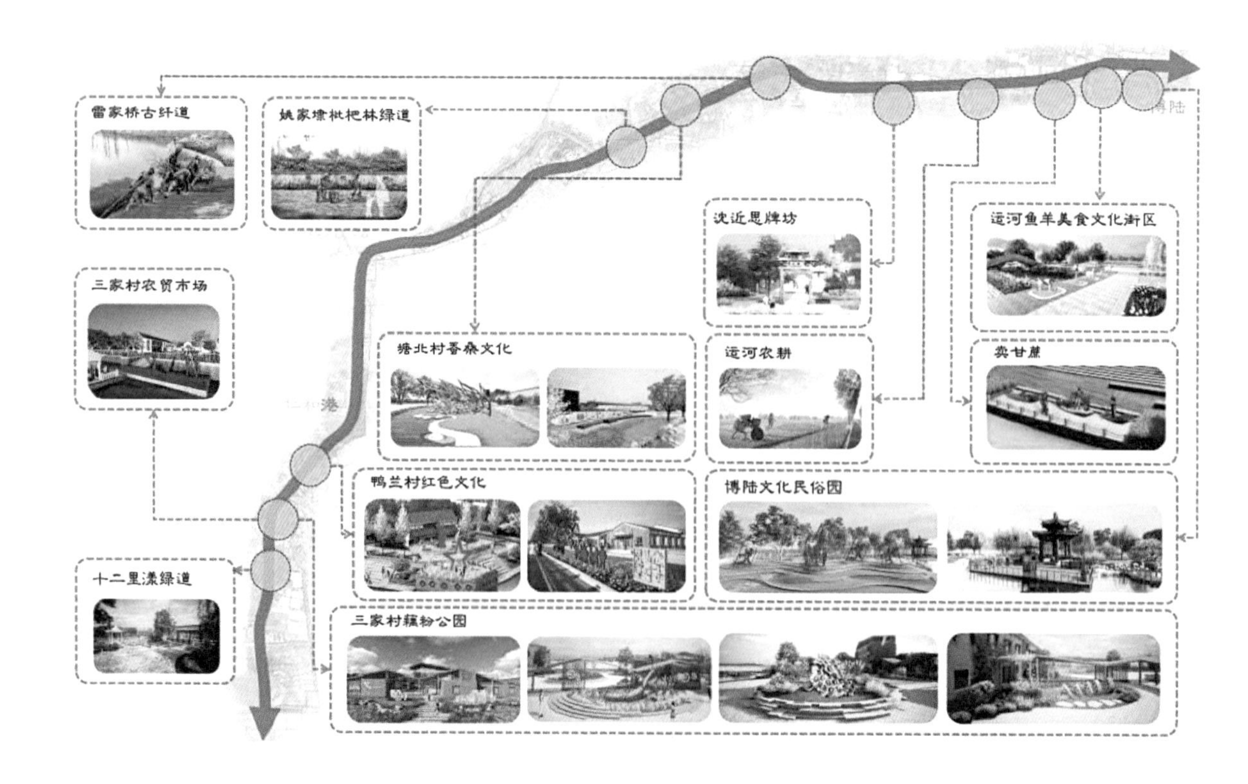

图3-7-6　多点布置图

积约3200平方米，室外设置林下跑道、运河设施等。疏港以南体育场地保留现状部分厂房，打造运动主题公园，内含1个五人制足球场、1个篮球场、5个羽毛球场及4个培训教室；塘栖运动活力园位于运河大桥以南，利用原有厂区建筑改造成室内乒乓球场、排球场等，室外设置有儿童轮滑场地、2个羽毛球场、1个篮球场，并设有配套的盥洗室、储物室等，总建筑面积约500平方米，可有效打通全民健身与用地制约之间的堵点，为居民提供优质场地条件。

在文化传承创新方面，项目构建互动参与场景，打造到访游客与当地居民、产业人员共享的综合类文化服务场馆。这些场馆以文化活动为主，具有功能灵活多变的特点，包括专业的演艺剧场、博物馆群、群艺活动以及农创展销空间。通过创新元素的注入，塘栖将打造南北运河街、江南风物集、活态匠艺村等多个古镇新场景，使其成为吸引区域年轻人到访的持续动力。“江南风物集”项目以塘栖代表性风物如枇杷、水果、米为主题，将塘栖酒厂旧址周边集中改造成为江南风物美食展示、科普、体验与消费于一体的复合空间。展馆主要包括果之百汇与米之百味两大分区，果之百汇包含枇杷专题馆、四时果味馆、蜜饯观光工坊、江南风味美食花园；米之百味馆包含米糕制作体验馆、非遗米塑体验、米食料理学院、古法米酒工坊等，以现代、多元、趣味的方式集中展示水果、米粮在塘栖人生产、生活中的重要性。

在产业提升方面，项目以科创兴城为核心方向，通过“腾笼换鸟”盘活低效存量空间，推进工业园区有机更新，并瞄准“智能制造、数字文化”“专精特新、企业总部”“农文旅、大健康”三大主题方向，精准发力招引一批优质项目落地。

（3）实施效果

“碧水环洲，水陆双栖，珠联璧合，阡陌叠翠”的场景在运河呈现，“桃花源”不再是诗词里的童话。29公里的生态绿道因地制宜，充分保留了运河边的原有生态，如在崇贤街道有成片的藕塘，在塘栖镇有大片的枇杷林，运河街道有成片的水稻田（图3-7-7～图3-7-10）。

在保留运河原有生态的基础上，整治行动也彻底改变了以前运河岸边杂草丛生、码头遍地的情况。大运河国家文化公园（临平段）绿道沿途有多处在建嵌入式体育公园，为周边居民提供绝佳的休闲健身场所，成为名副其实的家门口的健身公园。已经有大量附近居民以亲近绿道、健身竞走的方式感受美景、体验文

图3-7-7 沿岸节点实景（左上）

图3-7-8 沿岸休憩节点实景（右上）

图3-7-9 沿岸Logo实景（左下）

图3-7-10 沿岸节点实景（右下）

化、享受高品质的绿色生态活动空间。2023年，大运河文化公园（临平段）入选浙江省11个省级文化传承生态保护区，临平塘栖—运河—崇贤“运河水乡”县域风貌区入选浙江省2023年度第三批城乡风貌样板区名单；2024年全国“行走大运河”全民健身健步走活动浙江站主会场活动在大运河杭州临平段绿道举行。本次活动路线全程7公里，5000余名健步走爱好者报名参加。

好风景引来新经济，目前大运河沿线已有清大文产数字产业研究院、大运河朱炳仁艺术馆等一批优质项目落地；在距离运河不足1公里的临平崇贤启航创新创业中心，完工以来已吸引三十余家企业入驻，为当地带来更多就业机会。

（4）创新与特色

大运河国家文化公园（临平段）建设以生态起笔，以文化落笔，重点突出“野趣、文化、健康、共富、智慧”，串联运河城市阳台、生命活力园、塘栖体育公园、四维春晓、运河藕遇、鸭兰星火等多个景观界面，绘就一幅“人在画中游，画在景中走”的城市绿色生态长廊，努力凸显五大特色。

一是生态与景观融合。为体现生态优先理念，临平区坚持最小干预原则，最大限度地保留了运河边上原有的状态。在运河街道双桥村，保留有成片的水稻田；在塘栖镇，保留有大片的枇杷林；在崇贤街道，更有成片的水生作物……处处都是江南水乡秀美风光。

二是传统文化传承。在贯通绿道景观时，充分考虑了大运河的历史文化和传统，融入沿岸三家村藕文化、鸭兰村红色文化、运河水乡文化、鱼羊美食文化等在地文化，打造了四维公园、藕遇公园、塘泾漾公园等六大节点公园，使大运河的河畔景色焕发出崭新的活力。

三是打造嵌入式健康场地。结合“10分钟健身圈”目标，在绿道沿途健全便民服务基础设施，打造嵌入式体育场地。百姓在家门口就能享受休闲生态绿道带来的便利。

四是引入智慧设施。通过落水智能监测、VR互动观景、智慧停车场、自行车停放点智慧导引、体育公园智慧分布图、智慧亮灯工程等数字化手段，提高管理和服务水平。

五是贯通共富廊道。绿道还串起一条共富路——在双桥村体验稻作文化，在新宇村体验荷塘文化，在姚家埭村体验枇杷采摘，在三家村体验水生作物文化，在五杭村体验鱼羊美食……将不同的农文旅线路串珠成链，促进农文旅融合，助力共同富裕。

临平城市有机更新在共富城乡领域取得了显著成效，这些措施旨在推动城乡协同发展，实现共同富裕的目标。具体来说，临平的城市有机更新所带来的积极影响可分为五点。

一是缩小城乡差距。临平区通过城市更新项目，改善了农村地区的基础设施和公共服务，提升了农村居民的生活水平，促进了城乡一体化发展。二是完善现代化基础设施体系。临平区在更新过程中加强了交通、水利、能源等基础设施建设，提高了农村地区的可达性和居住条件，使得城乡居民共享城市化带来的便利。此外，通过城市更新，临平区提升了教育、医疗、文化等公共服务水平，使得农村居民能够享受到与城市居民同等质量的公共服务，实现公共服务均等化。三是改善生态环境。临平区注重生态环境的保护和修复，通过城市更新改善了城乡环境质量，提升了居民的生活质量，促进了绿色发展。四是保护文化遗产。在城市更新中，临平区注重对农村传统文化和历史遗产的保护，通过修复和利用，既保留了乡村的历史记忆，又为乡村旅游和文化产业发展提供了资源。五是改善民生。临平区在城市更新过程中鼓励居民参与，尤其是农村居民的意见被充分听取，确保了更新项目能够真正反映居民的需求，为居民创造了宜居宜业的良好环境。

临平以“温情社会 · 共富实践”为理念，将人民日益增长的美好生活需要置于首位，通过文化艺术长廊工程、超山—丁山湖综合保护工程、上塘河两岸滨水公共空间提升工程等有机更新项目实践演绎美好生活，为广大市民带来了充满温情的美好生活场景。同时，临平区在共富城乡领域取得了积极进展，不仅提升了农村地区的发展水平，也促进了城乡居民的共同富裕和社会和谐。

FUTURE

4 展望篇

临平山西侧运动休闲公园实景

4.1 发展研判

城市建设既是贯彻落实新发展理念的重要载体，也是构建新发展格局的重要支点。实施城市更新行动是坚定落实扩大内需战略、推动城市开发建设方式转型、提升人民群众获得感幸福感安全感的必然要求。党的十八大以来，城市更新行动对于建设温情社会、共同富裕美丽家园的重要意义被进一步明确。随着我国城市更新行动的积极探索和广泛实施，中国各地纷纷进入以存量用地开发为重点的有机更新时代。基于此，以内涵式发展为特征的城市有机更新实践成为驱动城市空间高质量发展的重要手段。

纵观杭州临平的城市有机更新历程，不仅遵循了城市的内在演进规律，更体现出我国追求温情社会、共同富裕的实践导向。临平有机更新行动精准对接国家发展阶段与需求，具有地方实践先行、制度创新引领和理论研究伴随的交织互促特征，通过典型实证和工程应用，不仅为临平的温情社会和共富实践注入了持续动力，也为其他国家、地区的更新建设提供了可参考、可复制、可推广的宝贵经验，展现出中国特色社会主义制度的优越性和创新力。

需要强调的是，理论的深化、政策的支持，以及实践的进步正合力推动我国城市转型和更新发展迈向新的阶段。目前，城市更新的焦点已经从单纯修复和改造城市物理环境，转变为对城市生活质量的全面提升，强调“两个文明”协调发展的思想内涵，致力于构建一个充满温度和情感的共富社会。与此同时，城市更新措施已经超越了土地与空间利用的传统范畴，转向深度整合前沿数字信息技术，为城市功能的完善、风貌特色的塑造、公共服务设施的升级等城市巨系统提质增效提供了强有力的支持。此外，在经济发展方面，城市更新实现了从产城分离到产城融合，从财政兜底到城市运营模式的转变，旨在建立土地融资和基础设施投资之间的良性循环和相互促进关系。

在当代中国，城市更新不是一项简单的空间再生产活动，而是被赋予了重要的政治意义，是一项经济、社会、历史、文化和生态环境各方面紧密结合、环环相扣的工作，不仅涉及城市转型发展，也与广大民众的日常生活、情感认同息息相关。中国未来城市治理和创新实践的诸多深层次矛盾问题在城市更新工作上均体现得淋漓尽致。同时中国的城市更新工作具有鲜明的国情特色。这对于无论是从事中国城市有机更新务实工作的行政管理人员、专业技术人员，还是从事相关学术研究的学者来说，既是一个充满挑战的领域，也是一项蕴含着机遇和潜力的事业。

展望未来，我国城市更新实践将继续秉承温情社会和共同富裕的理念目标，以城市建设发展真实需求为牵引，以研发合作、技术协同为实践创新的关键，通过需求拉动行业建设“新质生产力”，逐步提升城市精细化、智能化治理水平，让城市实现更高质量、更有效率、更可持续的发展，让人民享受到更多的城市发展成果。因此，未来城市更新在实现人民城市、智慧城市、韧性城市和共富城市等方面仍具有发展潜力和深远意义。

4.1.1 人民城市

城市更新是民生工程，也是发展建设工程，需要坚持以人为中心，将提高人民的体验度、满意度、获得感作为落脚点，体现出人民城市人民建，人民城市为人民的特性。人民城市的发展问题已经成为当代城市温情社会更新实践的关键议题，强调的是反对无节制的城市扩张和城市功能区的单一化划分，提倡为城市居民提供一个包容性、多元化和兼顾公平的生活环境。

近20年来，随着社会经济的快速发展和物质生活水平的显著提高，人本城市更新研究在实践中得到进一步发展和深化。相关研究从过去注重传统的拆除重建或单个项目的更新改造途径，转向探讨如何衡量和确保城市更新的社会公正和空间的可持续发展策略，涉及文化与精神、生活方式与居民行为轨迹等复杂社会更新。研究方法从传统的空间描述方法转向社会行为文化与物质结构特征相耦合的人本主义方法，尤其关注人们的日常生活需求和参与共建行为。

人民城市是在我国城市发展进入到新的历史时期，成为中国开启现代化进程重要引擎的背景下提出的。2015年，中央城市工作会议正式提出“人民城市”的概念。2019年习近平总书记考察上海时，再次强调了以人民为中心的城市建设理念。人民城市成为中国特色城市发展道路的重大理论和实践命题。当今时代，温情社会发展成为主流，越来越多的人生活在城市，城市更新为谁服务成为最大的民生，这是探索城市高质量存量建设必须解决的“头等大事”。

城市是为人民服务的，规划设计是为人民服务的，关于“人民城市”的温情

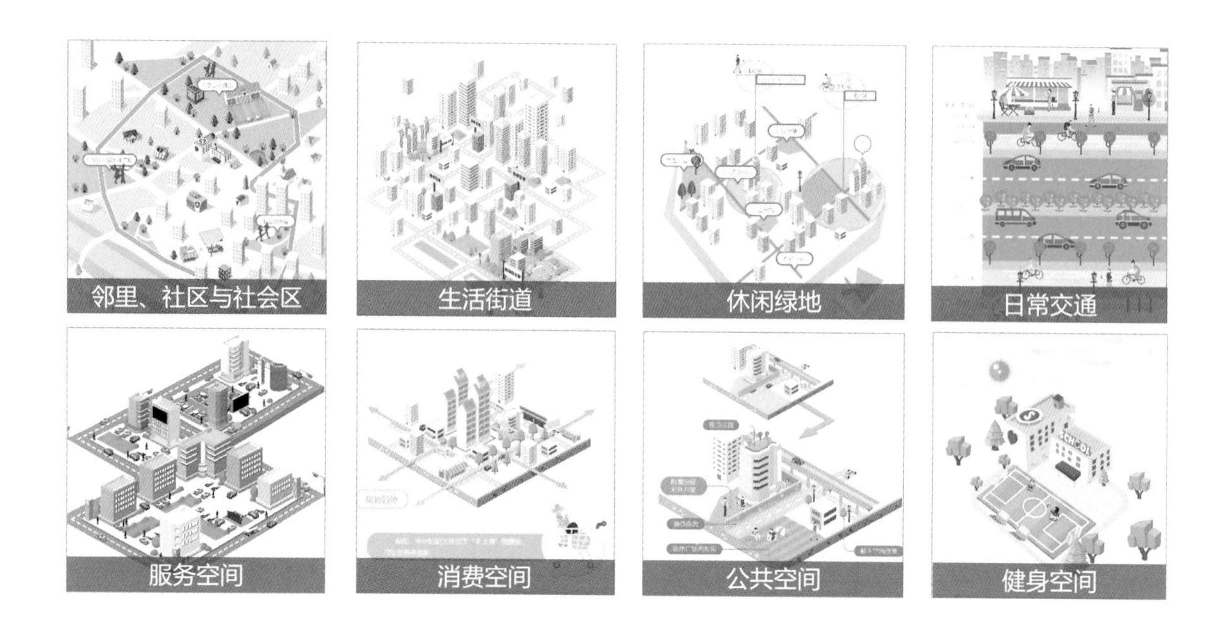

图4-1-1 生活环境

社会更新实践在我国已有持续性的探索。借助先进智能科技的力量，城市更新能够更精准地洞察和满足民众的需求，为每一位市民带来更加丰富、愉悦的生活体验，以及更加舒适、宜居的生活环境（图4-1-1）。在这个过程中，涌现了一系列温情社会内容，包括促进全民友好、实现资源共享和共同建设、推动社区共治和共建美好家园、增强城市活力、提升居住健康、重塑公共空间，以及丰富邻里间的物质和体育活动等。

临平的城市有机更新实践应秉承以人为本的发展理念，以温情社会和共同富裕为主线，构建包含城市环境、城市安全、生活便利、教育文化、社会保障、社会资本、城市资源和城市经济的人民城市评价指标体系（表4-1-1）。通过全面提升基础设施建设、优化人居环境、改善居民生活条件、打造共享空间、弘扬地方文化以及激发城市活力等多维度措施，推动城乡一体化更新要有发展，城市更新要有情感、要有文化、要赋予温度，更重要的是要给它价值，而这正是临平有机更新实践的愿景和初衷。

临平区人民城市指标体系一览表 表 4-1-1

总目标	分目标	主要评价内容
温情社会应具有的指标	城市环境	评价城市的空气质量、生活垃圾处理、生活污水处理、城区绿化覆盖、开放水岸线比重、生态保护情况等

续表

总目标	分目标	主要评价内容
温情社会应具有的指标	城市安全	评价城市的道路交通、火灾等社会治安情况，以及儿童友好环境、适老环境等
	生活便利	评价城市的各项基础设施配套情况，如文化、教育、养老、休闲，以及交通出行条件等
	教育文化	评价城市的教育支出、公共事业、教育事业等
共富家园应具有的指标	社会保障	评价城市的健康、养老、医疗、就业和失业保障等状况，以及社区生活服务、住房服务等
	社会资本	评价城市管理、社群组织、文化运营等状况
	城市资源	评价城市的人均水资源、用地面积、能源排放等
	城市经济	评价人均生产总值、人均可支配收入、财政收入、地区失业率、第三产业就业人口等

由此而言，人民城市是以满足人民群众需求和提高人民生活质量为核心目标的城市建设理念。在城市更新实践中，应充分考虑到人民的福祉和需求，确保城市环境、社会结构、经济活动和文化生活的健康有序发展。为全面贯彻“人民城市”理念，牢牢把握“争当表率、争做示范、走在前列”的使命与要求，深入分析社会参与的融合包容、公共空间的福祉改善和文化身份的塑造形成等人民城市关键特征，对于科学实施城市更新、提升温情社会建设水平、满足人民日益增长的美好生活需要具有重要意义。

（1）社会参与的融合与包容

人民城市的首要特征是社会参与和包容性。一个真正的人民城市，应当保证所有居民不论其经济状况、社会背景或文化身份，都能在城市规划和发展决策中拥有声音和代表权。这意味着政府和规划者必须采取积极措施，通过工作坊、公开会议、在线平台等多种渠道，鼓励并促进广泛的居民参与。社会包容性还要求城市规划能够满足不同群体的需求，例如提供足够的可负担住房、无障碍公共空间和多元化的教育资源，确保每个人都能享受城市生活的福利。

（2）公共空间的福祉改善

公共空间的福祉改善同样是构建人民城市的重要特征。优质的公共空间如公园、广场、图书馆和社区中心等，不仅成为人们休息、文化交流和社交的理想场所，而且在增强社区的凝聚力、丰富文化多样性、推动温情社会发展等方面发挥了关键作用。公共空间的更新设计应既注重美观性也强调实用性，以满足不同年龄、兴趣和能力人群的需求。同时，更新设计过程中应充分考虑环境的可持续性，通过实施绿化、节能等环保措施，为城市创造清洁的空气条件和舒适宜人的微气候环境，从而提升整体的居住质量。

（3）文化身份的塑造形成

文化遗产保护和城市身份塑造是人民城市不可或缺的另一要素。城市不仅是居住和工作的场所，也是历史、文化和记忆的载体。通过实施保护和恢复历史建筑、街区和地标的城市更新策略，城市能够保持其独特性和连续性，同时增强居民的归属感和自豪感。通过对文化遗产的活化再利用，例如将废弃仓库转变为艺术展览空间或社区活动中心，不仅能够保留城市的历史记忆，还能迎合现代城市生活的需求，从而丰富城市文化景观，进一步激发温情社会的活力和创造力。

综上所述，基于“人民城市”理念的城市更新，其关注点超出了简单的物质环境改善，更加强调社区的参与度、文化遗产的保护、公共空间的质量提升以及社区支持网络的构建，旨在打造一个更宜居、更包容、更活力的温情社会环境，真正达到以人为核心的城市更新目标。这个过程需要城市规划师、工程师、政府部门以及社会各界的共同协作，持续探索城市更新实践创新的思路和方法，更好地服务于社会的全面发展。

4.1.2 智慧城市

习近平总书记在党的二十大报告中指出，实施城市更新行动，打造宜居、韧性、智慧城市。信息化、数字化和智能化技术的不断进步，带来了产业升级和变革的新浪潮、智慧城市建设的新路径。智慧城市具有高效率、高质量和高可持续性的特点，已经成为推进全球城镇化、提升城市治理水平、破解大城市病、提高公共服务质量、发展数字经济的重要举措。

临平的城市有机更新实践，以“数字经济+新制造业”双引擎为驱动，以“数智临平・品质城区”为目标，以“设计+”“数字+”“科技+”为依托，带动了地区产业的深度转型、新型产业的蓬勃发展，为高质量推进共同富裕新篇章贡献了重要力量。相关实践不仅着眼于产业结构的提质升级，还致力于通过科技创新引

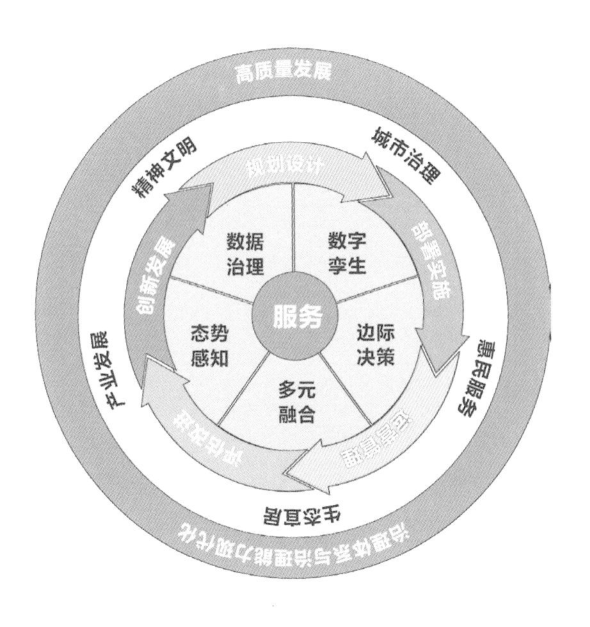

图4-1-2 智慧城市基本原理（图片来源：国家智慧城市标准化总体组. 智慧城市标准化白皮书（2022版）[R]. 2022.6）

领城市建设向开放性、协同性和服务导向性的发展模式转变，深刻体现了对智慧城市理念的坚定追求和贯彻执行的决心。

临平智慧城市建设通过先进的信息技术和物联网技术，以城市为载体，集成城市各领域的信息资源，优化城市基础设施和公共服务，增强城市可持续发展能力的现代化城市，包括数据治理、数字孪生、边际决策、多元融合和态势感知5个核心能力（图4-1-2）。在建设过程中，智慧城市通过城市大数据的采集、分析和处理，实现城市各项事务的智能化管理和决策，促进温情、共富的城市发展模式，涵盖交通、能源、环保、安全、教育、医疗等多个领域，全面提升城市各方面的管理水平和公共服务能力。

纵观智慧城市的发展，2008年底，智慧城市概念诞生。2009年开始，中国的智慧城市建设和发展正式拉开了帷幕（图4-1-3）。智慧城市的服务对象、服务内容非常广泛，但核心主线是“利用信息通信技术”提升城市服务品质。客观地看，中国这些年来城市更新领域的智慧城市发展探索仍然处于起步阶段，面临着定位不清晰、形式智能、决策偏误、功能不一四个方面的挑战。

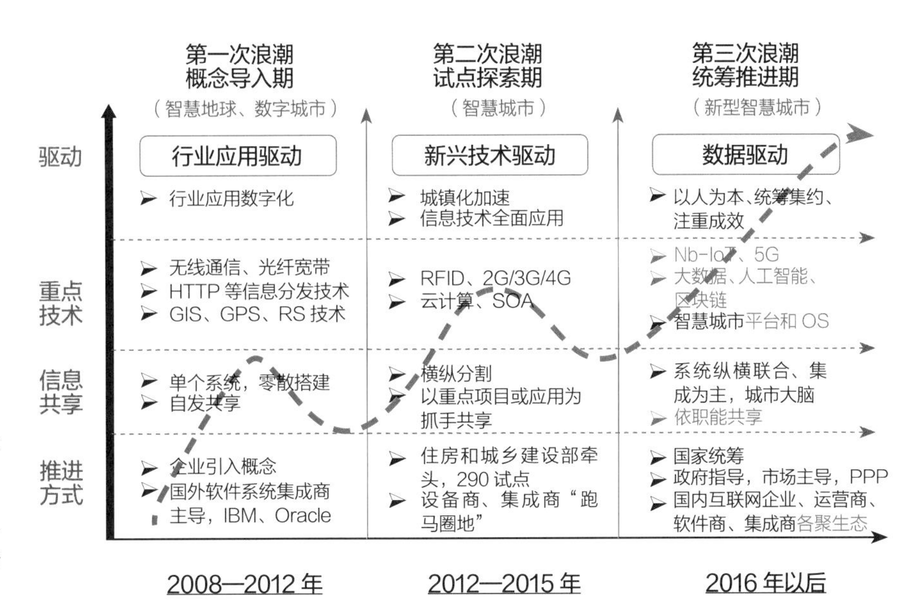

图4-1-3 智慧城市建设三次浪潮（图片来源：中国通信院. 新型智慧城市发展研究报告[R]. 北京：中国信息通信研究院，2019.10）

1）智慧城市规划的定位不清晰，偏重信息化规划，在协同联动共富经济发展规划和城市更新行动方面考虑不足，并缺少跨学科理论和多模型的数字化工具支撑。现行的城市更新智慧评估体系和标准规范滞后于行业发展，无法及时、动态、科学地评价智慧城市更新运营态势，对长期可持续发展的细节关注度不够。

2）很多“智慧城市大脑”只是形式智能，而非实质智能，尤其缺乏对城市存量建设中存在的非线性（Nonlinearity）和因果性（Causality）等关联性问题的本质理解，城市更新智慧决策更多依赖于决策者的经验，没有形成真正的智能化。同时，没有足够的模型工具对智慧城市架构和功能进行前瞻性的论证和验证，没有从技术集成应用、产业链耦合和商业模式创新等角度思考城市的更新建设，容易造成投资失败或运营事故。

3）智慧城市在更新决策过程中存在一定程度的偏误，这主要源于城市更新的设计者和建设者对城市各行业的业务逻辑和产业思维缺乏深度了解，过于依赖个人经验和能力，主观性误差较大。同时，智慧城市中的城市更新实践缺乏可持续性的动力机制和长效的运营发展模式，亟待构建互联互通、信息共享、业务协同的高效运作体系。

4）智慧城市的创新功能良莠不齐，存在较多的新概念和话术包装，缺乏前瞻性和现实性兼备的城市更新产品和应用。同时，智慧城市项目和系统的软件质量参差不齐，架构和源代码编写效率不高，软件运行质量不高，难以有效对接城市更新的实践工程项目，亟待开发智慧城市相关的城市更新标准化流程，并实施严格质量管控，确保城市更新项目能够充分利用智慧城市技术，提高项目执行的效率和效果。

从基础设施建设角度看，宽带网络、智能交通、智慧供水、智能照明等一系列基础设施建设构成智慧城市发展的骨架，为城市居民提供高效便捷的生活环境。从产业发展的角度看，智慧城市建设要结合当地实际情况，发展数字经济，鼓励互联网企业、人工智能企业等新兴产业的发展，推进城市经济的新型化和智能化，为实现区域内的共同富裕提供强有力的支持。

过去的20年是中国互联网产业、应用、技术不断惊艳世界的20年。未来20年，抓住发展机遇，与时代同频共振，城市智慧化将持续惊艳世界。在城市更新的背景下，未来智慧城市建设发展呈现出注重基础设施建设和产业发展新型化的趋势。这两个方面相辅相成，为构建温情社会和实现共同富裕提供重要前提，以城市更新行动共同推动智慧城市向更高层次发展。

因此，要在城市更新过程中实现智慧城市发展目标，未来需要把握智慧城市建设赋能城市更新的多方参与机制、搭建创新开放和模块化技术平台以及优化未来城市服务与生活体验运营的能力，旨在通过技术创新和社会参与，提升温情社会的智能化水平，激发共富产业发展活力，持续增强城市的建设效能和居民的生活质量。

（1）赋能城市更新的多方参与机制

在智慧城市建设过程中，多方参与是至关重要的一环。多方参与意味着政府、企业、学术机构、社会组织等主体共同参与城市更新的决策、规划和实施过程。在多元参与的框架下，各方得以共享资源、信息和知识，通过合作解决方案来应对城市更新中遇到的挑战，携手促进温情社会和共富实践的科技进步。

政府在智慧城市建设中扮演着核心的角色。作为城市发展的主导者和规划者，政府部门负责制定政策、规划城市发展蓝图、提供基础设施支持，并监督城市更新的进行。政府的引导和监管为城市更新提供了制度保障和物质支持，确保了整个过程的合法性和可持续性。

企业是智慧城市建设的重要推动力量。科技企业可以利用一系列数字信息先进技术，包括物联网、人工智能、大数据分析等技术，为城市提供智慧交通、智能安防、智慧环保等方面的智能化解决方案。同时，传统行业企业也可以通过技术创新，为城市更新提供更多元化的实施方案。

学术机构在智慧城市建设中发挥着关键作用。高等教育机构、研究中心以及其他学术机构能够提供最新的科研成果和尖端技术，为智慧城市的规划、设计及实施提供坚实的理论支撑和专业指导。同时，学术界还可以与政府和企业合作，共同开展有关智慧城市的研究项目，促进科技创新和知识的共享。此外，学术机构通过人才培养和跨领域合作，为智慧城市的持续进步提供人力资源保障。

社会组织和市民也应当积极参与智慧城市建设。社会组织可以代表公众利益，监督城市更新和智慧城市项目的过程实施，促进公平和民主参与。而市民作为智慧城市的最终受益者，应当积极参与城市建设，提出自己的需求和建议。自下向上的智慧城市实施模式不仅有助于提高城市规划和服务的针对性和有效性，还能增强市民对更新建设成果的认同感和满意度。

智慧城市的成功建设离不开多方的积极参与。为此，城市更新项目应通过数字平台和社交媒体，鼓励居民提供反馈和建议，参与到城市规划和决策过程中。通过智能手机应用和在线服务，城市更新项目也可以提供更加个性化、实用且便利的服务。以智慧城市建设赋能城市更新多方参与机制，可以让人民群众更加感受到城市的开放性和包容性，让城市更加宜居、更有温度、更显情感。

（2）搭建创新开放和模块化技术平台

创新开放和模块化的城市更新技术平台是智慧城市的核心驱动力。创新开放的技术平台意味着平台能够应对不断变化的技术发展和日益复杂的城市更新挑战。同时，模块化的平台架构允许各个组成部分独立开发和升级，便于快速、精准地解决特定的城市更新实践问题。相关技术应用不仅可以为城市管理者提供更多元化的选择，也能够丰富城市居民的生活体验。

创新开放和模块化的城市更新技术平台将成为城市更新项目的标配。该平台能够轻松集成新的技术和服务，例如城市信息模型（CIM）、地理信息系统（GIS）、物联网系统（IoT）、神经网络智能决策等，通过关联温情社会、共富实践领域的城市更新变量，表达和管理城市二维、三维空间，为城市更新建设的问题识别和优化决策提供有效支持。同时，平台提供开放的接口和标准，使得不同厂商的技术和服务可以在平台中无缝对接，从而促进功能互补和资源共享，提升城市更新项目实施操作的灵活性和扩展能力，吸引更多的创新者和开发者参与城市更新项目。

创新开放和模块化的城市更新技术平台将促进城市更新数据的共享和利用。通过创建统一的数据平台，城市管理者和决策者可以获取、存储和管理不同来源、不同格式、不同维度的城市更新所需数据，引用数据库、知识分享平台、网络开放数据、行业大数据、专家智库、标准、规范、导则等温情社会、共富实践领域的信息，以更全面地了解城市更新的建设运行情况。

创新开放和模块化的城市更新技术平台将提高城市更新的智能模型计算能力。未来城市平台模型将涵盖多个功能模块，包括城市总体更新、城市交通管理、城市公共安全和应急管理、社区提质、资源承载调控、污染调控、社会资源优化调控、基础设施调控、人口研究等。平台通过模型的迭代训练，快速识别城市更新环境中的关键因素，从而科学、高效地引导相关工程实践，提升城市更新的整体智能水平和内在价值。

然而，要实现开放和模块化的城市更新技术平台，仍需面对并克服一系列涉及技术、管理及政策层面的挑战。首先是技术标准的制定和统一，这需要各方共同努力，建立起适用于城市更新项目的统一标准和接口；其次是数据安全和隐私保护的问题，需要采取一系列有效的安全措施和管理措施，以保护公民的个人信息和隐私权利；最后是管理机制和政策体系的建设，需要建立健全的城市管理体系和政府监管机制，确保城市更新项目的合法性和可持续性。

（3）优化未来城市服务与生活体验运营

优化城市服务与生活体验运营是智慧城市发展的关键方向。智能交通系统、智能电网和建筑自动化技术、智能环境监测系统，以及全生命周期创新应用场景等数字智能基础设施和服务的运用，能够更新城市的运作模式和居民的生活方式，这意味着城市居民可以享受到更加便捷、高效且舒适的生活体验，同时也能够实现城市资源的更合理分配和利用，体现出温情社会、共富实践的核心价值。

智能交通系统的部署可以优化城市交通流量，减少拥堵和交通事故。通过物联网技术，交通信号灯、路边摄像头等设备实现交通信息的互联互通，实时监测和调整交通信号，以适应道路上的实际情况。通过整合先进的人工智能算法，智能交通系统能够精准预测交通流量，并据此进行优化调度，显著提升道路利用率及通行效率。

智能电网和建筑自动化技术的应用可以提高能源利用效率，减少能源浪费。通过物联网技术，能源设备和建筑系统可以实现远程监控和智能调节，根据不同时段和用电需求进行灵活调整，达到节能减排的目的；结合大数据分析，能够对能源消耗进行精准预测和优化管理，进一步提高能源利用效率，降低运营成本，推动城市能源变革。

智能环境监测系统的应用可以改善城市生态环境，保障居民的健康和安全。通过部署传感器网络和大数据分析技术，实时监测城市更新中的空气质量、水质状况、噪声水平等环境参数，及时探测污染源和环境问题，并采取相应的措施进行调整和改进，逐步解决城市生态失衡、热岛效应、噪声污染、空气质量恶化等“城市病”。

未来城市服务与生活体验运营正通过一系列创新措施实现质的飞跃。智能交通系统的部署有效缓解了交通压力，智能电网与建筑自动化技术的应用显著提升了能源使用效率，而智能环境监测系统则在城市生态环境保护方面发挥了重要作用。系列措施共同构成涵盖“咨询+规划+深度设计+建模+仿真+评估+反馈迭代+建设+运营”的全生命周期场景服务过程，不仅实现了咨询、规划、交付、运营一体化体系融合，还通过全景式人工智能深度赋能，为城市更新的创新服务与运营体验提供技术支撑。

综上所述，智慧城市的发展正是城市更新理念转变的体现，强调由基础设施建设的“硬需求”，向更加注重生活环境质量的“软需求”转变；由简单的“生存”需求，向全面的“发展”要求转变。从宏观角度看，智慧城市是实现共同富裕、构建温情社会、改善人居环境的重要保障；从微观角度看，它关乎每一个市民的生活品质与幸福感。通过更多的数据汇聚、经验汇聚和方法汇聚，智慧城市能实现更好的温情社会和共富实践感知、协同、洞察和创新，推动城市更新模式突破、治理模式突破、产业模式突破、服务模式突破和发展理念突破，发挥智慧的真正价值。只要科学施策，循序渐进，久久为功，城市一定会更加美好。

4.1.3 韧性城市

随着城市人口的快速集聚，城市经济社会发展水平不断提升，城市正在向类似生态系统的“自适应复杂系统”方向演进，成为人和物高密度集聚、高频次互动的复杂巨系统，既有精密性、高效性，又存在着一定的脆弱性，城市安全的不确定性日益增加。在此背景下，如何有效融合各类新技术，实时测量、深入分析、精准管控和及时响应各种环境变量和突发情况，实现城市灾害精密预警，打造安全、韧性的温情社会和共富家园，已经成为当前城市存量更新建设的核心任务。

党的十九届五中全会首次从国家战略的高度提出建设海绵城市、韧性城市。党的二十大要求，提高城市规划、建设、治理水平，加快转变超大特大城市发展方式，实施城市更新行动，加强城市基础设施建设，打造宜居城市、韧性城市、智能城市，建立高质量的城市生态系统和安全系统。繁荣共富、智能便捷、温情宜居，是城市发展追求的目标，建设具有较强风险抵抗能力的韧性城市，充分保障人民生命财产安全，是城市发展建设的应有之义。

广义上的韧性城市，是指城市在面临经济危机、公共卫生事件、地震、洪水等袭击，突发“黑天鹅”事件时，能够快速响应，维持经济、社会、基础设施、物资保障等系统的基本运转，并具有在冲击结束后迅速恢复，达到更安全状态的能力。在城市规划与建设领域，韧性城市概念最初主要是指城市在面对飓风、洪水等自然灾害时，城市基础设施系统能够有效抵御灾害冲击，避免发生内涝、断电、断水、交通瘫痪等情况，并有在灾后迅速恢复正常运转的能力。

联合国《2030年可持续发展议程》的17个可持续发展目标中，目标11是“建设包容、安全、有抵御灾害能力和可持续的城市和人类住区”（图4-1-4）。与此同时，全球正遭遇气候危机的挑战，使得世界范围内的城市面临着前所未有的

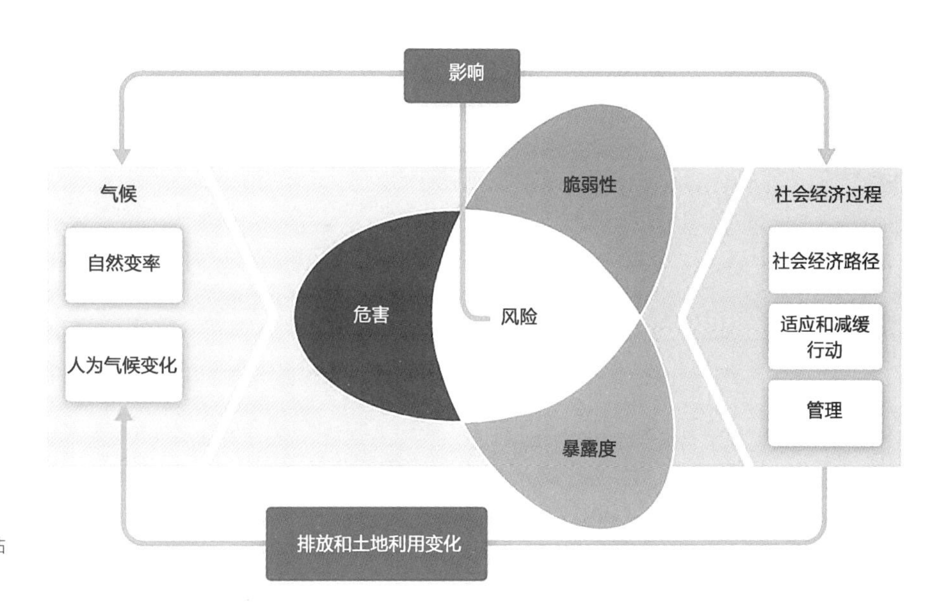

图4-1-4　联合国韧性风险评估框架

防灾减灾压力。自然灾害的频发、人类在资源开发中的不合理行为，以及人口及财富的集聚化趋势共同加剧了城市灾害的风险和影响。因此，防范、化解城市运行中的风险，提高城市韧性日益重要而迫切。

21世纪初，西方兴起了韧性城市规划与建设的浪潮。全球多个城市依托韧性城市的理念，纷纷推出了旨在增强城市安全韧性的规划方案。例如，美国为应对飓风威胁，收集飓风路线相关数据，建立飓风预测模型，并对该地区未来可能发生的飓风频率、海平面上升水平指数等进行测算；伦敦发布《城市气候变化适应战略——管理风险和增强韧性》，以提高城市应对极端天气事件的能力和市民的生活质量；日本东京打造常态化、系统性的防灾减灾韧性城市，制定关于地震、暴风雨和洪水等自然灾害的防灾措施等。

2018年，我国出台《关于推进城市安全发展的意见》。随后，国务院安全生产委员会牵头开展安全发展示范城市创建与评价工作，城市韧性建设在我国开始大规模实践。北京、上海将“韧性城市”建设纳入新一轮城市总规划，搭建韧性城市规划的技术框架，为韧性城市建设和综合风险防控提供理论依据和技术支撑；深圳市发布城市安全韧性空间规划，推动公共安全治理模式向事前预防转型；国家自然科学基金委员会配合“千年大计”和国家雄安新区建设，启动了“韧性雄安”应急课题；黄石、德阳、海盐和义乌入选了洛克菲勒基金会“全球100韧性城市”等。

在实践过程中，以临平为例，其着力提高“城市更新”效能，在城市韧性监测和监管、完善与优化城市民生服务功能、消除与改造既有建筑安全隐患、重塑城市消极空间、保护与修复城市生态空间，以及转型升级低效产业用地等方面取得阶段性进展。然而，城市更新往往需要前瞻几十年，而且投资大、周期长、见效慢、组织管理复杂，亟需以温情社会和共同富裕为核心，构建未来城市安全韧性系统，确保城市更新工作能够应对各类风险，并在高水平的安全韧性基础上推动城市更新建设迭代升级。

未来城市安全韧性系统包括事故模拟、风险评估、监测预警、应急指挥、避难疏散场所通道等诸多要素，由城市安全韧性系统和城市应急救援能力体系两大部分组成，并细分为城市基础设施、房屋建筑、重点建设地区、公共安全设施、信息平台、应急救援、社会治理等组成（图4-1-5）。系统涉及多方面的技术、策略和管理手段的整合，旨在提高城市的适应性、恢复力和长期

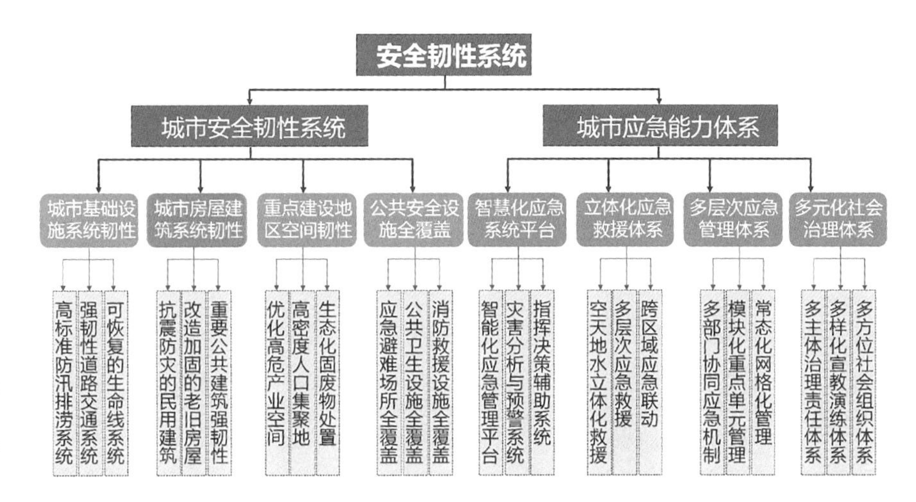

图4-1-5 城市安全韧性提升的实践方向
（图片来源：万汉斌. 可持续的安全韧性城市［EB/OL］）

可持续性。从全局的视角考量，城市更新以温情社会和共同富裕为目标导向，重点关注城市韧性的空间规划、组织先行、类型适用和技术韧性这四个维度。

（1）空间规划

在空间规划维度，应将韧性城市理念完全体现在城市更新中。空间规划维度还体现在工程层面，韧性城市必须在工程方面具备相对的冗余性，即水、电、气、暖、通信、交通等城市的基础设施具有一定的抗风险能力，在经历灾害风险后依然能保持一定的功能水平，不影响正常运行或者在抵御冲击后快速修复，正常为城市居民提供基本的公共服务。

（2）组织先行

韧性城市建设离不开有力的组织保障。一方面，韧性城市实践路径具有复杂性，需要专门的组织即政府部门与相关的职责机构进行顶层设计与统一领导。组织先行是韧性城市建设的根本保障，离开组织先行的维度，韧性城市作为一个重大战略任务将难以实现。另一方面，从韧性城市的概念特征出发，韧性城市建设必然是系统性与整体性的，这就需要在城市更新中坚持系统观念与全局观念，重视跨区域、跨部门、跨专业的协同合作，增强组织、调度、决策的应急能力，实现温情社会和共富实践信息资源的有效共享，确保韧性城市建设目标更具针对性。

（3）类型适用

历史城区、低品质住区、老旧产业区等不同类型城市更新地区的安全韧性基础条件、灾害风险抵御能力和暴露度不同，对安全韧性的提升要求也各不相同。应建立针对不同类型，适应不同改建、利用和保护要求的更新方式，提高地区安全韧性的策略、规划控制要求和设计方法。同时，尽快研究并建立城市更新的分灾种、分领域、分专业以及综合性的技术标准规范体系，将城市体检、城市安全韧性以及城市安全更新建设密切结合起来，并发展出支持城市更新的建筑、技术和管线材料与设备，持续提高温情社会和共富实践抵御、消解、适应不确定风险的能力。

（4）技术韧性

技术韧性维度与智慧城市更新建设相关联。在城市更新行动实施中，对城市可能出现的风险灾害进行评估，打造城市防灾减灾智慧信息平台。城市风险预警、形势研判、信息共享、应急决策智能化水平的提高都离不开技术的支撑。韧性城市建设是系统工程，城市物联网的应用使各个角落的智能点都成为信息采集的终端，能够对温情社会和共富实践运行中存在的风险进行全方位、无死角的实时监测，这为全方位韧性城市建设与精细化治理带来了可能，也为后续的城市更新风险研判、韧性评估和科学决策提供基础。

“韧性”意味着可以被调整，具有弹性和适应性。我国当前的韧性城市还是碎片化的、静态的、被动的，未来一定是系统的、动态的、主动的。通过城市更新实现规划、建设、管理全生命周期韧性发展的高效协同，从而使城市更新在风险和不确定性中创新转型、不断成长。城市的发展伴随的不仅有繁荣，也有灾难。事实上，每一次灾难都对城市风险应对提供了积极的“刺激”，并带来城市结构的重塑、空间格局的优化及城市文明的进步。城市的韧性主要体现在两个方面：一是危机来临时能否科学应对，二是应对之后能否快速恢复。这不仅体现出温情社会的人文关怀和社会凝聚力，还反映出城市在追求共同富裕中的包容性增长，确保所有市民都能从韧性城市建设中受益。

4.1.4 共富城市

“共富”具有鲜明的时代特征和中国特色，要求在经济、社会、文化、生态等多个方面实现全面发展和进步，让发展成果更多更公平地惠及全体人民。在城市发展中，提升城市的经济、社会和生态发展效益最终体现为共享共富的城市空间均衡，城市基础设施的改善，基本公共服务均等化，形成均衡融合的协调发展格局。

随着全球范围内城市化水平的提升，城市成为经济增长的重要引擎，但其发展不平衡不充分问题仍然突出，区域发展和收入分配差距较大。我国已经进入“城镇化”的下半场，如何在城市存量发展阶段，提升国内经济内循环动力，推动城市高质量发展的同时确保人地关系和谐，强化城市融合与均衡发展结构，实现城市共同富裕是亟待讨论的重要命题。临平在城市更新实践中，率先发布镇街级共同富裕指标体系，吹响“共同富裕”建设号角，开展特色小镇和未来社区规划建设，高水平打造共富城市基本单元。通过科学统筹生产、生活、生态三大空间，积极构建“临平服务—临平技术智造—大运河生态”的产业体系，优化产业链空间布局，加强产业平台整合提升，在形成服务型制造引领的产业发展格局中努力提升临平城市面貌、推动经济高质量发展。

过去40年，中国城市发展主要依靠土地金融（Land Finance），房地产行业在财富增长的大道上一路狂飙。然而，自2021年起，房地产市场的急剧萎缩，给依赖土地融资的城市更新模式画上了休止符。城市更新作为一项系统性工程，具有资金需求大、涉及利益主体多、规划程序复杂、开发周期和收益回报不确定等特点，对执行主体的融资、投资能力提出了较高要求。城市更新需要在挑战中寻找新的发展路径，既要着眼于经济效益的提升，也要充分考虑社会福祉与生态环境的可持续性。坚持将城市更新作为推动经济社会发展的重要手段，完善城市空间和功能，以产促城、以城兴产，提升城市机能活力，引领区域协调发展，以城市更新促进共同富裕。城市更新过程中，无论是老城更新和新城品质提档双轮驱动，还是根据市场规律和城市发展需求优化再配置资本、土地等资源要素，抑或推动绿色低碳技术的应用和环境友好型产业的发展，都是为了构建一个共同富裕的城市，实现人的全面发展和社会的全面进步，共享改革发展成果和幸福美好生活。

与此同时，土地金融在城市化第一阶段的巨大成功，很容易让城市政府产生路径依赖——继续通过土地融资完成城市更新。在他们看来，只要更新后的建设面积能增加，总是可以覆盖完成产权重置所需的成本，这就是所谓的“增容”。但增容所得并非“无偿”获得，而是需要对应新增公共服务。如果在公共服务数量不变的条件下，提高了改造后的容积率，就意味着原来业主的所有者权益被稀释了，同样的学校、医院、公园、道路等要容纳更多的消费者，导致公共服务“拥挤”和效用下降。

此外，城市更新工作的复杂性主要表现为涉及多样化更新对象、多元化利益主体，而且要实现多方利益协调和再分配。众所周知，我国现行规划建设管理制度基本上是适应外延扩张型城市化进程而建立起来的，尤其是应对当前增存并重的新形势，相关产权制度、规划管理制度、标准规范、商业模式等已难以适应，且城市更新过程中产权重整、空间管控、建设行为管理和综合效益实现等难题亟待破解，有待打破既有经济依赖模式，探索新的共同富裕体系创造。

展望未来，中国共富城市发展将更加注重城市更新的策略性推进，充分协调城市更新与城市资源之间的可持续、包容和增长关系（图4-1-6）。这一进程将在融资模式创新、回报机制建立和城市品牌打造三个重点领域发挥其积极作用，全面推动城市存量资源的优化配置和经济内循环活力的持续迸发。

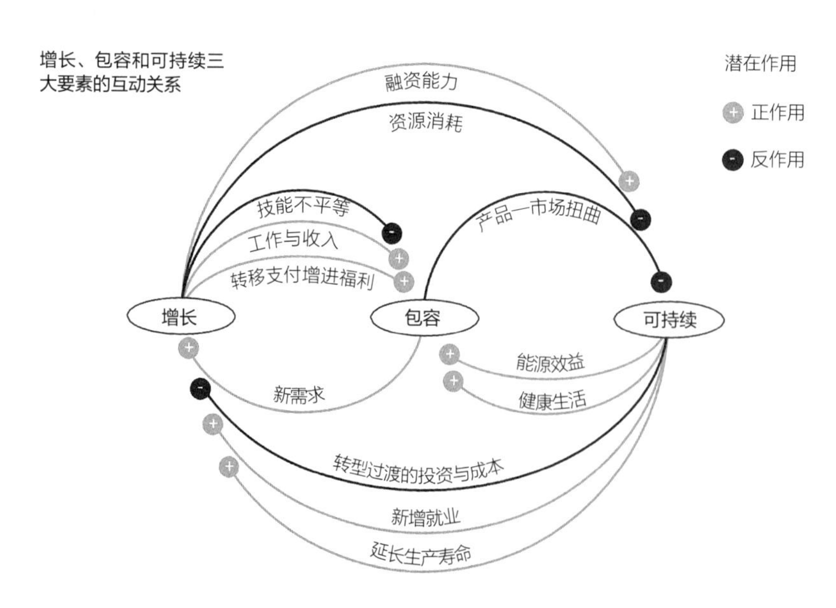

图4-1-6 经济增长、包容和可持续
（图片来源：Bob Sternfels，Tracy Francis，张海濛，等. 未来的生活与生计：可持续、包容、增长缺一不可［EB/OL］）

增长
如果没有增长，我们何以实现繁荣、安康？如何负担经济可持续、包容转型的成本？

包容
如果没有包容，民众缺少机会高效工作、安居乐业，如何能确保有足够的需求推动增长？

可持续
如果没有可持续发展，我们如何为当代人及子孙后代打造长久增长？

（1）融资模式创新

创新的融资模式为城市更新项目提供有效的资金保障。城市更新项目的投融资模式应逐渐从政府主导转向多元化、市场化探索。社会资本参与改造投资后面临的盈利和投资回报困境，是制约社会资本参与的核心因素。为了缓解社会资本的投资压力、减少投资风险、确保改造项目成本与收益之间的资金均衡，以及增强社会资本的参与动力，有必要构建以公共投融资激励、运营激励为核心的融资模式。

公共投融资激励是指政府或相关部门为了调动社会资本的积极性，促进公共项目的投资和建设，采取的一系列政策措施和机制安排。公共投融资激励在资金平衡中的作用类似于“节流”，主要采用金融财税等调控手段，重在降低和缓解资金平衡的难度和压力，包括融资、信贷、基金、证券化支持等方式的创新，政府多渠道让利（税务的减免递延、反哺等机制），财政奖补或专项资金支持等。

运营激励更侧重于“开源”，是指在产品运营过程中，为了提高用户的活跃度、忠诚度和参与度，采取的一系列策略和措施。运营激励通过运营权分离，定向赋予社会资本一定收益期权，以此激发社会参与和投资的积极性，其主要手段为收益空间的用途调整、增容、开拓。此外，运营激励还涉及服务和管理方面的优化，包括赋予社会资本基础物业管理、有偿社区服务和商业服务等经营收益权等。积极支持符合条件的特许经营更新建设项目发行基础设施领域的不动产投资信托基金（REITs）。

在投融资实施过程中，城市更新项目实施机构应会同有关方面对项目运营情况进行监测分析，开展运营评价，评估潜在风险，建立约束机制，切实保障公共产品、公共服务的质量和效率，坚决遏制隐性债务增量，妥善处置和化解隐性债务存量。同时，将社会公众意见作为城市更新项目监测分析和运营评价的重要内容，加大公共信息公开力度，按照有关规定开展绩效评价，提高城市存量更新项目的建设运营水平。

（2）回报机制建立

高效的回报机制能够有效提升城市更新项目的吸引力，通过精准的市场定位、灵活的营销手段和合作的回报机制，激发投资者和消费者的兴趣，从而带动相关产业链的发展，提升共富城市的整体效益。城市更新项目的回报机制可以分为政府主导、政府和社会资本合作2种类型。

第一类是政府主导型，其特点是地方政府直接动用财政资金对城市更新项目进行投资。这种投融资回报机制的优势在于推进快、利于监管，但同时也存在一些不足之处。例如，城市更新项目一般投资巨大，而财政资金总量有限，可能会导致“挤出效应”的发生。因而，政府主导型的回报机制更加适用于那些资备更新完善、历史风貌保护活化类的城市更新项目。

第二类是政府和社会资本合作型，应全部采取特许经营模式实施，优先选择民营企业参与，根据城市更新项目实际情况，合理采用“建设—运营—移交（BOT）”“转让—运营—移交（TOT）”“改建—运营—移交（ROT）”“建设—拥有—运营—移交（BOOT）”“设计—建设—融资—运营—移交（DBFOT）”等具体实施方式，并在更新建设合同中明确约定建设和运营期间的资产权属，清晰界定各方权责利关系。该类型限定于有经营性收益的项目，主要包括交通项目、市政项目、环境治理项目、社会项目、新型基础设施项目，以及盘活存量和改扩建有机结合的项目。

（3）城市品牌打造

城市品牌（City Identity/ Image Property，IP）的建设是城市更新中不可忽视的一环，也是市场化社会背景下扎实推进共同富裕的现实路径。城市的价值意义可以借助符号来抽象地、虚拟地理解，而城市品牌正是自然、历史、文化等城市要素在发展进程中形成的具有识别性和竞争性资源的外在体现（图4-1-7）。通过大型活动、文化宣传等软件先行、硬件设施协同补充、民间活动后续加入的渐进式更新方式，城市可以避免大规模硬件设施开发对环境资源、社会资金造成的巨大消耗，逐步塑造和增强城市品牌的影响力，积累人力资源和社会资本。

图4-1-7 城市品牌构建

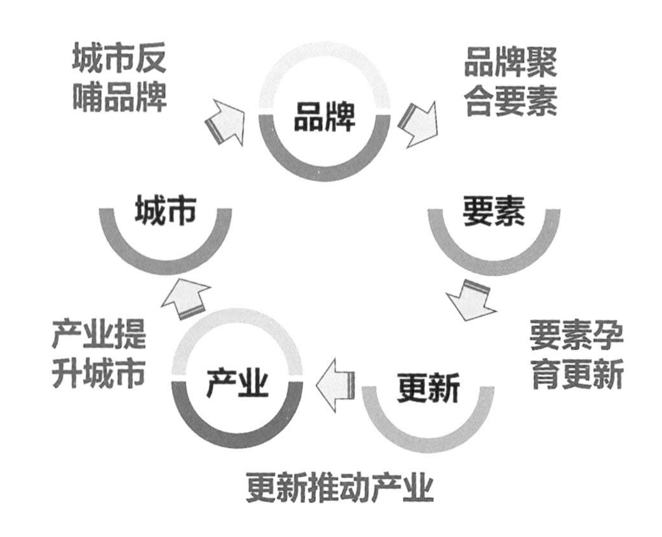

城市品牌的构建深植于精准的城市需求分析与策略性规划之中，助力地方政府明确更新

产业转型和共富城市发展方向。在此基础上，政府机构组建城市更新基金和共富产业引导基金，精准匹配和引导“人—城市—产商—运营商”资源，将全新内容注入物理空间，创造新的城市环境，从而迭代城市发展方式，对于强化更新建设行业发展的协调性，构建共富产业相互依存、相互促进的发展生态发挥重要作用。

由于城市品牌塑造具有综合性和长期性，不仅需要政府的引导和支持，更需要社会各界的积极参与和主动贡献。为了实现这一目标，应当组建完善有序的行政支持组织和法治环境，通过向社区基层让渡决策、协调和管理权力，培育城市更新的多元主体参与和社会资本，建立社会多元主体愿意自主参与、合作与互动的共治体系，使得城市更新和品牌塑造的经济社会成效得到延续，对于增强城市发展的平衡性，实施共富城市协调发展战略具有基础性价值。

综上所述，城市更新融汇了社会、经济、自然环境和物质空间的全面复兴和可持续发展，从而使城市变得更有活力和竞争力，这是一个永续的过程，也是当今我国持续推进共富城市的关键举措。城市更新作为共富城市发展模式的重要组成，叠加上融资模式创新、回报机制建立和城市品牌打造等经济循环手段，形成多点链式突破、交叉融合渗透的态势，将不断增强共富城市提质增效的内生动力。

4.2 临平展望

漫步临平，老居民和新青年擦肩，老记忆和新生活并存，老小区和新社群共处，烟火气息和时尚产业同行。杭州临平的城市更新，是带着温情的，是真实体现“人”的需求的，同时又是全体人民共享发展成果的，体现着民生福祉全面提升。杭州临平的城市更新超越了单纯的物理空间重塑，并在创新发展中更深层次地融入老有颐养、幼有善育，萌发新生机、注入新活力，展现出一幅“温情社会·共同富裕”的崭新画卷。

时至今日，临平已经开展了“三路一环”“全域美丽”“老城更新”“共富单元”“靓城行动”“山水慢行”等多元化城市更新行动。实践的持续探索与制度的不断创新，体现了临平在城市更新领域的不懈努力和进步。临平的城市更新进程从最初关注于空间形态布局、打造“城市封面”的城市规划设计，演进为2.0产城融合模式。这一阶段不仅重视智能制造、数字时尚、城市品牌等共富产业的引入和培育，而且强调城市民生、城市管理、资源利用、文化传承和科技创新的渐进式有机更新，共同促进了城市独特魅力与温情社会品质的显著提升。

眼下，临平正持续推进3.0未来社区的城市更新建设，以人本化、生态化、数字化为价值导向，全面落地未来社区的邻里、健康、教育、交通等九大场景，一幅以人为本、数字赋能、向美而生的温情社会和共富实践发展蓝图正在逐步呈现。3.0时期，临平将更加注重城市运营效率，以社区为单位整合整个区域的资源和服务。为了实现更广泛的温情社会和共同富裕，临平将聚焦育儿、教育、劳动、健康、养老、住房、救助等领域，重点构建“全生命周期民生服务”共享共建体系，打造共同富裕现代化基本单元，标志着临平在推进宜居、宜业、宜乐、宜游的人居环境方面迈出了坚实的步伐。

“城市更新”引领临平发生系统性、深层次、多方位精彩蝶变，厚植中国式现代化建设的发展胜势，充分证明了构建温情社会和推进共同富裕的历史必然性、时代必然性、实践必然性。目前，临平城市更新进入了又一个爬坡过坎的关键期，突出面临着资源要素缺乏、发展动能减弱、空间更新受限和区域竞争加剧等难题，存在着科技自立自强、产业转型升级、存量经济创新、统筹发展安全等关口。面对战略机遇叠加的发展局面，高质量、内涵式的更新发展才是临平建设迭代升级的“必由之路”。

临平以时不我待的奋进之姿立下新目标、开启新征程，落实城市更新中的“人民城市”“智慧城市”“韧性城市”“共富城市”等重要理念，响应“主体共建”“文化活力”“城市品牌”“生活运营”等高质量城市存量更新建设共性话题。临平承诺，在城市更新行动实施过程中坚持六大原则：锚定更高战略定位、聚焦强链补链延链、全力保空间防风险、提质升级城市品质、精准发力城市治理和创新激发新质生产力，旨在稳步提升温情社会与共同富裕城市建设水平，并将中国式现代化进程中城市更新的中国经验、中国智慧向全球介绍、与世界分享。

（1）锚定更高战略定位

城市发展坚持面向世界科技前沿、面向经济主战场、面向国家重大需求、面向人民生命健康。城市更新必须坚持“以民为本、以城为源”的基本原则，锚定温情社会和共同富裕为核心的城市存量提质目标，尊重人民群众意愿、切实保护人民群众利益，立足于提升城市新活力，不破坏城市社会格局，防范社会阶层分化和社会排斥问题的加剧，确保城市更新与国家发展战略、地区发展需求相匹配。基于此，临平凭借其更新实践的前期基础、市场运行、应用成效和示范作用，有望利用其地理位置和产业转型的双重优势，成为连接周边的前沿阵地、未来智能制造中心和品质生活新典范，为温情社会和共富实践的深入持久推进而发力。

（2）聚焦强链补链延链

强链、补链、延链是推动国民共同富裕的关键，旨在优化和提升临平产业链的整体竞争力和适应力。在“突出重点、数智运营”的思路下，通过城市更新“绿色创新—成果转化—产品开发—场景应用”全链条培育，实施“精准招商、精细服务、精品建设”服务策略，加强传统产业生态化改造和新兴生态产业发展，推进存量更新建设纵向延伸和跨行业跨领域横向扩展，全面提升共富产业的安全韧性水平。基于此，临平更新以数字时尚、数字贸易、数字科技为主导，着力打造时尚产业中心，精心策划并联动建设艺尚小镇、算力小镇和工业互联网小镇，巩固拓展时尚、算力等特色产业集群，构建富有韧性的共富产业生态链，进而带动现代服务业的高质量发展。

（3）全力保空间防风险

城市空间是城市更新的基础，也是打造生活场景、消费场景、社区场景、公园场景、新经济场景等诸多不同社会群体活动的空间载体。临平城市化率高，增量空间有限，在城市更新行动中，实现存量空间的增量价值显得尤为重要。城市更新项目要分类施策，要有明确的实施目标，有明确的空间载体改造，有明确的温情内容导入，有明确的共富运营方式和功能补全等方案和落实执行，确保项目更新的有效实施和可持续发展。同时，城市更新要坚持划定底线，严控大拆大建、大规模增建、大规模搬迁、过度房地产化，防止城市更新变形走样。城市更新过程中将场景营造视为空间保障的重点，对城市空间利用、人口环境、产商环境、交通环境、生态环境、历史文化、基础设施和公共服务进行全方位调研和评估，提供温情社会和共富实践的综合解决方案。

（4）提质升级城市品质

提高城市品质是培育温情社会和实现共同富裕的内在要求。城市品质提升不仅体现在空间重组的物质性改善，更涉及多方公共利益的重新分配过程。通过各地广泛实践，每年动态优化，综合确定主要工程，为系统谋划精品样板类型和项目提供指导。在各类样板工程的打造上，鼓励地方构建政府、专家、居民、企业多方联动的协商机制，并在样板考核中增加资金落实情况，鼓励多渠道融资，倒逼探索多元资金筹措。临平更新蓄能发力，以“抓重点、抓典型、树样板”为重点，加速区域范围内更新品质提质增效和品牌塑造，让城市更新成为推动温情社会和共富实践发展的强力抓手。

（5）精准发力城市治理

城市更新要与城市治理相结合，顺应城市发展规律，严守生态底线，以内涵集约、温情宜居、繁荣共富发展为路径，确保城市的安全韧性。鼓励腾退空间资源优先用于建设公共服务设施、市政基础设施、防灾安全设施、防洪排涝设施、公共绿地、公共活动场地等，改善公共环境和城市功能，消除安全隐患。同时，提升智慧城市技术和加强信息化更新管理，利用科技手段完善基础设施，强化社会服务功能，提高公共服务水平和效率，营造城市无障碍环境，不断深入探索符合本地特色的全域治理新模式，为居民提供精准服务，确保温情社会、共同富裕的城市更新实践稳步前进。

（6）创新激发新质生产力

城市更新应以科技创新为引领，深入挖掘适应现有城市存量更新的共富产业、模式和动能。在此基础上，临平的城市更新行动应坚持城市体检评估先行，确保城市更新规划和计划的科学性和前瞻性，推动因地制宜的温情社会、共富实践相关技术政策、法规体系构建。同时，要实事求是、精准施策、因势利导推动城市更新行动，重塑更新建设生产过程，促进产业结构深度转型与升级，科学统筹共富产业体系建设，深入推进高质量建设智造强区行动，促进艺尚、算力“两大小镇”和丰收湖、西大门、联胜“三大产业区块”提质增效，努力成为展示中国特色城市更新“新质生产力”的最佳窗口。

“品质城区，数智临平”的发展号角已全面吹响。城市更新是临平面临的重大命题，对于培育温情社会和推动共同富裕发展起着战略性、结构性、基础性作用。城市更新行动蕴含丰富的生活经验，同时其实践又具有充分的复杂性和综合性，面对着从技术到制度的多种挑战。当代城市更新的根本动力在于市场和社会构成的基层主体活力不断增强、牵动城市存量更新的底层逻辑不断重塑。胸怀温情社会和共同富裕的高质量发展目标，深刻认识、重点把握中国式现代化，临平将在城市更新决战之势下奋起实干，在新时代新征程中展现新作为新担当。

“五月临平山下路，藕花无数满汀洲”，若故人重游，应叹千年画卷已换新颜。